大型火电厂新员工培训教材

热工控制及仪表分册

托克托发电公司 编

内 容 提 要

《大型火电厂新员工培训教材》丛书包括锅炉、汽轮机、电气一次、电气二次、集控运行、电厂化学、热工控制及仪表、燃料、环保共九个分册，是内蒙古大唐国际托克托发电有限责任公司在多年员工培训实践工作及经验积累的基础上编写而成。本套书内容全面系统，注重结合实践，是新员工培训以及生产岗位专业人员学习和技能提升的理想教材。

本书为丛书之一《热工控制及仪表分册》，主要介绍了热工测量仪表，执行器，分散式控制系统，PLC 程序控制系统，数字电液控制系统，汽轮机安全监视系统，模拟量控制系统，锅炉炉膛安全监控系统等内容，以帮助新员工更好地进行仪表操作及控制系统的日常维护和事故防范。

本书适合作为火电厂新员工的热工控制专业培训教材，以及高等院校、专业院校相关专业师生的学习参考用书。

图书在版编目（CIP）数据

大型火电厂新员工培训教材．热工控制及仪表分册/托克托发电公司编．—北京：中国电力出版社，2020.8（2024.7 重印）

ISBN 978-7-5198-4626-8

Ⅰ.①大…　Ⅱ.①托…　Ⅲ.①火电厂-热力工程-自动控制系统-技术培训-教材　②火电厂-电工仪表-技术培训-教材　Ⅳ.①TM621

中国版本图书馆 CIP 数据核字（2020）第 071837 号

出版发行：中国电力出版社
地　　址：北京市东城区北京站西街 19 号（邮政编码 100005）
网　　址：http：//www. cepp. sgcc. com. cn
责任编辑：宋红梅　李文娟　孟花林
责任校对：黄　蓓　常燕昆
装帧设计：王红柳
责任印制：吴　迪

印　　刷：中国电力出版社有限公司
版　　次：2020 年 8 月第一版
印　　次：2024 年 7 月北京第二次印刷
开　　本：787 毫米×1092 毫米　16 开本
印　　张：15.25
字　　数：341 千字
印　　数：2001—2300 册
定　　价：69.00 元

《大型火电厂新员工培训教材》

丛 书 编 委 会

主　　任　张茂清

副 主 任　高向阳　宋　琪　李兴旺　孙惠海

委　　员　郭洪义　韩志成　曳前进　张洪彦　王庆学
　　　　　　张爱军　沙素侠　郭佳佳　王建廷

本分册编审人员

主　　编　龙俊峰　陈兆晋

参编人员　王凯民　陈　磊　杨怀旺　张大鹏　曹永兴
　　　　　　王路杰　高旭鹏　刘　昊　李　楠　刘楠楠
　　　　　　朗月瑶　郭　峰　张明军　于春辉　冯　春
　　　　　　李海军　张俊伟　程利平　王志良　高　慧
　　　　　　杨　峰　王三明　车海波　翟林波

审核人员　沈　涛　赵志刚　菅林盛　张雁军　裴　林

序

习近平在中共十九大报告中指出，人才是实现民族振兴、赢得国际竞争主动的战略资源。电力行业是国民经济的支柱行业，近十多年来我国电力发展坚持以科学发展观为指导，在清洁低碳、高效发展方面取得了瞩目的成绩。我国燃煤发电技术已经达到世界先进水平，部分领域达到世界领先水平，同时，随着电力体制改革纵深推进，煤电企业开启了转型发展升级的新时代，不仅需要一流的管理和研究人才，更加需要一流的能工巧匠，可以说，身处时代洪流中的煤电企业，对技能人才的渴望无比强烈、前所未有。

内蒙古大唐国际托克托发电有限责任公司作为国有控股大型发电企业，同时也是世界在役最大火力发电厂，始终坚持“崇尚技术、尊重人才”理念，致力于打造一支高素质、高技能的电力生产技能人才队伍。多年来，该企业不断探索电力企业教育培训的科学管理模式与人才评价的有效方法，形成了以员工职业生涯规划为引领的科学完备的培训体系，尤其是在生产技能人才培养的体制机制建立、资源投入、培训方法创新等方面积累了丰富且成功的经验，并于2017年被评为中电联“电力行业技能人才培育突出贡献单位”，2018年被评为国家人力资源及社会保障部“国家技能人才培育突出贡献单位”。

《大型火电厂新员工培训教材》丛书自2009年起在企业内部试行，经过十余年的实践、反复修订和不断完善，取精用宏，与时俱进，最终由各专业经验丰富的工程师汇编而成。丛书共分为锅炉、汽轮机、电气一次、电气二次、集控运行、电厂化学、热工控制及仪表、燃料、环保九个分册，集中体现了内蒙古大唐国际托克托发电有限责任公司各专业新员工技能培训的最高水平。实践证明，这套丛书对于培养新员工基本知识、基本技能具有显著的指导作用，是目前行业内少有的能够全面涵盖煤电企业各专业新员工培训内容的教材；同时，因其内容全面系统，并注重结合生产实践，也是生产岗位专业人员学习和技能提升的理想教材。

本套丛书的出版有助于促进大型火力发电机组生产技能人员的整体技术素质和技能水平的提高，从而提高发电企业安全经济运行水平。我们希望通过本套丛书的编写、出版，能够为发电企业新员工技能培训提供一个参考，更好地推进电力生产人才技能队伍建设工作，为推动电力行业高质量发展贡献力量。

2019 年 12 月 1 日

前　言

本书为《大型火电厂新员工培训教材》之一。

随着我国电力行业向着大机组、高参数、大电网、高电压、高度自动化方向迅猛发展，大型火力发电厂对热工新员工的知识面与能力的深度、广度提出更高的要求，对新技术、新设备、新工艺的掌握也提出了更高的要求。通过对新员工的培训，增强新员工的基础知识和基本技能，提高新员工的业务素质，培养一支基础扎实、技术过硬、严谨细致的热工专业队伍。

内蒙古大唐国际托克托发电有限责任公司是目前世界最大的火力发电厂，一直将人才培养作为重点工作之一，以立足岗位成才、争做大国工匠为目标，内外部竞赛体系有机衔接，使大量高技能人才快速成长、脱颖而出，在近几年热工专业知识技能竞赛中取得了优异的成绩，发电厂热工专业知识面广，新设备、新技术推广应用多，产品更新换代速度不断加快，做好基础培训工作尤为重要。

本书以帮助入职新员工适应岗位、拓展知识、提升技能为目的，理论知识与现场实际相结合，涵盖了热工测量仪表、执行器、分散式控制系统、PLC 程序控制系统、数字电液控制系统、汽轮机安全监视系统、模拟量控制系统、锅炉炉膛安全监控系统知识，以及热工控制系统日常维护和事故防范等知识要点，阐述了热工专业人员在现场工作中遇到的实际问题及应该掌握的岗位技能知识。本书由点及面、由浅入深、系统地介绍了热工控制系统基本类型及特点、热工设备的基本原理、反措要求、日常维护及异常处理方法，并根据各章讲述的基本原理和重要概念在每章后列出了一些思考题，帮助员工复习、巩固和思考。

本书共八章，由龙俊峰、陈兆晋主编，参编人员有王凯民、陈磊、杨怀旺、张大鹏等，全书由龙俊峰、陈兆晋统稿，沈涛、赵志刚、菅林盛、张雁军、裴林对全书进行了审核。

由于我们是第一次编写培训教材，经验不足、时间仓促，加之编者水平有限，疏漏之处在所难免，希望通过实践的进一步检验，读者能对发现的错误和不足之处给予批评指正，我们将总结经验、不断改进、不断完善，在后续的修订过程中优化提高。

编　者

2020 年 05 月

目　录

第一章
热 工 测 量 仪 表

第一节　热工测量基础知识

一、热工测量

（1）热工测量。指对压力、温度等热力状态参数的测量，通常还包括一些与热力生产过程密切相关的参数测量，如测量流量、液位、振动、位移、转速和烟气成分等。

（2）测量方法。按测量结果获取方式分为直接、间接测量法；按被测量与测量单位的比较方式分为偏差、微差、零差测量法；按被测量过程中状态分为静态、动态测量法。

（3）热工仪表组成。包括感受件、传送件、显示件。

（4）仪表的质量指标。包括准确度、线性度、回差、重复性误差、分辨力、灵敏度、漂移。

（5）热力学温度。热力学温标所确定的温度数值称为热力学温度也称绝对温度，用符号 T 表示，单位为开尔文，用 K 表示。

（6）温度计分类。

1）按接触式测温方法分，有膨胀式液体和固体温度计、压力式温度计、热电偶温度计和热电阻温度计、热敏电阻温度计。

2）按非接触式测温方法分，有光学高温计、光电高温计、辐射温度计和比色温度计。

二、测量误差与测量精度

（1）绝对误差。测定值与被测量真值之差称为测量的绝对误差，或简称测量误差。

$$\delta = X - X_0 \tag{1-1}$$

式中　δ——绝对误差；

　　X——测定值（如仪表指示值）；

　　X_0——被测量的真值。

注：真值一般无法得到，所以用实际值 m 代替 X_0。

（2）相对误差。仪表指示值的绝对误差与实际值之比称为相对误差，其为无量纲数，以百分数表示。

$$\gamma = \frac{\delta}{m} \times 100\% \tag{1-2}$$

式中　γ——相对误差；

　　δ——绝对误差；

m——被测量的实际值。

(3) 引用误差。绝对误差与仪表量程之比称为引用误差，以百分数表示。

$$r=\frac{\delta}{A_1-A_2}\times 100\%=\frac{\delta}{A_m}\times 100\% \tag{1-3}$$

式中 r——引用误差；

δ——绝对误差；

A_1，A_2——仪表测量上、下限值；

A_m——仪表量程，$A_m=A_1-A_2$。

(4) 基本误差和允许误差。在正常使用条件下，在仪表量程范围内仪表绝对误差最大值 δ_{max} 与量程 A_m 之比称为仪表的基本误差 R_m，以百分数表示。

$$R_m=\frac{\delta_{max}}{A_m}\times 100\% \tag{1-4}$$

根据仪表质量要求，厂家对仪表的基本误差有一个明确规定的允许值，这一允许值称为仪表的允许误差。

仪表在使用中基本误差应不大于允许误差。凡基本误差不大于允许误差的仪表为合格仪表。

三、热工仪表

热工测量仪表由传感器、变换器、显示器三大部分组成。传感器是指将被测量的某种物理量按照一定的规律转换成能够被仪表检测出来的物理量的一类测量设备，也称感受件、一次仪表。变换器的作用是将传感器输出的信号传送给显示器，也称连接件、中间件。显示器的作用是反映被测参数在数量上的变化，也称显示件、二次仪表。

仪表的质量指标是评价仪表质量的标准。常见的仪表质量指标有精确度（准确度）等级、回程误差（变差）、灵敏度、指示值稳定性、动态特性（分辨力）修正值等。

(1) 仪表的精确度等级。仪表的精确度用来反映测量结果与被测量真值的偏离程度。它的数值等于引用误差去掉百分号以后的绝对值，并将此值作为精确度等级指标。一般工业仪表的精确度等级有 0.1、0.2、0.5、1.0、1.5、2.5、4.0 等。

(2) 仪表的回程误差。仪表的回程误差（变差）是指在规定的条件下，用同一仪表对被测量进行正、反行程的测量，对某一测量点所得到的正、反行程两次示值之差称为该测量点上的示值变差。在整个仪表量程范围内，各校验点的最大示值变差称为该仪表的变差。合格的仪表，其变差不得超过仪表的允许误差。仪表的变差一般以引用相对误差的形式来表示。

$$\delta_0=\frac{\Delta}{A_1-A_2}\times 100\% \tag{1-5}$$

式中 Δ——校验点最大示值变差；

A_1——仪表测量上限值；

A_2——仪表测量下限值；

δ_0——仪表的变差。

（3）仪表的灵敏度。灵敏度是反映仪表对被测量的反应能力，通常指仪表输出信号的变化量 Δl 和引起这个输出变化量的被测量的变化量 Δx 的比值。

$$S=\frac{\Delta l}{\Delta x} \tag{1-6}$$

式中　S——灵敏度。

（4）仪表的稳定性。仪表的稳定性是指仪表指示值在规定的工作条件下的稳定程度；也就是仪表在规定的时间内性能保持不变的能力。

（5）仪表的分辨力。仪表的分辨力也叫鉴别力，表明仪表响应输入量微小变化的能力。分辨力不足将引起分辨误差，即在被测量变化某一定值时，示值仍然不变，这个误差叫不灵敏区或死区。

（6）仪表的修正值。为了消除系统误差而对测量值加的附加值叫修正值。它的大小同误差的绝对值相等，方向与误差相反。

第二节　压力测量仪表

一、弹簧管压力表

（一）概述

弹簧管压力表应用十分广泛，其具有结构简单、坚固耐用、测量范围广、体积小等优点。产品有普通型、精密型、标准型和电触点型 4 种，精密型一般用于校验。

弹簧管压力表的型号、范围与精度见表 1-1。

表 1-1　　弹簧管压力表的型号、范围与精度

类别	型号			精度	范围（MPa）
	压力	真空	量程		
普通型	Y	Z	YZ	1，1.5，2.5，4	压力：0～0.1，0.16，0.25，0.4，0.6，1.0，1.6，2.5，4.0，6.0，10，16，25，40 真空：−0.1～0 量程：−0.1～0.01，0.16，0.25，0.4，0.6，1.0，1.6，2.5
精密型	YJ	ZJ	I	0.16，0.25	
标准型	YB	ZB	I	0.25，0.4，0.5	
电触点型	YX	ZX	YZX	1.5，2.5	

（二）使用和维护

（1）仪表量程的选用。在静载负荷时，应比被测对象的工作点高 1/3 量程，在动负荷时高 1/2 量程。

（2）仪表启动时先开一次门，然后缓慢开启二次门，停表时应先关闭二次门，然后关闭一次门。

（3）仪表定期校对，按规定周期和要求进行。一般情况下，主要表计每季进行一次，一般仪表每年进行一次。

（4）用于贸易结算的关口表计必须有铅封，无铅封的一律不准使用。

(5) 弹簧管压力表在现场使用过程中，常见故障与处理见表 1-2。

表 1-2　　弹簧管压力表常见故障与处理

故障		故障原因	排除方法
指示值不合格	各点差数一致	指针位置不当	重新校验定针
	指示值出现前快后慢或前慢后快	传动比不当、中心齿轮轴未处在表盘的中心点、弹簧管扩展移动与压力呈非正比关系	调整连杆在扇形齿轮上的滑动位置、松下夹板与表基盘上的两个螺钉，调整机芯使机芯做弹簧管弯曲校正
	其中一、二点超差	拉杆与扇形齿轮角不对	调整角度
	轻敲后变差太大	机械传动部分有摩擦，孔径磨损太大，连杆螺钉松动、指针不平衡，游丝有摩擦或未调整好、指针与表盘间有摩擦，指针与铜轴径间松动	消除摩擦部分，缩孔，调整螺钉，润滑加油、更换指针、消除游丝相碰并调整松紧度、消除摩擦、铆紧指针
在现场工作的压力表指示值比实际值低或高		指针错位、压力表安装地点高于测压点（偏低）或低于测压点（偏高）	拆下压力表重新校验定针，更改压力表安装地点或加修正值
压力表在校验中指针跳动		机芯活动部分及轴孔磨损太大、弹簧管自由端与连杆接合螺钉处不活动、扇形齿轮与连杆上螺钉不活动，中心齿轮、扇形齿轮有缺齿或毛刺，指针与刻度盘或玻璃摩擦，上、下夹板组装后不平行，游丝碰上、下夹板指针不平衡	缩孔、调整间隙、更换零件、修理调整螺钉与孔间隙、润滑加油，对齿轮进行补齿或修理消除摩擦部位，拆机芯调整上、下夹板，调整游丝、更换指针或调整指针平衡
在生产中压力表指针快速抖动		引入被测介质波动太大、四周有高频振动	加缓冲装置（缓冲管、缓冲器）、关小仪表阀门加防振装置
压力表在工作中没有指示		中心齿轮与扇形齿轮被游丝卡住、连杆端头处螺钉振掉、弹簧管泄漏、通入压力表导压部分堵塞（阀门、垫）、弹簧管内腔堵塞、因磨损中心齿轮与扇形齿轮不能啮合	将游丝与齿轮脱开，修复或更新，将螺丝恢复好、补焊或更换新弹簧管、拆下压力表，加压检查堵塞部位、用压力泵抽吸或烫开后用钢丝疏通更换机芯
指针不回零		机械传动部分不灵活、有摩擦，游丝松紧不当或表内没有游丝，指针不平衡、指针与铜轴颈间松动、弹簧管产生“弹性后效”管路有堵塞、表内有剩余压力、指针错位	消除摩擦部位，润滑加油，调整游丝松紧度，加装游丝，更换指针，铆紧指针、做弹簧管校正或更换弹簧管、拆下压力表，疏通导压管及压力表、重新校验定针
指针指示达不到满度		中心齿轮与扇形齿轮啮合不当、连杆太短，更换机芯时传动比选择不当、新更换的弹簧管自由端位移太小（加压满量程时）	调整啮合位置、更换连杆、选择合适的机芯、更换合适的弹簧管
表内有液体		壳体与表蒙水密性不够、弹簧管泄漏	检查并更换表接头处、表蒙处胶圈，补焊或更换弹簧管

二、差压变送器

本节主要介绍 3051C 差压变送器，它是一种智能型二线制变送仪表，它将输入差压（或压力）信号转换成 4～20mA 的直流电流和数字通信（HART）信号。常见的传感器组件有电容式和压电式两种传感器类型。电容式传感器适用于测量差压和表压，常用于表压、流量和液位测量；压电式传感器适用于测量绝压，常用于真空及液位测量。

(1) 电容式传感器。电容式传感器将差压变化转换为电容的变化。3051C 差压变送器选用高精度电容式传感器，其工作原理是高低压侧的隔离膜片和灌充液将过程压力传递给灌充液，灌充液将压力传递到传感器膜片上。传感器膜片是一个张紧的弹性元件，其位移随所受压力变化，位移与压力成正比，两侧的电容极板检测传感器膜片位置，传感器膜片和电容极板之间电容的差值转换为相应的电液、电压输出信号。

传感器组件中的电容室采用激光焊封。机械部件和电子组件同外界隔离，既消除了静压的影响，也保证了电子线路的绝缘性能。同时检测温度，以补偿热效应，提高测量精度。电容式传感器具有测量精度高、测量重复性好、动态响应快、对温度和静压的稳定性好、制造重复性好等突出优点。

(2) 压电式传感器。具有压电效应的敏感功能材料叫压电材料，压电材料分为压电晶体、压电陶瓷、新型压电材料三大类。压电晶体是一种单晶体，如石英晶体；压电陶瓷是一种人工制造的多晶体，如钛酸钡等。压电式传感器是一种典型的有源传感器，又称自发电式传感器，其工作原理是基于压电材料受力后在其相应的特定表面产生电荷的压电效应。

(3) 膜盒。变送器膜盒又称为电容传感器，是以各种类型的电容器作为传感元件，将被测物理量或机械量转换成电容量的一种转换装置，实际上是一个具有可变参数的电容器。

3051C 的膜盒部件和传统的膜盒部件不同，相比传统膜盒部件其体积缩小、质量减轻，整机的性能有很大提高，基本精度为±0.075%～±0.1%。量程比为 100∶1，其他如静压、温度、单向特性，也都上了一个档次。

3051C 差压变送器的原理图如图 1-1 所示，3051C 差压变送器由传感器组件和电子组件两部分组成，该变送器选用的是电容式传感器。3051C 差压变送器的工作原理是被测差压通过隔离膜片和填充液作用于电容室中心的感压膜片，使之产生微小位移。感压膜片和其两侧电容极板所构成的差动电容也随之改变。这一差动电容与被测差压的大小呈比例关系。电容式传感器输出的信号经信号处理（A/D 转换）和微机处理后得到一个与输入差压对应的 4～20mA 直流电流或数字信号，作为变送器的输出。

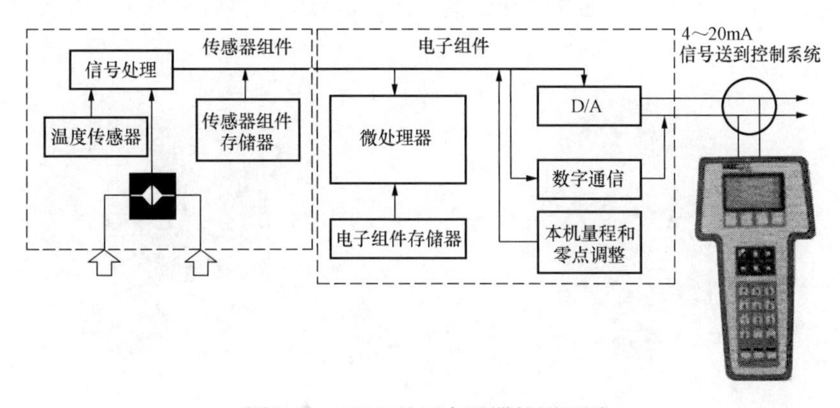

图 1-1　3051C 差压变送器的原理图

变送器的电子组件安装在一块电路板上，使用专用集成电路（application specific integrated circuit，ASIC）和表面封装技术。

3051C 差压变送器充分利用了微处理器的运算和存储能力，可对传感器的数据进行处理，包括对测量信号的调试或处理（如滤波、放大、A/D 转换等）、数据显示、自动校正和自动补偿等。微处理器是智能式变送器的核心。它不但可以对测量数据进行计算、存储和数据处理，还可以通过反馈回路对传感器进行调节，以使采集数据达到最佳。由于微处理器具有各种软件和硬件功能，因而它可以完成传统变送器难以完成的任务。所以智能式变送器降低了传感器的制造难度，在很大程度上提高了传感器的性能。

三、压力开关

（一）工作原理

当系统内压力高于或低于额定的安全压力时，感应器内膜片瞬时发生移动，通过连接导杆推动开关接头接通或断开，当压力降至或升至额定的恢复值时，碟片瞬时复位，开关自动复位。简单地说是当被测压力超过额定值时，弹性元件的自由端产生位移，直接或经过比较后推动开关元件，改变开关元件的通断状态，达到控制被测压力的目的。压力开关采用的弹性元件有单圈弹簧管、膜片、膜盒及波纹管等。

（二）主要类型

1. 隔爆型

隔爆压力开关可分为防爆型和隔爆型，使用等级范围为 Ex d IIC T1～T6（Ex 为防爆公用标志；d 为隔爆型；IIC 为气体组别；T1～T6 为温度组别，指电气设备表面最高温度）。KFT 隔爆压力开关外形如图 1-2 所示，进口隔爆压力开关需通过国际认证。隔爆型压力开关可提供不同的压力、差压、真空和温度范围，可用于爆炸区域及强腐蚀气氛环境中。常见的使用范围有电力、石油、冶金、锅炉、食品机械、环保设备等行业。

2. 机械型

机械型压力开关为纯机械形变导致微动开关动作的开关。当压力增加时，作用在不同的传感压力元器件（膜片、波纹管、活塞）上的压力使其产生形变，向上移动，通过栏杆弹簧等机械结构最终启动最上端的微动开关，使电信号输出。机械型压力开关外形如图 1-3 所示。

图 1-2　KFT 隔爆压力开关外形

图 1-3　机械型压力开关外形

3. 电子型

电子型压力开关用来替代电触点压力表，使用在工业控制要求比较高的系统上。这种压力开关内置精密压力传感器，通过高精度仪表放大器放大压力信号，通过高速微控制单元（microcontroller unit，MCU）采集并处理数据，一般采用4位液晶显示屏实时数显压力，继电器信号输出、上下限控制点可以自由设定。利用回差设置可以有效保护压力波动带来的反复动作，保护控制设备，是检测压力、液位信号，实现压力、液位监测和控制的高精度设备。特点是LED屏直观、迟滞小、抗震动、响应快、稳定可靠、精度高（精度一般在±0.5%，高则达±0.2%）、使用寿命长、通过显示屏设置控制点方便，但是相对价格较高，需要供电。

（三）压力开关常见故障与处理

1. 压力开关无输出信号

原因分析：

（1）微动开关损坏。

（2）开关设定值调得过高。

（3）与微动开关相接的导线触头未连接好。

（4）感压部分装配不良，有卡滞现象。

（5）感压元件损坏。

解决方法：

（1）更换微动开关。

（2）调整到适宜的设定值。

（3）重新连接使接触良好。

（4）重新装配，使动作灵敏。

（5）更换感压元件。

2. 压力开关灵敏度差

原因分析：

（1）装配不良或传动机构（顶杆或柱塞等）摩擦力过大。

（2）微动开关接触行程太长。

（3）螺钉、顶杆等调节不当。

（4）安装不当，如不平和倾斜。

解决方法：

（1）重新装配，使动作灵敏。

（2）合理调整微动开关的接触行程。

（3）合理调整螺钉和顶杆位置。

（4）改为垂直或水平安装。

3. 压力开关发信号过快

原因分析：

（1）进油口阻尼孔大。

（2）隔离膜片碎裂。

(3) 系统冲击压力太大。

(4) 电气系统设计有误。

解决方法：

(1) 阻尼孔适当改小，或在控制管路上增设阻尼管。

(2) 更换隔离膜片。

(3) 在控制管路上增设阻尼管，以减弱冲击压力。

(4) 按工艺要求设计电气系统。

第三节　温度测量仪表

测量温度的仪表型号用“W”表示产品所属的大类。测量温度常用的仪表有双金属温度计、压力式温度计、热电阻温度计和热电偶温度计等。企业现场常用的WSS型双金属温度表如图1-4所示。

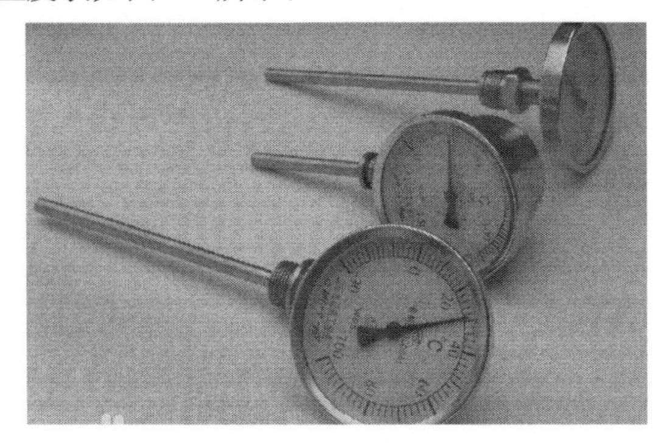

图1-4　WSS型双金属温度表

一、双金属温度计

双金属温度计是一种测量中低温度的现场检测仪表，可以直接测量各种生产过程中的－80～＋500℃范围内液体蒸汽和气体介质温度。双金属温度计广泛应用于石油、化工、冶金、纺织、食品等工业。

双金属温度计精度等级达到1.0级，仪表壳采用防腐材料，其耐温性可以高达200℃，最低为－40℃。采用法兰式结构，双层密封胶圈，故防腐、防水性能好。保护管焊接采用全自动氩气保护管，焊缝牢固、腐蚀小。标度盘是铝氧化印刷盘，表面清晰式样美观。指针为内可调式。

(一) 原理结构

工业用双金属温度计是利用两种热膨胀率不同的金属结合在一起制成的温度检出元件来测量温度、能自动连续记录气温变化的仪器。为提高测温灵敏度，通常将金属片制成螺旋卷形状，当多层金属片的温度改变时，各层金属膨胀或收缩量不等，使得螺旋卷卷起或松开。由于螺旋卷的一端固定而另一端和可以自由转动的指针相连，两种金属在温度变化时体积变化量不一样，因此会发生弯曲。将其一端固定，另一端随温度变化而发生位移，位移与气温接近线性关系。

双金属温度计的优点在于响应速度快、体积小、线性度好、较稳定，有些产品还具备高温工作性能。

WSS-401型双金属温度计的结构如图1-5所示，其保护套管的材料有不锈钢和黄铜两种，前者公称压力为6.4MPa，后者公称压力为4.0MPa。

双金属温度计的测温范围：－80～＋40℃、－40～＋80℃、0～50℃、0～100℃、0～

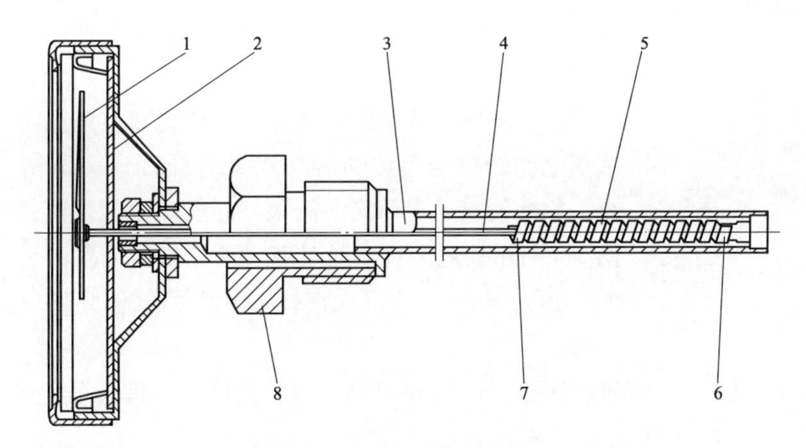

图 1-5　WSS-401 型双金属温度计的结构

1—指针；2—刻度盘；3—保护套管；4—细轴；5—感温元件；
6—固定端；7—自由端；8—紧固装置

120℃、0～150℃、0～160℃、0～200℃、0～250℃、0～300℃、0～350℃、0～400℃、0～450℃、0～500℃、0～550℃、0～600℃。

一般双金属温度计用于低温系统的温度测量，如果温度超过 500℃的话，那么双金属温度计的误差会非常大，可能会影响测量结果，甚至不能测量到温度。

（二）类型

双金属温度计一般有以下几种类型。

（1）户外型、重型双金属温度计。该双金属温度计适合测量中低温，如图 1-6 所示。可直接用来测量液体、气体的温度。

（2）电触点双金属温度计。该双金属温度计适合测量中低温，如图 1-7 所示。可直接用来测量液体、气体的温度，并且可以输出超温报警信号。

图 1-6　户外型、重型双金属温度计

图 1-7　电触点双金属温度计

（3）耐震双金属温度计。耐震双金属温度计适合测量中低温度，如图 1-8 所示。可以直接测量各种生产过程中的－80～＋500℃范围内的液体、蒸汽和气体介质及环境场所恶劣且有振动的温度。

耐震双金属温度计是基于绕制成环形弯曲状的双金属片组成。一端受热膨胀时，带动指针旋转，工作仪表便显示出所对应的温度，并且在双金属温度计内部充装硅油或者将双金属温度计显示部分与测量部分分离以达到耐震的效果。

图 1-8　耐震双金属温度计

耐震双金属温度计又分一体化耐震双金属温度计和分离式耐震双金属温度计两种。

(4) 一体化双金属温度计。一体化双金属温度计将热电阻或热电偶的信号远传功能与双金属温度计就地指示功能相结合，它既能满足现场测温需求，亦能满足远距离传输需求，如图 1-9 所示。远传双金属温度计可以直接测量各种生产过程中的－40～＋600℃范围内液体、蒸汽和气体介质以及固体表面的温度。

其性能特点为：①具有测温探头小、灵敏度高、线性刻度、寿命长等特点；②具有远传输出电阻信号（PT100）。

(5) 热套管式双金属温度计。热套管式双金属温度计可配合各式安装套管以满足不同压力等级要求，如图 1-10 所示。可以直接测量各种生产过程中的－80～＋500℃范围内液体、蒸汽和气体介质以及固体表面温度。广泛应用于石油、化工、冶金、纺织、食品等工业。

图 1-9　一体化双金属温度计

图 1-10　热套管式双金属温度计

二、压力式温度计

压力式温度计是基于密闭测温系统内蒸发液体的饱和蒸汽压力和温度之间的变化关系进行温度测量的，如图 1－11 所示。

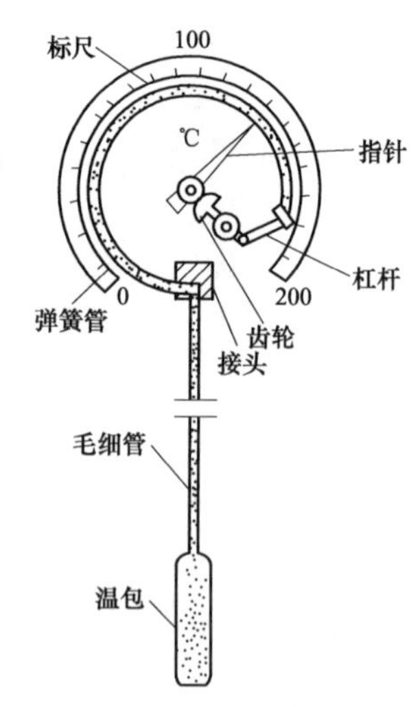

图 1-11　压力式温度计

（一）主要构造

(1) 温包。它是直接与被测介质相接触来感受温度变化的元件，因此具有强度高、膨胀系数小、热导率高以及抗腐蚀性强等性能。

(2) 毛细管。它是用铜或钢等材料冷拉成的无缝圆管，用来传递压力的变化。其外径为 1.5～5mm，内径为 0.15～0.5mm。如果它的直径越小，长度越长，则传递压力的滞后现象就越严重。

（3）弹簧管。它是一般压力表用的弹性元件。

（4）显示仪表。用于温度显示。

（二）常用压力式温度计

WTZ-280、WTQ-280 型压力式温度计应用较为广泛，适用于 20m 之内的液体、气体和蒸汽温度测量。根据所测介质的不同又可分为普通型和防腐型。普通型适用于测量无腐蚀作用的液体、气体和蒸汽；防腐型采用全不锈钢材料，适用于测量中性腐蚀液体和气体，WTZ-280、WTQ-280 技术参数见表 1-3。

表 1-3　　WTZ-280、WTQ-280 技术参数

<table>
<tr><td colspan="2">基本参数</td><td>功能</td><td colspan="2">表面直径（mm）</td><td>视向</td><td>表面材料</td></tr>
<tr><td colspan="2">WTZ-280</td><td rowspan="2">指示式</td><td rowspan="2">ϕ100</td><td rowspan="2">ϕ150</td><td rowspan="2">径向
（挂装式）</td><td rowspan="2">胶木</td></tr>
<tr><td colspan="2">WTQ-280</td></tr>
<tr><td rowspan="2">测温范围
（℃）</td><td>WTZ-280</td><td colspan="5">−20～60，0～100，20～120，60～160</td></tr>
<tr><td>WTQ-280</td><td colspan="5">−40～60，0～50，0～120，0～160，0～200，0～250，
0～300，0～400，0～500，0～600</td></tr>
<tr><td colspan="2">温包插入深度（mm）</td><td colspan="5">150～280（尾长≤12m），200～330（尾长>12m）</td></tr>
<tr><td colspan="2">温包材料</td><td colspan="5">铜管：ϕ8，ϕ10，ϕ13，ϕ14；不锈钢管：ϕ8，ϕ10，ϕ13，ϕ14</td></tr>
<tr><td colspan="2">毛细管材料</td><td colspan="5">铜质毛细管、包塑毛细管、不锈钢毛细管</td></tr>
<tr><td rowspan="2">安装方式</td><td>WTZ-280</td><td>M27×2
可动外螺纹</td><td colspan="4" rowspan="2">材料：铜，铁，不锈钢</td></tr>
<tr><td>WTQ-280</td><td>M33×2
可动外螺纹</td></tr>
<tr><td colspan="2">技术参数</td><td colspan="5">精度等级：±1.5%、±2.5%；触头容量：220V/1A（无感负载 10VA）</td></tr>
</table>

三、热电阻温度计

（一）概述

热电阻温度计是中低温区最常用的一种温度检测器，如图 1-12 所示。热电阻是基于金属导体的电阻随温度的增加而增加这一特性来测量温度的。它的主要特点是测量精度高，性能稳定。热电阻大都由纯金属材料制成，应用最多的是铂和铜，其中铂热电阻的测量精确度是最高的，它不仅广泛应用于工业测温，而且被制成标准的基准仪。此外，已开始采用镍、锰和铑等材料制造热电阻，工业测量用金属热电阻材料还有铜、镍、铁、铁-镍等。

图 1-12　热电阻温度计

（二）测温原理

热电阻通常需要把电阻信号通过引线传递到计算机控制装置或者其他二次仪表上。

主要有金属热电阻和半导体热敏电阻两类。

金属热电阻的电阻和温度一般可以用式（1-7）的近似关系式表示，即：

$$R_t = R_{t0}[1 + \alpha(t - t_0)] \tag{1-7}$$

式中 R_t——温度为 t 时的阻值；

R_{t0}——温度为 t_0（通常 $t_0=0$）时对应阻值；

α——温度系数。

热敏电阻的温度系数更大，常温下的电阻更高（通常在数千欧以上），但互换性较差，非线性严重，测温范围只有－50～300℃，大量用于家电和汽车用温度检测和控制。金属热电阻一般适用于－200～500℃的温度测量，其特点是测量准确、稳定性好、性能可靠，在工业过程控制中的应用极其广泛。

铂热电阻精度高，适用于中性和氧化性介质，稳定性好，具有一定的非线性，温度越高电阻变化率越小；铜热电阻在测温范围内电阻和温度呈线性关系，温度系数大，适用于无腐蚀介质，超过 150Ω 易被氧化。热电阻温度计技术参数见表 1-4。

表 1-4　热电阻温度计技术参数

类别	分度号	0℃时的公称电阻（Ω）	适用温度范围（℃）	允许误差
铂热电阻	Pt10	10	－200～850	A 级：±（0.15＋0.002 | t |） B 级：±（0.3＋0.005 | t |）
	Pt100	100		
铜热电阻	Cu50	50	－50～150	±（0.3＋6.0×10^{-3} | t |）
	Cu100	100		

注　t 为测量温度（℃）。

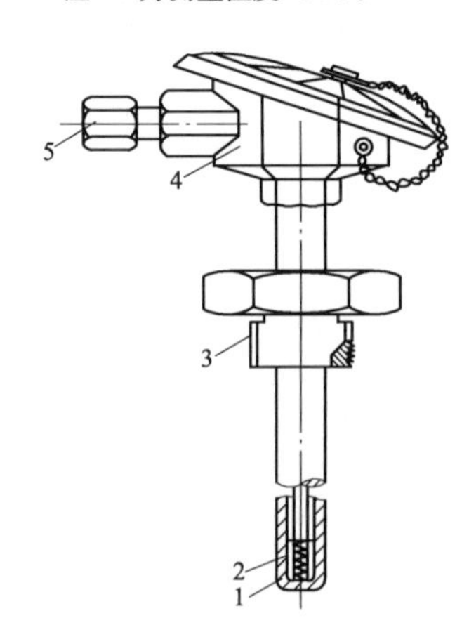

图 1-13　热电阻组成结构
1—电阻体；2—瓷绝缘套管；3—安装固定体；4—接线盒；5—引出线口

（三）结构和分类

热电阻有普通型、铠装型、薄膜型等。普通热电阻由感温元件（金属电阻丝）、支架、引线、保护套管及接线盒等基本部分组成；铠装热电阻除由测温元件、绝缘材料、保护套管三部分构成铠装整体以外，其余与普通热电阻的结构相同。为避免电感分量，热电阻丝常采用双线并绕，制成无感电阻，热电阻组成结构如图 1-13 所示。

国内统一设计的工业用铂热电阻在 0℃时的阻值有 25Ω、100Ω 等几种。分度号分别用 Pt25、Pt100 等表示。薄膜型铂热电阻有 100Ω、1000Ω 等几种。同样，铜热电阻在 0℃时的阻值为 50Ω、100Ω 两种，分度号用 Cu50、Cu100 表示。

（四）接线方式

热电阻温度计的引线主要有二线制、三线制、四线制三种方式。

（1）二线制。在热电阻的两端各连接一根导线来引出电阻信号的方式叫二线制。这种引线方法很简单，但由于连接导线必然存在引线电阻，其大小与导线的材质和长度的因素有关，因此这种引线方式只适用于测量精度较低的场合。

（2）三线制。在热电阻的根部的一端连接一根引线，另一端连接两根引线的方式称为三线制。这种方式通常与电桥配套使用，可以较好地消除引线电阻的影响，是工业过程控制中最常用的。

（3）四线制。在热电阻的根部两端各连接两根导线的方式称为四线制。其中两根引线为热电阻提供恒定电流 I，把 R 转换成电压信号 U，再通过另两根引线把 U 引至二次仪表。可见这种引线方式可完全消除引线的电阻影响，主要用于高精度的温度检测。

热电阻温度计采用三线制接法是为了消除连接导线电阻引起的测量误差。这是因为测量热电阻的电路一般是不平衡电桥，热电阻作为电桥的一个桥臂电阻，其连接导线（从热电阻到中控室）也成为桥臂电阻的一部分，这一部分电阻是未知的且随环境温度变化会造成测量误差。采用三线制将导线一根接到电桥的电源端，其余两根分别接到热电阻所在的桥臂及与其相邻的桥臂上，这样消除了导线线路电阻带来的测量误差。

（五）优点

热电阻温度计的优点如下：

（1）测量精度高。热电阻温度计之所以有较高的测量精度，主要是一些材料的电阻温度特性稳定，复现性好。其次，与热电偶相比，它没有参比端误差问题。

（2）有较大的测量范围，尤其在低温方面。

（3）易于用于自动测量和远距离测量中。

四、热电偶温度计

（一）热电偶温度计的测量原理

热电偶温度计的测温原理是基于两种不同成分的导体两端连成回路时，如两连接点温度不同就会在回路内产生热电流的物理现象进行温度测量。不同成分的两导体构成热电偶的两电极。两连接点的温差越大，产生的热电流（热电势）也越大。如果一端插在测温场所（工作端），另一端接在测试仪表上（自由端或称冷端），则测试仪表将显示热电势值。若仪表刻度盘采用温度—热电势关系且用温度表示，即可通过仪表刻度盘直接读出温度。

（二）常用热电偶

1. 热电偶的分类

热电偶可分为标准用和工业用热电偶。按材料分，可分为贵金属和普通金属热电偶。表 1-5 为几种常见热电偶的型号和结构特点。

表 1-5　几种常见热电偶的型号和结构特点

名称	型号	分度号	使用温度范围（℃）		结构特点
			长期使用	短期使用	
精密铂铑-铂		B	1300		经检定后作标准热电偶用，总长 1050mm，电偶丝为 ϕ0.4mm
铂铑 10-铂	WRLB-110	S	0～1300	0～1600	保护套管为耐火陶瓷，插入部分加装碳钢套管

续表

名称	型号	分度号	使用温度范围（℃）		结构特点
			长期使用	短期使用	
镍铬-考铜	WRKK-	E	600	800	铠装，外面的金属护管为1Cr18Ni9Ti（不锈钢）或0Cr25Ni20（耐热不锈钢），内装绝缘材料为电熔氧化镁。工作端分裸露、绝缘和接壳3种，安装固定装置分无固装置、固定卡套、可动卡套、固定卡套法兰、可动卡套法兰等5种，接线盒分简易式、防水式、防溅式、接插式4种，热电偶分单只和双支结构
镍铬-镍硅	WRNK-	K		1050	
铂铑-铂	WRPK-	S	1100	1200	经检定后作标准热电偶用
镍铬-考铜	WREA-	E	600	800	型号末位数字不同，结构不同，一般有无固定装置套管或不锈钢套管、固定螺纹为3/4″或1″、低压或高压套管等，接线盒分简易式、防溅式、防水式等，此外还有表面式热电偶
镍铬-镍硅	WREU-	K	1000	1300	

热电偶的热电势允许偏差见表1-6。

表1-6　　热电偶的热电势允许偏差

热电偶类别	型号	分度号	热电势允许偏差
铂铑10-铂	WRLB	S	0～600℃、大于600℃
			±2.4℃、±0.4%t
镍铬-镍硅	WREU	K	0～400℃、大于400℃
			±3℃、±0.75%t
镍铬-考铜	WREA	E	0～300℃、大于300℃
			±3℃、±1%t

注　t为感温元件实测温度（℃）。

热电偶的保护套管特性见表1-7。

表1-7　　热电偶的保护套管特性

保护套管材料	适应温度范围（℃）	适用工作压力（MPa）	时间常数（s）
高级耐火陶瓷	1300～1400	常压	<45
20碳钢	600	10	<90
1Cr18Ni9Ti	800 600	40 100	<90
12Cr1MoV	600	<200	<90

2. 铠装热电偶技术特性

铠装热电偶是近年来发展起来的一种测温热电偶，其精度比对应分度的热电偶低。技术特性见表 1-8。

表 1-8　　铠装热电偶技术特性

种类	分度号	套管材料	铠装热电偶外径（mm）	常用温度（℃）	最高使用温度（℃）	允许偏差	公称压力（MPa）		
						测量范围值（℃）	允许值（℃）	固定卡套装置	可动卡套装置
镍铬-考铜 WRKK	E	不锈钢 1Cr18Ni9Ti	$\phi 2$	500	700	0～300	±3	$P \leqslant 500$	常压
			$\geqslant \phi 3$	600	800	300 以上	测温 ±1%(t)		
镍铬-镍硅 WRNK	K	不锈钢 1Cr18Ni9Ti	$\phi 2$	700～800	850～900	0～400	±3		
		不锈钢 Cr35Ni20	$\geqslant \phi 2$	800～950	950～1050	400 以上	测温 ±0.75%(t)		
铂铑-铂 WRPK	S	耐热不锈钢 GH-39	$\phi 2$	1000	1100	0～600	±3		
			$\leqslant \phi 3$	1100	1200	600 以上	测温 ±0.5%(t)		

注　t 为感温元件实测温度（℃）。

（三）热电偶的补偿导线

热电偶的补偿导线是两根材料不同的金属丝，在一定温度范围（一般为 0～100℃）内它具有和所连接的热电偶相同的热电性能，其材料相对于热电偶是廉价金属。

使用热电偶测温时，要求热电偶的冷端温度必须保持恒定。由于热电偶一般做的比较短，热电偶的冷端就处在环境温度较高的地方，而且温度波动也比较大，对测量精度产生较大影响。补偿导线在 100℃以下有同所配热电偶相同的热电特性，且热电偶的冷端一般处在 100℃以下的范围内，可以使用补偿导线将热电偶的冷端从高温处移到低温处，同时节约大量较贵的贵金属材料，也便于安装和敷设。常用的热电偶补偿导线见表 1-9。

表 1-9　　常用的热电偶补偿导线

补偿导线型号	配热电偶的分度号	补偿导线材料		绝缘层着色	
		正极	负极	正极	负极
SC	S	SPC（铜）	SNC（铜镍）	红	绿
KC	K	KPC（铜）	KNC（铜镍）	红	蓝
KX	K	KPX（镍铬）	KNX（镍硅）	红	黑
EX	E	EPX（镍铬）	ENX（铜镍）	红	棕
JX	J	JPX（铁）	JNX（铜镍）	红	紫
TX	T	TPX（铜）	TNX（铜镍）	红	白

热电偶的极性判断见表 1-10。首选的方法是通过加热来测量、判断。

表 1-10　　热电偶的极性判断

热电偶类型	电极颜色		硬度比较		对磁铁的作用	
	正极	负极	正极	负极	正极	负极
铂铑 10-铂	白	白	硬	软	不亲磁	不亲磁
镍铬-镍硅	黑褐	绿黑	稍硬	稍软	不亲磁	稍亲磁
镍铬-考铜	黑褐	稍白	稍硬	稍软	不亲磁	不亲磁

（四）热电偶现场选用原则

测温仪表的选择非常重要，一般可根据以下方面来选择：

（1）生产对测温的要求。

（2）被测设备自动化程度。

（3）测温范围。

（4）被测介质是否具有腐蚀性。

（5）被测温度随时间变化的速度。

（6）一般的工作环境。

（7）经济合理，有利于管理。

五、温度开关

图 1-14　温度开关外形

温度开关是一种用双金属片作为感温元件的开关，外形如图 1-14 所示。电器正常工作时，双金属片处于自由状态，触点处于闭合/断开状态，当温度升高至动作温度值时，双金属元件受热产生内应力而迅速动作，打开/闭合触点，切断/接通电路，从而起到热保护作用。当温度降到复位温度时触点自动闭合/断开，恢复正常工作状态。温度开关广泛用于家用电器电动机及电气设备，如洗衣机电动机、空调风扇电动机、变压器、镇流器、电热器具等，此外，在一些大型工业现场应用也非常广泛。

（一）分类

温度开关根据其动作方式、材质等主要分为以下几类。

按照材质分可以分为电木体、塑胶体、铁壳体、陶瓷体。

按温控开关受温度和电流的影响，分为过温保护式和过流过温保护式。保护器通常是过温过流保护式。

按温控开关的动作温度和复位温度的回差，分为保护型和恒温型。保护型温控开关的温差通常在 15～45℃，恒温器的温差通常控制在 10℃以内。

按温控开关的触点常态，分为常闭式温控开关（normally closed）和常开式温控开关（normally open）。温度上升，温控开关的触点断开者为常闭式；温度上升，温控开关的触点闭合者为常开式。

按复位方式，分为自动复位式（auto reset）和手动复位式（manual reset）。复位温度在−20℃或更低者为不可（正常）复位（one shot）温控器。

（二）温度开关工作原理

1. 固体膨胀式温度开关

固体膨胀式温度开关具有一个感温金属圆筒（用线膨胀系数大的材料制成），在圆筒内装有由线膨胀系数小的材料组成的触点组。张力型（适用于温控范围为−60～＋30℃），温度升高，金属圆筒伸长；压力型（适用于温控范围为0～＋300℃），温度降低，金属圆筒收缩。当被测温度达到设定值时，随金属圆筒一起动作的传动杆端面与可动触点组基准面相接触，即可改变触点状态；当温度恢复并偏离设定值时，传动杆与基准面脱开，依靠可动触点组的弹性使触点复原。旋动调整螺钉，可以改变温度设定值。固体膨胀式温度开关，最长可达500mm，最短为50mm。安装时，浸入被测物质的长度一般不小于全长的3/4。安装方式有直插式、外螺纹式和法兰式三种。电触点容量为交流220V/5A。

2. 压力式温度控制器

压力式温度控制器的检出元件与压力式温度计相同，温度变化经由温包通过密封在毛细管内的饱和蒸汽转换成压力的变化，使控制器内的波纹管伸长或缩短，带动杠杆动作，通过拨臂拨动微动开关，将触点闭合或断开。接点容量为交流380V/3A；直流220V/2.5A。

常用的压力式温度控制器有WTZK-50型（普通型，酚醛压塑粉壳体）和WTZK-50-C型（防水型，铸铝壳体）。具有一定的温度控制的调节范围（拧开锁紧螺母，可旋动调节杆进行整定），并附有切换差调节装置（动作值与复位值之差）。其产品有10个序号，基本参数及温包尺寸见表1-11。

表1-11　压力式温度控制器的基本参数及温包尺寸

<table>
<tr><th rowspan="3">序号</th><th rowspan="3">温度控制范围（℃）</th><th rowspan="3">切换差可调范围（℃）</th><th colspan="4">温包尺寸（mm）</th><th colspan="2">安装螺母</th></tr>
<tr><th colspan="2">WTZK-50</th><th colspan="2">WTZK-50-C</th><th rowspan="2">WTZK-50</th><th rowspan="2">WTZK-50-C</th></tr>
<tr><th>d</th><th>l</th><th>d</th><th>l</th></tr>
<tr><td>1</td><td>−60～−30</td><td rowspan="10">3～5</td><td rowspan="4">φ11</td><td rowspan="4">120</td><td rowspan="4">φ15</td><td rowspan="4">125</td><td rowspan="4">无</td><td rowspan="10">有</td></tr>
<tr><td>2</td><td>−40～−10</td></tr>
<tr><td>3</td><td>−25～0</td></tr>
<tr><td>4</td><td>−15～＋15</td></tr>
<tr><td>5</td><td>10～40</td><td>φ15</td><td>200</td><td>φ15</td><td>200</td><td>有</td></tr>
<tr><td>6</td><td>40～80</td><td rowspan="5">φ15</td><td rowspan="5">125</td><td rowspan="5">φ15</td><td rowspan="5">125</td><td rowspan="5">有</td></tr>
<tr><td>7</td><td>60～100</td></tr>
<tr><td>8</td><td>80～120</td></tr>
<tr><td>9</td><td>110～150</td></tr>
<tr><td>10</td><td>130～170</td></tr>
</table>

注　d—直径；l—长度。

温度开关具有性能稳定、精度高、体积小、质量轻、可靠性高、寿命长、对无线电干扰小等特点，广泛用作各种电动机、电磁炉、吸尘机、线圈、变压器、电暖器、镇流器、电热器具、荧光灯镇流器、汽车电动机、集成电路及一般电气设备的过热过流双重保护作用。

第四节　流量测量仪表

一、节流装置

（一）概述

标准节流装置是指按照 ISO 5167《用安装在圆形截面管道中的差压装置测量满管流体流量》和 ISO 9300《用临界流文丘里喷嘴测量气体流量》、GB/T 2624—2006《用安装在圆形截面管道中的差压装置测量满管流体流量》规定的技术条件设计、制造、使用的节流装置。节流装置是在充满管道的流体流经管道内的一种流装置，流束将在节流处形成局部收缩，从而使流速增加，静压力降低，于是在节流件前后产生了静压力差。

（二）节流装置原理

节流装置由节流件、取压装置和节流件上游第一个阻力件、第二个阻力件，下游第一个阻力件以及它们间的直管段所组成。标准节流装置有它所适应的流体种类、流体流动条件以及对管道条件、安装条件、流体参数的要求。

节流装置用于测量流量，其工作原理是：在管道内部装有断面变化的孔板或喷嘴等节流件，当流体流经节流件时由于流束收缩，在节流件的前后产生静压力差，利用压差与流速的关系可进一步测出流量。对于未经标定的节流装置，只要它与已经经过充分实验标定的节流装置几何相似且动力学相似，则在已知有关参数的条件下，可以认为节流件前后的静压力差与所流过流体的流量间有确定的数值关系。因此可以通过压差来测流量。

节流件的形式很多，有孔板、喷嘴、文丘里管、四分之一圆弧孔板、偏心孔板和圆缺孔板等。有的甚至可用管道上的部件如弯头等所产生的压差来测量流量，但是由于它所产生的压差较小，影响的因素很多，因此很难测量准确。应用最多的标准节流件是标准孔板、喷嘴和文丘里管。

1. 标准节流件

国际上规定的标准节流件有下列几种。

（1）标准孔板：采用角接取压、法兰取压、D（D 为管道直径）和 $D/2$ 取压方式。

（2）喷嘴：按形式有 ISA 1932 喷嘴和长径喷嘴两种。两喷嘴取压方式不同，ISA 1932 喷嘴采用角接取压法；而长径喷嘴的上游取压口在距喷嘴入口端面 $1D$ 处，下游取压口在距喷嘴入口端面的 $0.5D$ 处。

（3）文丘里管：根据收缩段是呈圆锥形或是呈圆弧形，又可分为古典文丘里管和文丘里喷嘴。古典文丘里管上游取压口位于距收缩段与入口圆筒相交平面的 $0.5D$ 处；文丘里喷嘴上游取压口距喷嘴入口端面 $1D$ 处，古典文丘里管和文丘里喷嘴的下游取压口分别在距圆筒形喉部起始端的 $0.5D$ 处和 $0.3d$（d 为开孔直径，即孔径）处。

标准孔板是带有圆孔的板，且圆孔与管道同心，直角入口边缘非常锐利。标准孔板的开孔直径 d 是一个非常重要的尺寸，在任何情况下都应不小于 12.5mm。对制成的孔板进行检测时应至少取 4 个大致相等的角度测得直径的平均值，任一孔径的单测值与平均值之差不得大于平均值的 0.05%。孔板在不同取压方式下，直径比 $B=d/D$（D 为管道直径）的取值区间为 0.20～0.75，即总是不小于 0.20 且不大于 0.75。

孔板开孔上游侧的直角入口边缘，应锐利无毛刺和划痕。若直角入口边缘形成圆弧，其圆弧半径应不大于 $0.0004d$，或无可见的反光。在各处测得的 e（节流孔厚度）的偏差和平均值间的偏差应分别不得大于 $0.001D$ 和 $0.005D$。标准孔板的进口圆筒部分应与管道同心安装，孔板必须与管道轴线垂直，其偏差不得超过±1°。

2. 取压装置

取压装置是取压的位置与取压口的结构形式的总称，国际上常用的取压方式有角接取压、法兰取压、D 和 $D/2$ 取压，节流装置的取压位置如图 1-15 所示。

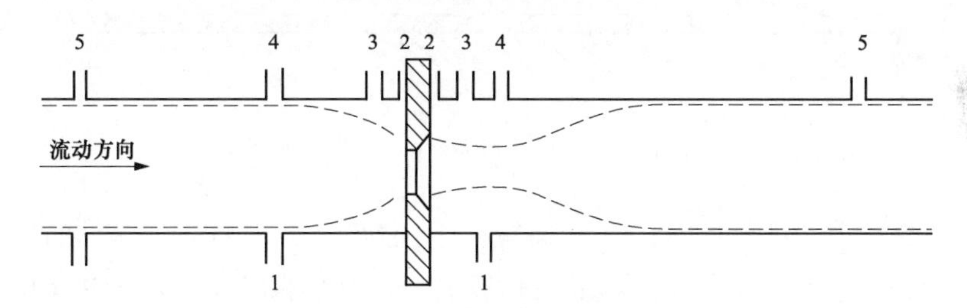

图 1-15　节流装置的取压位置

1—1 理论取压；2—2 角接取压；3—3 法兰取压；4—4D 和 $D/2$ 取压；5—5 管接取压

L_1 与 L_2 为上、下游取压口中心与孔板前后端面间的距离。1-1 为理论取压法，$L_1=D$，$L_2=0.34\sim0.84D$；2-2 为角接取压法，L_1、L_2 均等于取压孔孔径；3-3 为法兰取压法，$L_1=L_2=25.4\text{mm}$；4-4 为 D 和 $D/2$ 取压法，$L_1=D$，$L_2=0.5D$（距孔板前端面）；5-5 为管接取压法，$L_1=2.5D$，$L_2=8D$。

（1）角接取压装置。角接取压装置包括单独钻孔取压的夹紧环（见图 1-16 所示的下部分）和环室（如图 1-16 的上半部分）。

角接取压装置的前后环室装在节流件的两侧，环室夹在法兰之间。法兰和环室、环室和节流件之间放有垫片并夹紧。节流件前后的静压力是从前、后环室和节流件前后端面之间所形成的连续环隙处取得的，其值为整个圆周上静压力的平均值。

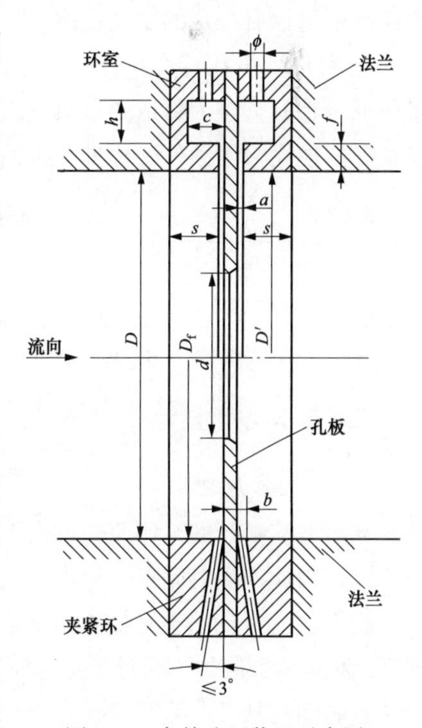

图 1-16　角接取压装置示意图

单独钻孔取压可以钻在法兰上，也可以钻在法兰之间的夹紧环上。钻孔直径 b 的规定范围与环室取压环隙宽度 a 范围相同。但对可能析出水汽的气体和液体，其 b 则在 4～10mm 范围内。取压孔如设在夹紧环内壁的出口边缘时，必须与夹紧环内壁平齐，并应有不大于取压孔径 1/10 的倒角，无可见的毛刺和突出物。取压孔应为圆筒形，从夹紧环内壁算起至少有长度为 $2b$ 的等直径圆筒形，且其轴线应尽可能与管道轴线垂直。

垫片厚度应保证 a 或 b 不超过规定值。

角接取压标准孔板的优点是灵敏度高，加工简单，费用较低。

（2）法兰取压装置。法兰取压装置即为设有取压孔的法兰，其结构示意如图 1-17 所示。

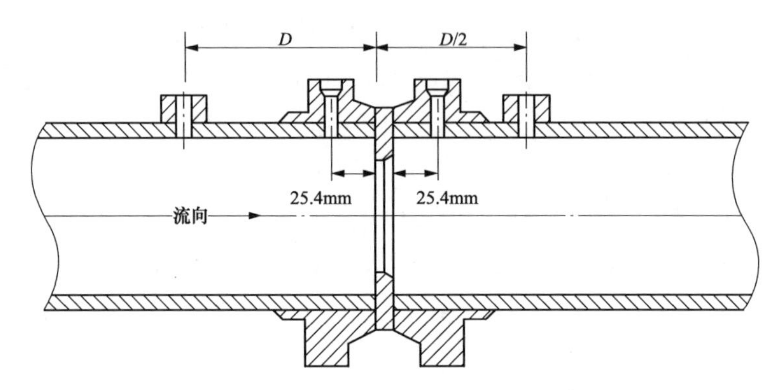

图 1-17　法兰取压和 D-$D/2$ 取压示意图

上下游的取压孔必须垂直于管道轴线。上下游取压的直径 b 相同，b 不得大于 $0.08D$，实际尺寸应为 6～12mm。可以在孔板上下游规定的位置上同时设有几个法兰取压孔，但在同一侧取压孔应按等角距配置。

（3）D 和 $D/2$ 取压装置。此取压装置的特点是上下游取压口名义上等于 D 和 $D/2$，但实际上可以有一定的变动范围，且不需要对流量系数进行修正。

D 和 $D/2$ 取压标准孔板的优点：对标准孔板与管道轴线的垂直度和同心度的安装要求较低，特别适合大管道的过热蒸汽测量。

（4）使用极限条件。标准孔板使用的极限范围见表 1-12。

表 1-12　　　　标准孔板使用的极限范围

角接取压（mm）	法兰取压（mm）	D 和 $D/2$ 取压（mm）
$D \geqslant 12.5$	$50 \leqslant D \leqslant 1000$	$0.20 \leqslant B \leqslant 0.75$

注　D 为管道直径；B 为直径比，$B=d/D$，d 为工作条件下节流件的孔径。

二、超声波流量计

（一）工作原理

超声波流量计的工作原理：由于超声波穿过流体时沿顺时针方向和逆流方向的传播速度不同，因此产生时间差。超声波流量计就是利用时差原理设计制造的。

超声波流量计用于测量流体流速对双向声波信号的影响。上游换能器 T1 向下游换能器 T2 发射一个信号，同时下游也向上游发射信号。当流体静止时，从 T1 到 T2 的声波信号传送时间与从 T2 到 T1 的传送时间是相同的。但当流体流动时，由于流体流速对声波信号的作用，将加快从上游到下游方向的信号传送速度，同时减慢从下游到上游方向的信号传送速度，也就是由于流体流速的存在，产生了时间差，最终由此可计算出流量。下面公式是用于计算流体流速的基本公式。

$$V_f = Kt/T_L \tag{1-8}$$

式中 V_f——流速；

K——标定系数；

t——上下游换能器测量出的时间的差，s；

T_L——测量出的声波平均穿过流体的时间，s。

(二) LCZ-803 系列超声波流量计

LCZ-803 系列超声波流量计主要由转换器与插入式传感器组成。LCZ-803 系列超声波流量计的结构示意如图 1-18 所示。

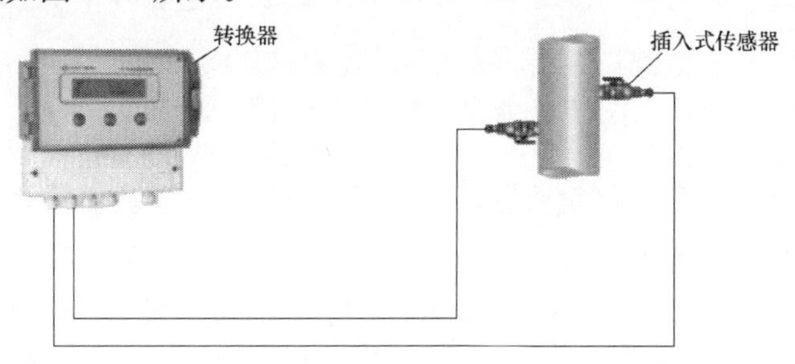

图 1-18　LCZ-803 系列超声波流量计结构示意

1. 性能特点

(1) 独特的信号数字化处理技术，使仪表测量信号更稳定、抗干扰能力更强、计量更准确。

(2) 无机械传动部件，不容易损坏，免维护，寿命长。

(3) 电路更优化、集成度高、功耗低、可靠性高。

(4) 智能化标准信号输出，人机界面友好；多种二次信号输出，可任意选择。

(5) 多种传感器测流方式，可根据不同的管路环境和不同的介质温度选择最佳方案。

(6) 外夹式非接触式管外测量，安装不停产，方便又快捷。

(7) 插入式无滴漏、不停产带压安装，精度高、免维护、工作更可靠。

(8) 便携式体积小、功耗低、内置电池，多种记忆功能，更适合野外测量工作。

(9) 管段式小管径测流经济又方便，测量精度高达 0.5 级。

2. 选型要求

(1) 现场所需要的转换器输出信号、转换器的安装方式。

(2) 管路材质、管路外径。

(3) 液体最高温度。

(4) 如果选用分体式转换器，要确定转换器与传感器之间的距离。

三、质量流量计

(一) 质量流量计的工作原理

科里奥利质量流量计是利用流体在直线运动的同时处于一旋转系中，产生与质量流量成正比的科里奥利力的原理制成的一种直接式质量流量仪表。使用的质量流量计多数都以管道的振动来产生科里奥利力的，即由两端固定的薄壁测量管，在中点处以测量管谐振或接近谐振的频率所激励，在管内流动的流体产生科里奥利力，使测量管中点前后两半段产生方向相反的挠曲，用电磁学方法检测挠曲量以求得质量流量，科里奥利质量流量计的内部结构如图 1-19 所示。

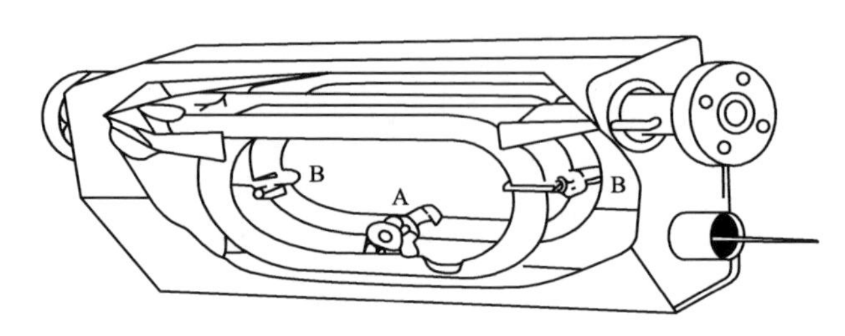

图 1-19 科里奥利质量流量计的内部结构

A—驱动线圈；B—检测探头

科里奥利质量流量计直接测量质量流量，有很高的测量精确度，但是在低流量或接近下限流量时，误差较大，基本误差通常在量程的±0.15%～0.5%之间，重复性误差一般为基本误差的 1/4～2/3。又因流体密度会影响测量管的振动频率，而密度与频率有固定的关系，因此科里奥利质量流量计也可测量流体密度，同时也可以测量体积流量和流体温度。

（二）基本的操作与内部接线

旋转左侧旋钮可以查看各个功能选项，右侧旋钮为复位键；TOT 选项中的累积值可以复位（复位按钮要转 5s 以上）；INV 选项中的库存值是不可以复位的，累积满显示 *；状态指示灯 LED 正常时闪动频率为 1s 一次，异常时 1s 三四次。传感器与变送器间的连线及功能见表 1-13。

表 1-13　　传感器与变送器间的连线及功能

导线颜色	传感器接线端序号	变送器接线端序号	功能
褐	1	1	驱动线圈（+）
红	2	2	驱动线圈（-）
橙	3	3	温度（-）
黄	4	4	温度回零
绿	5	5	左检测线圈（+）
蓝	6	6	右检测线圈（+）
紫	7	7	温度（+）
灰	8	8	右检测线圈（-）
白	9	9	左检测线圈（-）

注　“+”表示正极，“-”表示负极。

测量阻值时拔下端子排，线圈阻值情况如下：

（1）橙、紫接热电阻 PT100 线，0℃时紫橙线间电阻为 100Ω。

（2）白、绿线接左侧检测线圈，白绿线间电阻约为46Ω或47Ω。

（3）灰、蓝线接右侧检测线圈，灰蓝线间电阻约为46Ω或47Ω。

（4）红、褐线接驱动线圈，红褐线间电阻约为110Ω。

输出接线端子对应功能见表1-14。

表1-14　输出接线端子对应功能

端子编号	功　能	端子编号	功　能
14	频率输出，直流供电电压	23	信号地
15、16	频率/脉冲输出	24、23	温度输出
17、18	一级（PA）MA输出	25、23	管道周期输出
19、20	二级（SA）MA输出	26、27	RS-485 I/O
21、16	远程调零	P	供给压力变送器的直流电源
22、16	控制输出	S	来自压力变送器的MA输入

（三）质量流量计的零点漂移与调零

零点漂移来自质量流量计传感器部分，主要原因有：①机械振动的非对称性和衰减；②流体的密度黏度变化。前者影响零点漂移的因素有：管端固定应力的影响；振动钢管刚度的变化；双管谐振频率不一致；管壁材料的内衰减。后者影响零点漂移的原因是结构不平衡，因此即使在空管时将双管的谐振频率调整一致，充满液体时也可能产生零漂，同样因黏度引起的振动衰减与频率有关，在流动时亦可能产生零漂。

流量计的调零有四种方式，一般常用的是以下三种方式。

（1）在操作面板上使用滚动旋钮进入质量流量或体积流量界面，然后旋转并握住复位旋钮至少5s，即可进行自动调零。

（2）旋转并打开变送器箱盖可以看到一个较大的黑色按钮，长按此黑色按钮直到状态指示灯常亮，至少5s，则自动进行零点校准，此时一排小的开关均应朝上。

（3）使用HART通信设备向变送器发送自动调零命令。

需要注意的是调零必须在安装现场进行，流量传感器排尽气体；充满待测流体后，再关闭传感器上下游阀门，保证内部充满液体不流动。在接近工作温度的条件下调零，温度大幅度变化时需要重新调零。整个调零过程大约需要20～90s，此时不要对变送器进行任何操作，调零结束后显示Msg。正常情况下半年校验一次。

（四）质量流量计的提示信息

（1）若输出“MA 1 SATURATED”，提示输出变量超过了过程的适当限制或提示用户改变测量单位。

（2）CAL IN PROGRESS表示质量流量计在进行调零或进行密度校准。

（3）ZERO TOO NOISY表示机械噪声已妨碍变送器在调零期间设置精确的零点流量偏移。

（4）ZERO TOO HIGE或ZERO TOO LOW表示传感器在调零期间没有完全中止流动，因而不能进行精确的流速测量。

（5）BURSTST MODE 表示用户在 HART 协议下将变送器配置为触发模式发送数据，变送器以固定时间间隔发送数据。

四、电磁流量计

电磁流量计的独特优点如下：

（1）电磁流量计的传感器结构简单。

（2）可测量脏污介质、腐蚀性介质及悬浊性液固两相流流量。

（3）电磁流量计是一种体积流量测量仪表，在测量过程中，它不受被测介质的温度、黏度、密度及电导率（在一定范围）的影响。

（4）电磁流量计的输出只与被测介质的平均流速成正比，而与对称分布下的流动状态（层流或湍流）无关。

（5）电磁流量计无机械惯性，反应灵敏，可以测量瞬时脉动流量，也可测量正反两个方向的流量。

（6）工业用电磁流量计的口径范围极宽，从几毫米到几米。

电磁流量计已广泛应用于各种工业导电液体的流量测量，如用于测量酸、碱、盐等液体及脉冲流量。在电力部门，适用于测量各种污水和大管径水流量，如水轮机供水量和汽轮机循环水量等。

电磁流量计主要由电磁流量变送器、电磁流量转换器两部分组成。变送器将被测介质的流量转换为感应电动势，经转换器放大为电流信号输出，然后由显示仪表进行流量显示、记录、积算和调节。

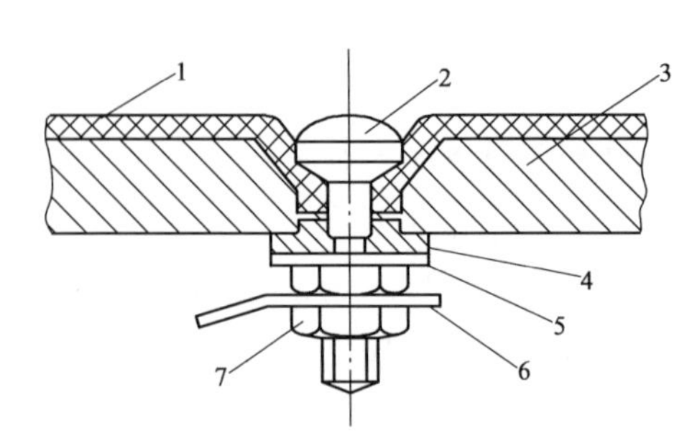

图 1-20　电磁流量变送器结构

1—上壳；2—磁轭；3—励磁绕组；4—下壳；5—内衬；6—导管；7—电极

电磁流量变送器由磁轭、励磁绕组、导管、电极、内衬及外壳等部分组成，电磁流量变送器结构如图 1-20 所示。磁路部分用以产生均匀的直流或交流磁场，工业仪表大多采用交流磁场。当变送器口径大于 100mm 时，采用分段绕组式。鞍形励磁线圈按余弦分布分段绕制，靠近电极部分的线圈绕得较密，距电极远的部位绕得稀一些，以便得到均匀磁场。

五、转子流量计

转子流量计是工业上和实验室最常用的一种流量计。它具有结构简单、测量结果显示直观、压力损失小、维修方便等特点；转子流量计适用于测量通过管道直径 D 小于 150mm 的小流量，也可以测量腐蚀性介质的流量；使用时必须安装在垂直走向的管段上，流体介质自下而上地通过转子流量计。

转子流量计由从下向上逐渐扩大的锥形管和置于锥形管中且可以沿管的中心线上下自由移动的转子组成。

转子流量计当测量流体的流量时，被测流体从锥形管下端流入，流体的流动冲击着转子，并对它产生一个作用力（这个力的大小随流量大小而变化）。当流量足够大时，所产生的作用力将转子托起，并使之升高。同时，被测流体流经转子与锥形管壁间的环形断面，这时作用在转子上的力有流体对转子的动压力、转子在流体中受到的浮力和转子自身的重力三个。转子流量计垂直安装时，转子重心与锥管管轴重合，作用在转子上的三个力都沿平行于管轴的方向。当这三个力达到平衡时，转子就平稳地浮在锥管内某一位置上。对于给定的转子流量计，转子大小和形状已经确定，因此它在流体中的浮力和自身重力都是已知常量，唯有流体对浮子的动压力是随来流流速的大小而变化的。因此当来流流速变大或变小时，转子将向上或向下移动，相应位置的流动截面积也发生变化，直到流速变成平衡时转子就在新的位置上达到稳定。转子在锥管中的位置与流体流经锥管的流量的大小成一一对应关系，由此来测量流体的流量。

第五节　物位测量仪表

一、浮子式液位计

浮子式液位计适用于在比较干净的液体中测量液位。当液位到达高、低极限位置时，控制浮子式液位计输出触点开关信号，实现液位报警、泵的启停或阀门的开关。

液位开关有两种类型，一种是干节点触点，另一种是水银开关，但它们的工作原理是一样的。下面以水银开关为例进行介绍。控制器由浮球组件和转换机构两部分组成。浮球组件包括浮球（float）、吸引套管（attraction sleeve）和非磁性的外罩管（non-magnetic enclosing tube）。

浮球连杆的顶端固定有磁性的吸引套管，当被测液位下降时，浮球随之向下移动，其连杆端部的磁钢也随之向下移动。当移动出永久磁铁的范围时，磁力作用消失，弹簧的作用力使永久磁铁弹起，水银开关左边的触点接通。

非磁性的外罩管使得转换机构与浮球间无机械联系，与被测液体完全隔离，不会因为介质中的杂质阻碍转换机构动作。因此，浮子式液位计具有动作灵活、工作可靠、使用寿命长的优点。

二、电容式液位计

电容式液位计利用电容测量技术和安全方便的二线制电路技术实现对液位的测量。电容式液位计由探头电极（传感器）和变送器本体组成，其中模块化转换单元装在符合IP65防护标准的壳体内构成一体化变送器本体，一体化变送器本体可与各种型号探头配套使用。电容式液位计广泛应用于各种贮液容器的液位测量，特别是带压容器的液位测量。

电容式液位计测量原理是电极周围液位的变化引起电容量的变化，由电子电路把电容量转换成二进制的4～20mA直流输出信号。电极与容器壁和被测介质构成电容器，其电容量取决于电极的构造和几何形状、介质本身固有的介电常数、电极和容器壁之间的距离等因素。

电容量计算公式为：

$$C=\varepsilon A/\delta \tag{1-9}$$

式中 C——电容量，F；

δ——两平行极板之间的距离，m；

ε——极板间介质的介电常数，F/m；

A——两极板相互覆盖的有效面积，mm^2。

现场调校是保证液位计精度的必要条件，主要有以下两种调校法。

（1）上、下限调校法。

1）零位调校：首先将容器内液位排空，然后调整零位电位器，使仪表输出 4mA；

2）满度调校：将容器内液位加满到上限位，调整量程电位器，使仪表输出 20mA；

3）重复上述两步骤，直到零位、满量程准确为止。

（2）斜率调校法。

该方法适用于液位不能排空和加满时，利用液位的局部变化计算出输出电流的变化率，进而得出测量值。

调校过程如下：液位在某位置 H_1，此刻电流为 I_1，液位变化值 ΔH，对应的电流变化量 $\Delta I=[(\Delta H/H)\times 16]$（$H$ 为液位计量程）调整量程电位器，使电流为 $I_1+\Delta I$。

三、导波雷达液位计

导波雷达液位计运用先进的雷达测量技术，以其优良的性能，尤其是在槽罐中有搅拌、温度高、蒸汽大、介质腐蚀性强、易结疤等恶劣的测量条件下显示出其卓越的性能，在工业生产中发挥着越来越重要的作用。雷达波是一种特殊形式的电磁波，导波雷达液位计利用雷达波的特殊性能进行液位检测。雷达波的频率越高，发射角越小，单位面积上能量（磁通量或场强）越大，雷达波的衰减越小，导波雷达液位计的测量效果越好。

安装中需要注意的问题如下：

（1）当测量液态物料时，导波雷达液位计的传感器的轴线和介质表面保持垂直；当测量固态物料时，由于固体介质会有一个堆角，传感器要倾斜一定的角度。

（2）尽量避免在发射角内有造成虚假反射的装置。特别要避免在距离天线最近的 1/3 锥形发射区内有障碍装置（因为障碍装置越近，虚假反射信号越强）。若实在避免不了，建议用折射板将过强的虚假反射信号折射走。这样可以减小虚假回波的能量密度，使传感器较容易地将虚假信号滤出。

（3）要避开进料口，以免产生虚假反射。

（4）传感器不要安装在拱形罐的中心处（否则传感器收到的虚假回波会增强），也不能距离罐壁很近安装，最佳安装位置为距罐壁距离为容器半径的 1/2 处。

（5）要避免安装在有很强涡流的地方，如由于搅拌或很强的化学反应等产生强涡流的地方，建议采用导波管或旁通管测量。

（6）若传感器安装在接管上，天线必须从接管伸出来。喇叭口天线伸出接管长度至少为 10mm。棒式天线接管长度最大为 100mm 或 250mm，接管直径最小为 250mm。可以采取加大接管直径的方法，以减少由于接管产生的干扰回波。

(7) 导波管天线。导波管内壁一定要光滑，下面开口的导波管必须达到需要的最低液位，这样才能在管道中进行测量。传感器的类型牌要对准导波管开孔的轴线。若被测介电常数小于 4，需在导波管末端安装反射板，或将导波管末端弯曲，将容器底的反射回波折射走。

应用中存在的问题及解决方法如下：

(1) 探头结疤和频繁故障的解决方法。将探头安装位置提高，由于安装条件限制不能提高的情况下，采用将液位测量值与该槽的泵连锁的办法。将最高液位设定值减小 0.5m 左右，当液位达到该最高值时，即可停进料泵或开启出料泵。

(2) 导波雷达液位计被淹的改进办法。将导波雷达液位计改为导波管式测量。仍在原开孔处安装导波管式导波雷达液位计，导波管高于排汽管 0.2m 左右。这样一来即使出现料浆从排汽管溢出的恶劣工况，料浆也不会使液位计天线淹没，而且避免了搅拌器涡流的干扰及大量蒸汽从探头处冒出，减少了对探头的损害。同时由于导波管聚焦效果好，接收的雷达波信号更强，取得的测量效果更好。使用导波管式测量方式，可以改善表计测量条件，提高仪表测量性能，具有很高的推广应用价值。

(3) 泡沫对测量的影响。干泡沫和湿泡沫都能将雷达波反射回来，但对测量无影响；中性泡沫则会吸收和扩散雷达波，因而严重影响回波的反射甚至没有回波。当介质表面为稠而厚的泡沫时，测量误差较大或无法测量，在这种工况下，导波雷达液位计不具有优势，这是其应用的局限性。可以为选型时提供依据。

(4) 天线结疤的处理。介电常数很小的挂料在干燥状态下对测量无影响，而介电常数很高的挂料则对测量有影响。可用压缩空气吹扫（或清水冲洗），且冷却的压缩空气可降低法兰和电器元件的温度。还可用酸性清洗液清洗碱性结疤，但在清洗期间不能进行液位测量。

四、磁致伸缩液位计

磁致伸缩传感器是应用磁致伸缩技术研制而成。此项技术由美国于 1975 年首创，现已在国际范围内被广泛应用于要求测量精度高和测量可靠的液位测量系统。磁致伸缩液位计具有精度高、分辨率高、重复性好、稳定可靠、非接触式测量、寿命长、安装方便、环境适应性强等特点。它的输出信号是真实的绝对位置输出，而不是比例的或需要再放大处理的信号，所以不存在信号漂移或变值的情况，因此不必像其他位移传感器一样需要定期重新标定和维护；由于它的输出信号为绝对数值，所以即使电源中断重接也不会对数据接收构成问题，更无须重新归回零位。它可广泛应用于石油、化工、电力、制药、食品、饮料、工程机械等行业的各种液位的测量和控制。

磁致伸缩液位计主要由测杆、电子仓和套在测杆上的非接触的浮球或磁环（内装有磁铁）组成。测杆内装有磁致伸缩管（波导管），测杆由不导磁的不锈钢管制成，可靠地保护了波导管。工作时，由电子仓内电子电路产生一个起始脉冲，此起始脉冲在波导管中传输时，同时产生了一个沿波导管方向前进的旋转磁场，当这个磁场与磁环中的永久磁场相遇时，产生磁致伸缩效应，使波导管发生扭动。这一扭动被安装在电子仓内的拾能机构感知并转换成相应的电流脉冲，通过电子电路计算出两个脉冲之间的时间差，即可精确地测出液位变化量。

磁致伸缩液位计采用磁致伸缩技术能精确测量油罐内的油位、水位和多点温度。磁致伸缩液位计包含有控制屏系列和无控制屏系列两种，其中有控制屏系列又分多种类型。触摸式控制屏系列能自动采集和处理液位计数据，实时显示罐存信息，实现静态测漏、记录查询、液位高低报警、数据上传等功能。

五、重锤式料位计

重锤式料位计常用于电厂灰库、煤仓、渣仓、泥浆池等。优点是机械式测量，简单可靠，抗粉尘干扰能力强。重锤式料位计的量程大，可达 45.7m。重锤式料位计有多重防尘设计（防尘刷、进风孔、测量室隔离），不受介质湿度、黏度的影响，重锤式料位计不受介质介电常数、电导率、热导率的影响。重锤式料位计也可用于测量泥浆、矿浆、沥青（高温）等特殊液体。

安装注意事项如下：

（1）机械传动部分安装于料仓顶端，仪表控制部分必须安装于中控室或其他室内场所。

（2）机械传动部分必须垂直安装于料仓顶部，允许最大偏角为 2°。

（3）安装位置须远离进料口。

（4）安装位置须与仓壁保持一定距离。

（5）钢管长度须小于 300mm。

（6）钢丝绳选型长度须大于料仓高度。

（7）若料仓满仓时，必须确保探测锤与物料保持至少 100mm 的距离。

六、音叉液位计

音叉液位计通过安装在音叉基座上的一对压电晶体使音叉在一定共振频率下振动。当音叉液位计的音叉与被测介质相接触时，音叉的频率和振幅将改变，音叉液位计的这些变化由内部的智能电子电路来进行检测、处理并将之转换为一个开关信号。音叉液位计又被称作电气浮子。凡使用浮球液位开关和由于结构、湍流、搅动、气泡、振动等原因导致不能使用浮球液位开关的场合均可使用音叉液位计。FTL50 型音叉液位计为一体式结构，采用抛光叉体、易清洗的过程连接和仪表外壳，满足食品和制药行业的测量要求；采用强耐腐蚀性的哈氏合金 C4(2.461 0) 材料的叉体和过程连接，适用于强腐蚀性液体介质的测量。

七、场效应料位计

场效应物位控制技术是从电容式技术发展起来的，具有防挂料、更可靠、更准确、适用性更广等优点的物位控制技术。场效应料位计物位控制技术通过用高频无线电波测量被测介质导纳来实现物位测量。场效应料位计采用对波阻抗进行动态测试的原理，可以方便地采用相对值测量的计算方法，可以消除时漂、温漂带来的测量误差，精度较高。因此可以做到长时间稳定工作而不需要人工调整，使用方便。

安装要求如下：

(1) 当仪表安装处有较高的温度、较强的振动、较强的电磁场，腐蚀性气体及任何可能造成机械损坏的地方，请将仪器换成分体式安装。安装位置应尽量避开加热盘管，或将部分加热盘管绕行（如在灰斗上使用），距离传感器 0.5m 内不应有妨碍飞灰运动的障碍物。如果经常有大块物料冲击，则需要选用平板式物位计。

(2) 分体安装的信号电缆，只能使用专用电缆，并且只可截短不可加长，多余部分的电缆应剪掉不能盘起，同时电缆还应加穿护线钢管。

(3) 仪表传感器应尽量避开物料的冲击，水平安装时，当测量的物料较坚硬且较重，应在探头上方焊一挡板，防止探头被砸弯。

(4) 当测量的物料介电常数过小时，应加长探头或改用高灵敏度单元。

第六节　成分分析仪表

一、氧量分析仪

提高燃烧效率最直接的方法就是使用烟气分析仪器（如烟气分析仪、燃烧效率测定仪、氧化锆氧量分析仪）连续监测烟道气体成分，分析烟气中 O_2 含量和 CO 含量，调节助燃空气和燃料的流量，确定最佳的空气消耗系数。以下介绍氧化锆氧量分析仪。

氧化锆氧量分析仪（Zirconia Oxygen Analyzer），又称氧化锆氧分析仪、氧化锆分析仪、氧化锆氧量计、氧化锆氧量表，主要用于测量燃烧过程中烟气的含氧浓度，同样也适用于非燃烧气体含氧浓度测量。在传感器内温度恒定的电化学电池产生一个毫伏电动势，这个电动势直接反应出烟气中的含氧浓度。将此分析仪应用于燃烧监视控制，将有助于控制充分燃烧，减少 CO_2、SO_x 及 NO_x 的排放。同时，氧化锆氧量分析仪还可用于气氛控制，精确控制工艺生产过程，采用两只探头测出干氧、湿氧浓度，可以换算出水分含量。

氧化锆氧量分析仪具有结构和采样预处理系统较简单、灵敏度和分辨率高、测量范围宽、响应速度较快等优点。

氧化锆氧量分析仪由氧传感器（又称氧探头、氧检测器）、氧分析仪（又称变送器、变送单元、转换器、分析仪）以及它们之间的连接电缆等组成。氧传感器的关键部件是氧化锆探头，在氧化锆元件的内外两侧涂上多孔性铂电极制成氧浓差电池，它位于传感器的顶端。为了使电池保持额定的工作温度，在传感器中设置了加热器。用氧分析仪内的温度控制器控制氧化锆温度恒定。

氧化锆探头是利用氧化锆浓差电势来测定氧含量的传感器，其核心的氧化锆管安装在一微型电炉内，位于整个探头的顶端。

二、一氧化碳分析仪

一氧化碳分析仪主要用于环保指标、燃烧经济指标测量，监测公共场所空气中的 CO 浓度，锅炉烟气中 CO 浓度，快速准确地对宾馆、商场、医院、影剧院等公共场所中的 CO 浓度进行测定。

一氧化碳分析仪根据比尔定律和气体对红外线的选择性吸收原理设计而成，基于被测介质对红外光有选择性地吸收而设计。

三、脱硝氮氧化物分析仪

脱硝氮氧化物分析仪包括烟气取样单元、烟气预处理单元、烟气分析仪表以及系统控制四个部分。它可以连续取样、自动分析脱硝前后 NO_x 和 O_2 的浓度，同时把这些参数通过 4～20mA 信号传输到电厂控制中心，以便计算脱硝效率。

监测项目：脱硝 SCR 反应器入口 NO_x 浓度；脱硝 SCR 反应器入口 O_2 浓度；脱硝 SCR 反应器出口 NO_x 浓度。

环境空气样品通过颗粒物过滤器进入分析仪。样品首先经过毛细管限流，然后经过一个三通电磁阀，电磁阀控制空气样品直接进入反应室（NO 模式）或者通过钼转化炉后再进入反应室（NO_x模式）。系统中的流量传感器和压力传感器实时检测样气流量和压力。

干燥空气进入分析仪后，经过 O_3 发生器，O_2 被转化为 O_3。经过 O_3 净化器后，O_3 与样品中的 NO 发生化学发光反应。此化学光被光电倍增管检测，经过电路计算，最后得到 NO、NO_2 和 NO_x 浓度。气样流程如图 1-21 所示。

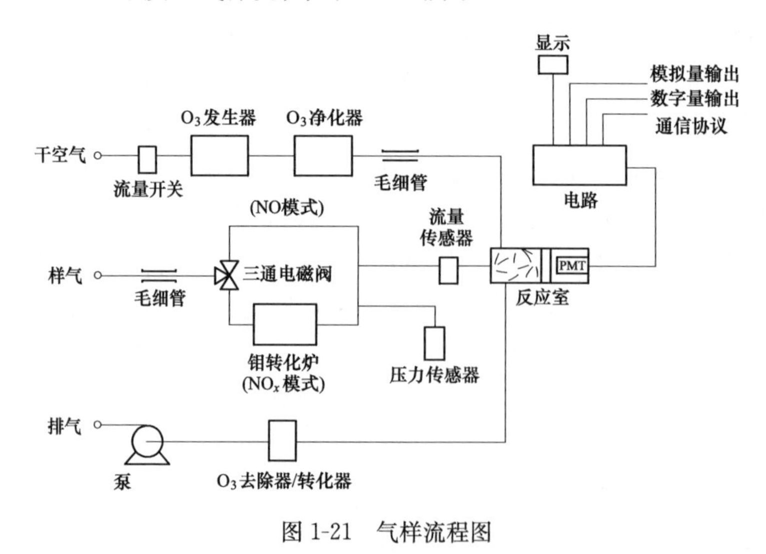

图 1-21　气样流程图

四、烟尘浓度分析仪

（一）概述

烟尘浓度分析仪是用来分析单位体积的空气内尘埃粒子的数目及大小的仪器。烟尘浓度分析仪具有功能多、测量精度高、速度快、便于携带和操作简单等特点，并且可直接显示粒子浓度。烟尘浓度分析仪广泛用于电力、光学、化学、医药卫生、生物制品、航空航天等部门的洁净检测，烟尘浓度分析仪还可以直接输出或打印检测分析出的结果。

（二）主要特点

（1）可直读颗粒物质量浓度（mg/m^3），1min 输出分析结果，或根据用户需要任意设定采样时间。

（2）测量快速、准确、检测灵敏度高。

（3）设计了自校系统，仪器性能稳定可靠。

（4）具有气幕屏蔽及洁净气自清洗功能，确保光学系统不受污染。

（5）具有与计算机双向通信功能，可通过计算机进行数据处理并打印出曲线及表格。

（6）具有颗粒物浓度连续监测、定时采样以及粉尘浓度超标报警等多种功能。

五、二氧化硫分析仪表

我国大部分火电机组使用石灰石—石膏湿法脱硫工艺，二氧化硫分析仪表主要包括脱硫装置出入口 CEMS 分析仪、脱硫装置 pH 计、石膏浆液浓度（密度）计等。

烟气连续排放监测系统（continuous emission monitoring system，CEMS）是对固定污染源污染物排放浓度和总量进行连续监测的系统，主要对污染源进行有效管理。主要测定参数有：SO_2、NO_2、颗粒物、O_2 浓度、速度、湿度、温度、压力等。

CEMS 主要由颗粒物监测子系统、气态污染物监测子系统、烟气排放参数监测子系统、数据处理子系统组成。

对不同状态的物质，测量方式不同。对于气体成分，采用红外光谱吸收、紫外光谱吸收、紫外荧光分析、化学分析、紫外差分吸收光谱法；对于颗粒物成分，采用浊度仪、光散射测定仪法；对于氧气测定，采用氧化锆氧量分析仪、顺磁氧分析仪、化学电池等方法；对于烟气流速，采用皮托管差压法、热传感系统、超声波测定系统法；对于烟气湿度，采用直接测定、干湿球氧法。如按采样方式分类，主要有完全抽取法、稀释抽取法、直接测定法。

pH 计主要用于检测吸收塔浆液的 pH 值，为二氧化硫脱除创造有利反应条件。脱硫系统常用其来测量石膏浆液 pH 值，用于控制吸收塔石膏的密度，及时排除部分浆液，为吸收塔的反应石膏浆液结晶创造条件。

气态污染物连续监测的分析仪器主要由系统控制/显示单元、测量单元（光学部件单元）、信号处理单元组成。分析仪种类主要有非分散红外分析仪、非分散紫外（non dispersive ultraviolet）分析仪、紫外荧光（ultraviolet fluorescence）分析仪、化学发光法 NO_x 监测仪。

测量方法主要有稀释法、直接测量式、直接抽取式三种。

六、氨逃逸仪表

一般来说氨逃逸率为 SCR 脱硝和 SNCR 脱硝工艺出口中未参与还原反应的 NH_3 与出

口烟气总量的体积之比，一般计量单位为百分比浓度，又称 ppm 浓度（parts per million）；如果用质量占比表示，则计量单位为 mg/m^3，也叫氨逃逸浓度。常见的氨逃逸仪表为 NEOM 激光气体分析仪。

对于行业标准，一般有以下两种解释：

（1）DL/T 260—2012《燃煤电厂烟气脱硝装置性能验收试验规范》对氨逃逸浓度解释如下：烟气脱硝装置出口烟气中氨的质量和烟气体积（标准状态、干基、6% O_2）之比，用 mg/m^3表示。

（2）DL/T 335—2010《火电厂烟气脱硝（SCR）系统运行技术规范》氨逃逸率描述如下：在 SCR 脱硝反应器出口中氨的浓度，用 $\mu L/L$ 表示。

由于工艺的不同，测量地点稍有不同。一般来讲，SCR 的氨逃逸测量位置在 SCR 脱硝反应器出口，SNCR 的氨逃逸测量位置在空气预热器之前。

氨逃逸率在线测量有如下三种方法：

（1）TDLAS 激光原位安装法（适合低含尘烟气氨逃逸浓度小于 $5g/m^3$）。

（2）TDLAS 激光干式抽取法（适合于高含尘烟气氨逃逸浓度大于 $20g/m^3$，绝大部分煤粉锅炉都适合）。

（3）抽取式化学分光法（仅适合于少量测量要求不高的场合、纸厂、化工厂、钢铁厂等）。

NEOM 激光气体分析仪是把烟道一侧发射器上的红外激光发射到烟道相反的另一侧上的接收器上，用烟道内存在的气体分子测量对光的吸收量，利用红外单线吸收光谱的原理。吸收量是烟道内气体含量的一个直接反映。极管激光波长通过扫描被选定的吸收线得到。由于二极管激光器和探测器光路上的特定气体分子的吸收，探测光强由于激光波长的作用而变化。为增加其敏感性，采用了波长调制技术。当扫描吸收线时，激光波长会被轻微调节。

激光气体分析仪测量的仅仅是特定气体的自由分子的浓度，因而对绑定在其他分子上成为复合体的分子和附着在或溶解在其他分子上的微粒和小滴的分子是不敏感的。当把这一测量方法与用其他测量技术得到的结果进行比较时一定要小心。

七、化学需氧量（COD）在线自动监测仪

COD 在线自动监测仪测量原理：水样、重铬酸钾、硫酸银溶液（催化剂使直链芳香烃化合物氧化更充分）和浓硫酸的混合液在消解池中被加热到 175℃，在此期间铬离子作为氧化剂从Ⅵ价被还原成Ⅲ价而改变了颜色，颜色的改变度与样品中有机化合物的含量成对应关系，仪器通过比色换算直接将样品的 COD 显示出来。其他无机物如亚硝酸盐、硫化物和亚铁离子将使测试结果增大，将其需氧量作为水样 COD 的一部分是可以接受的。

主要干扰物为氯化物，加入硫酸汞形成络合物去除，监测仪能够自动检测出消解完毕的时间。

八、氨氮分析仪

氨氮分析仪是为了测量废水和水中的铵离子（NH_4^+）浓度而设计的。如果样品含有

固体，在光度计进行分析之前必须进行预处理，对曝气池和最终沉淀池，建议使用 Hach Filtrax tm 超滤系统；对初次沉淀池和进水，在使用 Filtrax 系统之前必须进行中试试验，以确保其有效性。如果样品中含有大量的固体和油脂，也许需要加一个超滤系统。氨氮分析仪主要组成包括淋洗液、测量池、压紧阀、样品、标准液、指示剂、排放管。

水中氨氮的来源主要为生活污水、某些工业废水以及农田排水中含氮化合物受微生物作用的分解产物。此外，在无氧环境中，水中存在的亚硝酸盐亦受微生物作用还原为氨；在有氧环境中，水中氨亦可转变为亚硝酸盐，甚至继续转变为硝酸盐。氮氨分析仪可测定水中各种形态的氮化合物，有助于评价水体的污染状况。

氨氮分析仪利用水杨酸逐出比色法测量氨氮浓度。将待分析的样品和反应试剂混合后，将溶液中的 $NH4^+$ 转化成 NH_3，氨气从被分析的样品中释放出来。然后将氨气转移到装有指示剂的测量池中使其重新溶解在指示剂之中，这将引起溶液颜色的改变。利用比色计进行比色法测量，最后计算并得出氨氮的浓度值。

氨氮分析仪常见故障分析见表 1-15。

表 1-15　　氨氮分析仪常见故障分析

错误信息	原　因	纠正措施
NO TRIMMING	电子设备错误	与维修服务联系
CHECK SETTINGS	可能进行了不正确的设置	进入 Setting 菜单，检查所有的选项
HUMIDITY!	水蒸气感应器有了响应	将引起潮湿的源头去掉，将水蒸气感应器烘干，并且在 Status 菜单中确认这个错误
CU NOT RESPONDING	电子设备错误	与维修服务联系
CU TIME OUT	电子设备错误	与维修服务联系
PROCESS TIME LIMIT	电子设备错误	与维修服务联系
LEVEL LIMITS	光度计错误	在 Status 菜单中确认这个错误，若错误信息仍然出现，与维修服务联系
LEVEL OFFSET	光度计错误	在 Status 菜单中确认这个错误，若错误信息仍然出现，与维修服务联系
MEAS AMPLIFIER	光度计错误	与维修服务联系
CALIBRATION FACTOR	斜率超过了范围（0.2～2.0）	检查试剂以及试剂的使用、操作顺序是否正确

九、钠离子分析仪

常见的钠离子分析仪为在线钠表，在线钠表主要用于监测发电厂凝结水和蒸汽品质。与氢电导率测量相比，测钠具有响应速度快、信号反应灵敏的优点（氢交换柱有一定的稀释和延缓作用），可以及时发现凝汽器泄漏（尤其是沿海电厂）、精处理系统漏钠和蒸汽品质恶化的情况，对减少水汽系统腐蚀结垢和减少蒸汽系统积盐有重要意义。

在线钠表和在线 pH 表一样，属于电位式分析仪表。在线钠表是采用钠离子选择性玻璃电极进行测量的，钠电极对水样中的钠离子有敏感性选择作用，钠离子在玻璃电极表面发生电化学反应产生电位，变送器将电位信号转换成钠离子的浓度值。

在线钠表主要由变送器（二次仪表）、钠电极、参比电极、流通池、水样碱化系统、恒压系统等组成。有些在线钠表还配备有 pH 电极，以便监测水样的碱化程度是否满足测钠要求。

1. 变送器（二次仪表）

在线钠表变送器（二次仪表）应能够测量钠电极和参比电极间的电位差，并在较大的浓度范围内显示钠浓度（μg/L）。在线钠表中有隔离放大器，使输入端与输出端、电源和接地隔绝，还应具有自动温度测量和补偿功能。

2. 钠电极

由于不同厂家生产的钠电极的选择性差别很大，应优选选择性好的钠电极，并且要满足碱化剂、水样 pH 值的要求。

3. 参比电极

如果钠电极的内参比电极为 Ag/AgCl 电极，应选择 Ag/AgCl 参比电极；如果钠电极的内参比电极为甘汞电极，应选择甘汞参比电极。如果选择不配套的参比电极，钠表必须具备足够的补偿能力。参比电极的内充液会对测量产生干扰，应将参比电极安装在钠电极的下游。

参比电极的内充液和维护方法要符合生产厂家的要求。参比电极的扩散孔应保证电极内充液按一定速度流出，因此，应保持电极内充液的水位高于扩散孔处水位的压力。

4. 流通池

应将钠电极和参比电极安装在流通池中，在线流动测量钠浓度，应使用生产厂家推荐的流通池。如果自己设计制作流通池，应将参比电极设计安装在钠电极的下游，用塑料或不锈钢制作流通池。应保证流通池密封，避免空气漏入流通池。流通池不能使用普通玻璃或铜材料制作。

5. 水样碱化系统

水样碱化系统的作用是将被测水样的 pH 值提高，防止氢离子对钠测量的影响。不同厂家生产的在线钠表所采用的碱化剂和碱化原理不同。

6. 恒压系统

恒压系统的作用是使水样的压力保持恒定，防止液接电位的变化影响在线钠表测量值。

十、磷酸根自动分析仪

磷酸根自动分析仪是利用一种综合计算机自动化控制技术，基于比色分析法分时检测多路水样的新型在线自动分析仪。仪器结构简单、维护量小、运行费用低，更加适合工业现场的使用环境且满足维护人员的实际需求。

仪器采用了大屏幕高亮度液晶显示器，除显示测量值外，还能分页显示各路水样在 24h 内的记录曲线、上下限报警标志。可以输出每一路水样测量值的全隔离的标准模拟信号，以供数采或其他仪表使用。可根据需求自行设定量程，使测量更加准确。仪器配有基于 modbus 协议的 RS485 通信接口，可远传包括报警状态在内的多种信息。

磷酸根自动分析仪采用磷钒钼黄光电比色法来测量试样中磷酸根的浓度。即在一定的酸度条件下磷酸根与钼酸盐及偏钒酸盐反应生成黄色的磷钒钼酸（俗称磷钒钼黄）。

如果水样中含有硅酸盐，也会与磷酸根发生类似的反应（即硅酸根也与钼酸盐及偏钒酸盐反应生成黄色的磷钒钼酸），从而干扰磷酸根的浓度，解决的方法是通过控制酸度和反应时间使硅干扰降到最小。当硅（SiO_2）浓度为 5mg/L 时，产生的干扰小于 0.2mg/L(PO_4^{3-})。

十一、硅酸根分析仪

国内外在线硅酸根分析仪品种繁多，但仪器的工作原理都是基于朗伯比尔定律，应用硅钼蓝光电比色法进行分析，不同厂家的在线硅酸根分析仪的分析流程略有不同。下面介绍两种在线硅酸根分析仪的工作原理。

1. 在线硅酸根分析仪工作原理一

以 GD0811 在线硅酸根分析仪为例，该在线硅酸根分析仪有 6 个测量通道，其中 4 个水样通道、1 个标准液通道和 1 个空白水通道。具体测量过程如下：①在测量状态时，水样首先被送入一个恒位器，通道调节阀可以调节水样流量，水样必须总是保持溢流排放；②根据提前设置好的程序，通道选择阀选中一路水样通道，选定的水样被水样蠕动泵送入恒温反应槽，恒温反应槽预装加热器，并有 4 个试剂入口。水样蠕动泵的转速决定了进入恒温反应槽的水样的流量。蠕动泵转速已被厂家设定好并且保证有足够的时间来完成化学反应；③反应槽内水样被预热到 45℃，排除了水样温度对测量的影响；④把钼酸铵和硫酸加入涡流搅拌器，水样在 2min 内变成淡黄色。随后加入草酸，磷钼黄的黄颜色立即消失；⑤加上还原剂（硫酸亚铁铵），水样变成蓝色，当硅元素非常少时，眼睛是观察不到这种蓝色的；⑥其后，有色的水样流进恒温的光度计并完全充满，光度计顶端的通气孔保证光度计中不存在气泡，此时用波长为 815nm 的光照射水样，硅酸根的浓度通过标准曲线就可计算出来了。当光度计中的水样水位过高时，将会被虹吸管自动排出。

2. 在线硅酸根分析仪工作原理二

水样通过水样选择电磁阀进入仪表，每路水样的流量都能通过针型阀调节。在一路水样进入测量池之前，都有足够的流动时间来冲洗整个水路和溢流槽。然后，水样阀打开，水样进入测量池。一旦测量池被冲洗完毕并且充满水样，水样阀关闭，并顺序注入试剂：酸十钼酸盐、草酸、硫酸亚铁铵。

试剂的输送现在已由微活塞泵代替了传统的蠕动泵，测量池配有加热器和磁性搅拌器，以保证试剂的充分混合和完全反应。在硅钼蓝化合物形成之前，仪表要进行参比吸光度测量。根据测得的吸光度，仪器会自动由硅酸根标准曲线得出水样的硅酸根浓度。

十二、溶氧分析仪

对发电厂水汽系统溶解氧的准确控制是防止热力设备腐蚀、结垢和积盐的重要手段。给水全挥发处理的机组，一般控制给水的溶解氧小于 7μg/L，否则会引起金属的腐蚀；给水加氧处理的机组，必须将溶解氧控制在一定的范围内，才能达到预期的防腐效果。要实现上述目的，首先必须准确测量水汽系统中溶解氧的浓度。然而，多数情况下水中溶解氧是通过电化学反应传感器将氧浓度转换成电流信号进行测量的，这个过程容易受测量条件、仪器标定、温度补偿、传感器变化等许多因素的影响，导致很多电厂在线溶解氧表准确性差。因此，准确测量水汽系统中的溶解氧对机组安全运行具有重要意义。近几年，国外几大在线化学仪表生产商相继研发出针对发电厂纯水系统溶解氧测量的光学法在线溶解氧表。由于这类光学法溶解氧表价格昂贵，在电厂应用极少，主要介绍基于电流分析法的在线溶解氧表。

溶氧分析仪是电流式分析仪表，电流式分析仪表的传感器能把被分析的物质浓度的变化转化为电流信号的变化。溶解氧表、联氨表等属于这类分析仪表，按其工作原理不同，又可分成原电池法和极谱法。国内外普遍采用的溶解氧表测量原理是极谱法，即向电极施加一定的电压，使溶解氧在电极表面发生电化学反应，在测量电路中产生电流，该电流的大小与溶解氧的浓度成正比。这种通过测量电流大小达到确定测量值的方法就是电流法。与电位法（如 pH 值测量、钠的测量）相比，电流法在纯水系统中受到的电干扰较小。极谱法溶解氧表根据传感器的原理不同可分为扩散型传感器和平衡型传感器两种。

扩散型溶解氧测量传感器由两个与内置电解质相接触的金属电极及疏水透气膜构成。这种膜允许氧气和其他气体透过，而不使水和其他溶解性物质通过。传感器的阴极由贵金属铂或金构成，阳极由银或铅构成。

十三、电导率分析仪

1. HK-338 型电导率分析仪

水的电导值是水导电能力的表达，电厂通过测量样水电导值，可以清楚地了解到水中杂质离子是否正常，因此水电导值在电厂安全经济运行中扮演着至关重要的角色。HK-338 型电导率分析仪由二次仪表、电导率电极、流通池和电缆组成。二次仪表外壳为坚固的铸铝金属材料，具有坚固、安装方便的特点。在火力发电厂，电导值通常有：

比导 SC：样水中所有离子的导电度，如 NH_4^+、Na^+、Cl^-、CO_3^{2-}、H^+、OH^- 等。

氢导 CC：样水中 H^+ 和所有负价离子的导电度，如 Cl^-、CO_3^{2-}、OH^- 等。

除气电导：排除样水中 CO_2 的影响，反应样水中真正由杂质离子所产生的导电度。

2. 电导率分析仪的常见故障

(1) 二次仪表故障。解决方法：检查二次仪表电路板。

(2) 测量电极故障。解决方法：更换电极。

(3) 电极线故障。解决方法：更换电极线。

(4) 电极常数变化。解决方法：校正电极常数。

(5) 内外电极中有杂物（如气泡、树脂等），电极污染。解决方法：清理流通池和电极。

(6) 树脂再生度不够。解决方法：将树脂放在稀盐酸内再生一段时间再重新启用。

十四、浊度分析仪

水中含有泥土、粉砂、细微有机物、无机物、浮游生物等悬浮物和胶体物都可以使水质变得浑浊而呈现一定浊度。浊度是衡量水质的重要指标之一，自来水厂及污水处理厂等场合对水的浊度都有严格的控制。在发电厂，为了保证水处理设备的正常运行，对进水浊度有定要求。随着水处理技术的不断进步和发展，控制进水的浊度也越来越重要。

浊度是指水中悬浮物对光线透过时所发生的阻碍程度。水中的悬浮物一般是泥土、砂粒、细的有机物和无机物、浮游生物、微生物和胶体物质等。水的浊度不仅与水中悬浮物质的含量有关，而且与它们的大小、形状及折射系数等有关。

在物理化学中，一种或几种物质以极微小的粒子分散在另一种物质中所组成的物质体系称为分散物系。被分散的物质称为分散相，分散其他物质的物质称为分散介质。

按照 ISO 7027《水质浊度的测定》的规定，浊度测量方法可以分为半定量法和定量法两大类。半定量法是人用眼睛分辨浊度的目视测量方法，如烛光浊度计法、透明度检测盘（管）法、目视比浊法等。这类方法测量范围小，测量准确性和重复性差，已逐渐被定量法所取代。定量法主要是指光学测量法，光学测量法有散射光法和透射光法。与透射光法相比，散射光法能够获得较好的线性，灵敏度有所提高，色度影响也较小，这些优点在低浊度测量时更加明显。因此，低、中浊度分析仪中主要采用散射光法。透射光法则主要用于高浊度和固体悬浮物浓度测量中。

根据水样中微粒物质引起水样透光率降低的程度所确定的浊度称为水样的透射光浊度。透射光法主要用于固体悬浮物浓度计、污泥浓度计中。在污水处理工艺中，采用污泥浓度计测量活性污泥的浓度，用透射光法测量出污泥的浊度后，在实验室中用烘干称重法测定其质量（固体悬浮物含量）；然后对仪器进行相关校准，将浊度单位转变成质量浓度单位。

以透射光法测定浊度时，水样透光度的下降应是水中微粒物质对光的散射造成的，而水中某些粒子对光的选择性吸收所造成的透光度下降则不应包括在内。因此，当水中存在对光有吸收的物质时，所测结果会偏大。为消除或减少水样色度对测量的影响，可采用单色光作为浊度的测量光源。另外，由于水中有机物对波长为 500nm 以下的光有明显的吸收作用，所以选波长为 660nm 附近的单色光为光源是比较合理的。

十五、pH 分析仪

pH 分析仪和与之配用的测量传感器是专为在工业生产过程中的 pH 或氧化还原电动势的连续测量和控制而设计的（可带温度测量）。它还包括 pH 氧化还原测量校准系统。

pH 分析仪配有微处理器，安装与编程简单方便，它可以用在饮用水、污水过程控制（化工厂、造纸厂、制糖厂等）等场合，测量纯水/超纯水（发电厂、半导体工业、化学工业）。

1. 错误信息处理

错误信息及具体原因分析见表 1-16。

表 1-16　　错误信息及具体原因分析

错误信息	说明/可能原因
10.8　pH Pt100/Pt1000 SHORT　CIRCUIT（短路）	传感器连接不正确，温度传感器损坏；处理方法：如果需要更换它

续表

错误信息	说明/可能原因
11.4 pH Pt100/Pt1000 OPEN CIRCUIT（开路）	传感器连接不正确，温度传感器损坏；处理方法：如果需要更换它
1.4 pH MEASURE TOO LOW（测量太低）	pH 值低于 4
13.4 pH MEASURE TOO HIGH（测量太高）	pH 值超过 14
10.3 pH GLASS IMPOED TOO HIGH（玻璃阻抗太高）	玻璃电极阻抗超过用户设定的极限；处理方法：改变极限或清洗更换堵塞的电极
1.9 pH GLASS IMPED TOO LOW（玻璃阻抗太低）	玻璃电极阻抗低于用户设定极限；处理方法：改变极限或更换断裂的电极
10.1 pH REF IMPED TOO LOW	参比电极阻抗低于用户设定的极限；处理方法：改变极限值或更换损坏的电极
5.8 pH REGULATION TOO LONG（调整太长）	中性区域的时间超过用户编程的极限；处理方法：改变极限或检查继电器 K1 和 K2
6.4 pH REF IMPED TOO HIGH（参比阻抗太高）	参比电极阻抗高于用户设定的极限；处理方法：改变极限或清洗被堵塞的电极或更换被污染的电极

2. 校准故障处理

按 ESC 键离开菜单并且再次校准，校准过程问题分析如表 1-17。

表 1-17　　校准过程问题分析

校准过程报警	原因分析
pH CALIB SLOPE：99.9% ZERO：4.00pH OFFSET OUT OF LIMITS	零点漂移超过编程极限 pH 校准：3pH 氧化还原校准：250MV
pH CALIB SLOPE：130% ZERO：0.1pH SLOPE OUT OF LIMITS	斜率漂移超过编程极限 极限：70%～120%
pH CALIB T：+25.0℃ OUT OF LIMITS	温度漂移超过编程极限 极限：-50～+20℃

续表

校准过程报警	原因分析
TESEST、GLASS TOO　LOW REFERENCE TOO　LOW	玻璃电极：阻抗测量低于 5MΩ 参比电极：阻抗测量低于 100Ω
TEST、GLASS TOO HIGH REFERENCE TOO HIGH	玻璃电极：阻抗测量高于 1GΩ 参比电极：阻抗测量高于 1MΩ

十六、余氯分析仪

1. 余氯分析仪应用

余氯分析仪用于循环水系统中，用于监测循环水中余氯含量，保证水中细菌含量小于 1×10^5个/mL，减少循环水系统滋生黏泥及微生物风险。余氯指标也可用于考察反渗透水中的氧化性物质，因为在反渗透进水前会加入次氯酸钠作为杀菌剂，这样会在反渗透进水中形成余氯。氧化性物质会对反渗透膜造成伤害，故要在反渗透进水管上加上余氯表计。

2. 余氯分析仪组成

余氯分析仪组成部分包括参比电极、进水口、流量电极、主流量控制阀、手工取样阀、手工取样口、测量电极、排水口、保护过滤器、pH 电极、温度电极、流通池。

3. 余氯分析仪常见故障

以火力发电厂常用 swan 余氯分析仪为例，其常见故障有如下几种情况。

（1）pH 高、低报警。解决方法：校验 pH 电极。

（2）样水温度低。解决方法：在样水进水口加装温控仪。

（3）样水流量低。解决方法：调节样水流量。

（4）样水流量高。解决方法：调节样水流量。

（5）消毒剂值低报警。解决方法：检查消毒剂量。

（6）箱体温度过低。解决方法：控制箱体温度。

（7）箱体温度过高。解决方法：控制箱体温度。

第七节　特　殊　仪　表

一、转速监视系统

随着我国电力事业的迅猛发展，电网容量越来越大，电网对机组的自动化程度和安全性要求越来越高，机组配置了 DCS、DEH、ETS 对机组的转速进行安全可靠的监控。TSMS-B 型汽轮机转速监控系统接收来自安装在电机运算测速齿轮上的两个磁阻发信器信号，信号分别进入四个转速通道，每个通道都经过硬件整形、放大、滤波处理及软件限制，再分别进行智能化运算后显示汽轮机转速，四个通道可以输出转速高的触点信号进行两或一与处理，最终给出跳闸报警触点信号。

TSMS-B 型汽轮机转速监控系统由转速探头、测速齿轮、测速磁阻发信器、转速监控箱以及机头就地显示表等组成。

600MW 的机组转速探头安装在汽轮发电机组大轴的盘车齿轮处，测量齿轮不会因为机组的意外事故发生齿轮位置的改变而影响转速的测量。

二、锅炉四管泄漏报警装置

锅炉水冷壁、省煤器、过热器、再热器通称为锅炉四管，确切地说，应称为锅炉承压受热面。大多数泄漏都是由微小泄漏发展而来的（如材质或焊缝的砂眼、气泡等），当达到能够被人们感知到的程度时，可能所造成的破坏已相当严重。因此早期发现锅炉承压受热面的泄漏进行可视化的定量监测是机组预测大修的一项基础工作。

炉管检漏报警系统主要由安装在锅炉本体上的传感器、变送器及主控制柜组成。传感器通过波导管与炉膛内部连通，接收炉膛内部的背景噪声信号，同时转换成相应的电信号，并经过变送器把传感器输出的弱电压信号多级放大，最后输出到显示报警柜。显示报警柜内的工控机对每一路变送器输入信号连续不断地进行循环采集，并经过运算处理后，输出用于显示报警的信号。

变送器上有一个手动自检按钮，当按下自检按钮时，传感器将发出模拟泄漏噪声，通过 TEST 输出到主控制柜，以供系统自检。

变送器上的电位器 RV1（粗调）、RV2（细调）、电位器 RV3 用以调节 NS-X 的大小。三个电位器可以设定背景噪声。诸如在吹灰器附近的测点，就可以通过电位器的调整，屏蔽掉一些噪声。

锅炉四管泄漏报警装置可实现炉管早期泄漏的跟踪报警、报告炉管早期泄漏位置、显示泄漏的程度和发展趋势、自检维护功能。

三、火焰检测装置

火焰检测装置是火电厂燃煤、燃气、燃油锅炉炉膛安全监控系统的关键设备。其作用是根据火焰的物理特性对燃烧工况进行实时检测，一旦火焰燃烧状态不满足正常条件或熄火时，发出报警信号。作为 DCS 故障报警或锅炉炉膛安全监控系统（FSSS）的逻辑判断条件，保证锅炉灭火时停止燃料供应，防止可燃性物质在炉膛或管道内聚积，发生爆燃及引起锅炉爆炸。

燃烧火焰具有的发热程度、电离状态、火焰不同部位的辐射、光谱及火焰的脉动或闪烁现象、音响等特性，都可以作为检测火焰存在的基础。火焰检测器按其工作原理可分为直接式和间接式两大类。

1. 直接式火焰检测器

直接式火焰检测器一般用在点火器的火焰检测，常用的检测方法有检出电极法和差压检测法。

检出电极法的工作原理是利用电极电阻在着火前后的变化判断点火是否成功。一般在空气中电极的电阻为几百兆欧，将电阻接到电子器件的放大回路，即可得到点火是否成功的开/关量信号。电极材料现采用碳化硅，并加以空气冷却和吹扫，或将点火枪和检出电极接成一体并带伸缩机构。

差压检测法的工作原理是利用着火后气体膨胀产生的瞬间压力变化，建立风箱压力和检测压力的差压变化，以此作为着火与否的信号。这种方法较简单，但往往会因为给粉不匀，细度和粒度变化大，易爆燃和脉动燃烧而影响差压变送器传递信号的准确性，使可靠性欠佳。

2. 间接式火焰检测器

间接式火焰检测器一般用于主燃料的火焰检测，利用火焰的闪烁频率和光的辐射强度来综合判断火焰的有无及强弱。由于光能检测具有简便易行、显示直观、可靠性强等特点，所以采用光能原理制作的各种火焰检测器应用最为普遍。常用的有紫外线、可见光、红外线检测器和组合火焰检测器，光电管、磷化镓光电二极管、硫化铅光敏电阻的频谱特性。

（1）紫外线火焰检测器。紫外线火焰检测器利用火焰本身所特有的紫外线强度来判别火焰的有无。它采用的敏感元件有紫外光敏管（充气一极管）、固态紫外光电池和光敏电阻。

紫外光敏管是一种固态脉冲器件，管内有两个电极，一般加交流高压。当紫外光敏管接收到紫外线时，管内充满的气体被击穿，从而使二极管导通发出脉冲信号，以此来验证火焰的存在。其频率与紫外光强度有关（最高时达几千赫兹），熄火时无脉冲输出。

固态紫外光电池检测的波长范围为200～400nm，它在接收到紫外线光照时送出电流信号。

由于这类火焰检测器的光谱特性响应在紫外线光波段，波长范围较狭小，不受可见光和红外光的影响，对相邻火嘴的火焰具有较高的鉴别率，用于燃气、燃油锅炉效果较好，能利用火焰初始燃烧区辐射较强的紫外线，有效地监视单只燃烧器的着火情况。但由于紫外线辐射易被油茶、水蒸气、燃烧产物和灰粒吸收而很快减弱，所以在配风失调情况下的重油燃烧或煤粉炉上使用紫外线检测器的可靠性就不太理想，特别是在低负荷情况下。

（2）红外线火焰检测器。红外线不易被煤尘和其他燃烧产物吸收，故适用于检测煤粉火焰，也可用于重油火焰。红外线火焰检测器的探头有硫化铅光敏电阻和红外硅光电二极管等，硫化铅光敏电阻的特点是对红外线辐射特别敏感。燃料在燃烧时，由化学反应产生闪烁的红外线辐射，硫化铅光敏电阻感应转变成电信号，再经放大器处理后，输出4～20mA、0～10V的模拟量。在光谱中，红外线的波长为600nm以上，而这种硫化铅感测器的光灵敏度为600～3000nm，对绝大部分红外线辐射都可以有效采集，同时还涵盖了部分可见光中的红光，这样就充分保证了采集到的火焰信号的真实性。

四、称重计量仪——给煤机

（一）给煤机简介

给煤机一般布置在原煤斗与磨煤机之间，在直吹式制粉系统中，给煤机测量进入锅炉的燃煤量，燃煤量直接与锅炉负荷相适应。给煤机结构简图如图 1-22 所示。

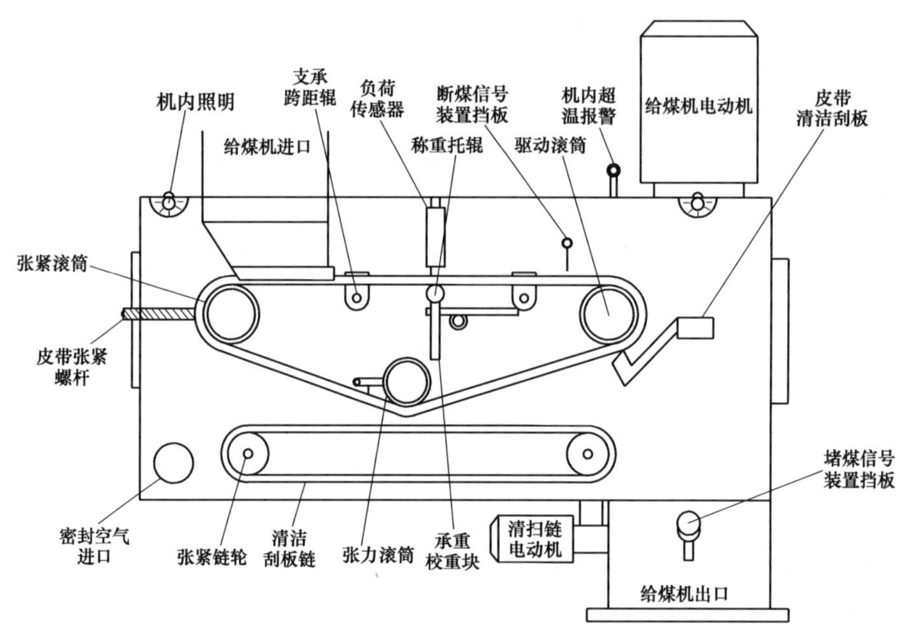

图 1-22　给煤机结构简图

1. 称重机构

称重机构由 3 个托辊和一对负荷传感器构成。两个称重托辊固定在机壳上，构成一个固定的称重跨距，它们精确定义了称重煤流的皮带给定长度。另一个称重托辊悬挂在一对负荷传感器上，位于称重跨距辊中间，每个负荷传感器支撑了称重跨距上 25%的煤流质量(前跨距辊到称重托辊的距离上左右两侧各一半的煤流质量)，使称重托辊称出称重跨距内一半煤的质量。

2. 断煤信号装置

旋叶报警器，安装在皮带上，用来检查皮带上是否有煤，由一个安装在一水平轴端上的不锈钢挡板和套在另一端上的微动开关构成，如图 1-23 所示。

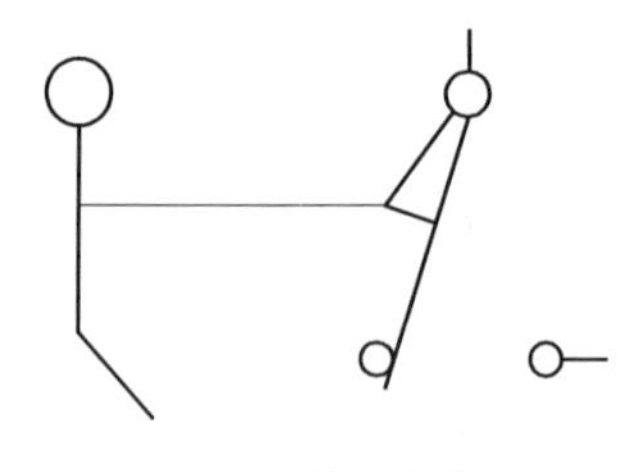

图 1-23　旋叶报警器

当皮带上无煤时，煤层厚度下降，挡板转动，触动限位开关，导致旋叶报警器触电闭合，发断煤信号，停给煤机，同时防止煤量累加操作。断煤信号能够在给煤机停用而皮带上有煤时防止校准操作。

堵煤信号装置安装在给煤机出口处，结构与断煤信号装置相同。当煤流堵塞至出煤口时，限位开关动作，停给煤机运行并报警。

(二) 给煤机称重计量方式原理

1. 称重体积的标定

称重体积是指称重跨距上煤流的体积，它是通过对限高挡板的高度、煤流的宽度、切角尺寸和称重跨距长度来标定的。

体积＝(挡板高×煤流宽度－切角的高度×宽度)×称重跨距长度

2. 称重原理

悬挂在负荷传感器上的称重托辊称出称重跨距内皮带上一半煤的质量，经过已经校准好的负荷传感器处理，输出的信号是每单位长度上的煤的质量（实际上相当于煤的密度），再乘以皮带运动速度，就得到了此时的给煤率。

称重计量方式是按照给煤量指令信号大小来输送不断变化着的煤量，它包括了煤流密度变化的影响。如果皮带上的煤的密度发生变化，电机转速也相应发生改变，保证了输出煤量的要求。

经标定的给煤率信号，经过转换和综合产生一个累计信号，送入总煤量显示器，显示了给煤的累计总质量。

思考题

1. 什么是测量误差？如何判断仪表是否为合格仪表？
2. 常见的压力测量仪表有哪些？
3. 热电偶、热电阻如何测量电阻？
4. 热电偶为什么要冷端补偿？
5. 简述超声波流量计的工作原理。
6. 简述氧化锆氧量分析仪的工作原理。
7. 简述在线磷酸根测量的意义。
8. 电磁流量计有流量，但仪表无指示的原因是什么？
9. 电磁流量计仪表运行一段时间后精度明显下降，精度下降原因是什么？
10. 简述锅炉四管泄漏报警装置的工作原理。

第二章

执　行　器

第一节　执行器介绍

一、执行器概述

（一）执行器的作用

执行器将操作指令进行功率放大，并转换为输出轴相应的转角或直线位移，连续或断续推动各种控制机构，如控制阀门、挡板，控制操纵变量变化，以完成对各种被控参量的控制。

（二）执行器的构成

执行器主要由执行机构和控制机构两部分组成，控制机构也称为调节机构、调节阀或控制阀。执行器和执行机构是两个不同的概念，如果执行机构安装在调节阀上，则二者的组合称为执行器，或者说带有调节阀的执行机构就是执行器。执行机构是执行器的组成部分之一。

1. 电动执行器

电动执行器按控制方式可分为积分式和比例式两种。其中比例式执行机构又有三种构成方式：①伺服放大器与操作器分体式控制；②伺服放大器中包括操作器，即伺服放大器与操作器组成一体化结构；③伺服放大器（电动阀门定位器）直接安装在执行机构上组成一体化结构，也称电子式执行机构，只要输入4～20mA直流信号就能控制电子式执行机构的动作。

2. 气动执行器

气动执行器主要有开环和闭环两种控制方式。开环只能用在控制精度要求不高的场合；闭环用在控制精度要求较高的场合。

3. 液动执行器

液动执行器用在汽轮机转速控制系统中。液动执行器由液动执行机构和调节阀组成，而液动执行机构由错油门、油动机和反馈杠杆组成。

二、执行机构

执行机构的特性对控制系统的影响丝毫不比其他环节小，即使采用了最先进的控制器和昂贵的计算机，若执行环节上设计或选用不当，整个系统就不能发挥作用。

（一）分类及特点

1. 按使用的能源形式分类

根据所使用的能源形式执行机构可分成气动、电动和液动三大类。气动执行机构是利用压缩空气作为动力，电动和液动执行机构分别利用电和高压液体作为动力。国内火电厂选用的电动、气动的执行机构较多，液动的执行机构较少。

电动执行机构具有体积小、信号传输速度快、灵敏度和精度高、安装接线简单、信号便于远传等优点。采用电动执行机构，在改变控制阀开度时需要供电，达到所需开度时就可不再供电。因此，从节能方面看，电动执行机构比气动执行机构有明显节能优点。

气动执行机构具有结构简单、安全可靠、输出力矩大、价格便宜、本质安全防爆等优点。与电动执行机构比较，气动执行机构输出扭矩大，可以连续进行控制，不存在因频繁动作而损坏执行器的问题。

液动执行机构比起前两者输出扭矩最大，也可适应执行机构的频繁动作，故往往用于主汽门和蒸汽控制门的控制，但其缺点是结构复杂、体积庞大、成本较高。

三种执行机构的主要特点比较见表 2-1。

表 2-1　　三种执行机构的特点比较

类型	气动执行机构	电动执行机构	液动执行机构
构造	简单	复杂	简单
体积	中	小	大
配管配线	较复杂	简单	复杂
推力	中	小	大
惯性	大	小	小
维护检修	简单	复杂	简单
使用场合	适用于防火防爆	防爆型适用于防火防爆	不适用于防火防爆
价格	低	高	高
频率影响	窄	宽	窄
温度影响	较小	较大	较大

2. 按输出位移量的不同分类

根据输出位移量的不同执行机构又分为角位移（角行程）执行机构和线位移（直行程）执行机构。角行程执行机构又分为部分转角式执行机构和多转式执行机构。部分转角式执行机构的输出转角最大为 90°，控制蝶阀、球阀等没有问题，也能利用曲柄连杆机构控制普通小行程的控制阀，但是控制闸板阀和截止阀就不方便了，因为控制闸板阀和截止阀要旋转很多圈才能打开和关闭。虽然闸板阀和截止阀一般不用在调节上，但也有远方控制其开度的必要。实际上，生产现场有许多这样的阀，且安装位置分散，希望将其集中在控制室操作，为此，专门设计了多转式执行机构。直行程执行机构将输入直流信号通过电动机和减速器转换为直线位移输出，适用于操纵单座、三通等直线式调节阀。

多转式执行机构除用于远方操作工业生产对象外，还可以用在变化缓慢的工业对象上。

3. 按动态特性的不同分类

按动态特性的不同，执行机构可分为比例式执行机构和积分式执行机构。积分式执行机构没有前置放大器，靠开关的动作控制伺服电机，输出转角是转速对时间的积分。这种执行机构上的阀位输出信号不是用来进行位置反馈的，而是为操作者提供阀门开度的指示。积分式执行机构主要用在遥控方面，属于开环控制，如用于远距离启闭截止阀或闸板阀。与此对应，一般带前置放大器和阀位反馈的执行机构就是比例式执行机构。

4. 按极性分类

按极性可将执行机构分为正作用执行机构和反作用执行机构。当执行机构的输入信号（或操作变量）增大，操纵量增大，为正作用；反之，为反作用。

5. 按速度分类

按执行机构输出轴速度是否可变，可将其分为恒速执行机构和变速执行机构。所有模拟（传统）电动执行机构输出轴的速度是不可改变的，但带有变频器的电动执行机构输出轴的速度却是可以改变的。

变频智能电动执行机构将变频技术和微处理器有机结合，通过微处理器控制变频器改变供电电源的频率和电压，实现自动控制电动机输出轴转动的速度，从而改变操纵量，控制生产过程。带有变频器的电动执行机构既能节约能源，又能提高控制质量，但这种方式的投资较大。高压降比的应用场合，如果能量消耗很大，则可采用转速执行机构来代替控制阀和控制挡板，以降低能源消耗。

（二）技术特性

1. 气动执行机构

气动执行机构在防爆安全上有着绝对的优势，它不会有火花及发热问题，它排出的空气还有助于驱散易燃易爆和有毒有害气体，而且气动设备在发生管路堵塞、气流短路、机件卡涩等故障时绝不会发热损坏；在耐潮湿和忍受恶劣环境方面，它也比电动设备强。

气动执行机构要求气源设备运行安全可靠，气压稳定，压缩空气无水、无灰、无油，应是干净的气体。

2. 电动执行机构

电动执行机构分为电磁式和电动式两类。前者以电磁阀及用电磁铁驱动的一些装置为主；后者则由电动机提供动力输出转角或直线位移，用以驱动阀门或其他装置的执行机构。电动式执行机构的特性要求有如下几个方面：

（1）要有足够的转（力）矩。输出为转角的执行机构要有足够的转矩；输出为直线位移的执行机构也要有足够的力，以便克服负载的阻力。特别是高温、高压阀门，其密封填料压得比较紧，长时间关闭之后再开启往往比正常情况要费更大的力。

（2）要有自锁特性。减速器或电动机的传动系统应该有自锁特性，当电动机不转时，负载的不平衡力（例如闸板阀的自重）不可引起转角或位移的变化。

（3）能手动操作。停电或控制器发生故障时，应该能够在执行机构上进行手动操作，以便采取应急措施。

（4）应有阀位输出信号。在执行机构进行手动操作时，为了给控制器提供自动跟踪的依据（跟踪是无扰动切换的需要），执行机构上应该有阀位输出信号。这既是执行机构本身位置反馈的需要，也是阀位指示的需要。

（5）具有阀位与力（转）矩限制装置。为了保护阀门及传动机构不致因过大的操作力而损坏，执行机构上应有机械限位、电气限位和力（转）矩限制装置。它能有效保护设备、电动机和阀门的安全运行。

（6）适应性强且可靠性高。产品适应的环境温度要求为－25～＋70℃；外壳防护等级要求达到GB/T 4208《外壳防护等级（IP代码）》规定的IP65；平均无故障工作时间（MTBF）要求不小于20 000h；要具有合理的性价比。

3. 液动执行机构

液动执行机构的优点是具有较优的抗偏离能力，这对于调节工况是很重要的。当调节元件接近阀座时节流工况是不稳定的，越是压差大，这种情况越厉害；另外，由于液动执行机构运行起来非常平稳且响应快，所以能实现高精度的控制。

液动执行机构的主要缺点就是造价昂贵，体积庞大笨重，检修过程特别复杂和需要专门工程，所以大多数都用在电厂汽轮机调节阀等比较特殊的场合。

4. 执行结构的发展

执行机构是控制系统非常重要的组成部分之一，随着计算机控制技术在执行机构中的应用，执行器正朝着现场总线方向发展。当今国际上不少公司开始销售现场总线执行机构产品，这些产品应用较多的有PROFI-BUS、FF、HART等协议的现场总线。现场总线执行机构产品见表2-2。

表2-2　　现场总线执行机构产品

公司名称	产品及类型	总线类型
EIM（美国）	MOV1224（电动执行机构）	MODBUS
Keystone（美国）	Electrical Actuators（电动执行机构）	MODBUS
ROTORK（英国）	PakscanIIE（智能电动执行机构） FF-01（阀门定位器） FF-01 Network Interfece（电动执行机构）	MODBUS FF FF
Limitorque（美国）	DDC-100TM（电动执行机构）	BITBUS
AUMA（德国）	Matic（电动执行机构）	Profibus
Siemens（德国）	SIPART P32（阀门定位器）	HART
Valtek（美国）	Starpac（智能调节阀）	HART
Masoneilan（美国）	Smart Valve Positioner（阀门定位器）	HART
Neles（美国）	ND800（调节阀）	HART
Jordan（美国）	Electrical Actuators（电动执行机构）	HART
Elsag Bailey（美国）	Contract（电动执行机构）	HART
ABB（瑞士）	EAN823（电动执行机构）	HART
ABB（瑞士）	TZID-C1 20/220（阀门定位器）	FF
Fisher（美国）	DVC5000	FF
Flower Rosmount（美国）	DVC5000f Series Digital（调节阀）	FF
Flow serve（美国）	Logix14XX（阀门定位器）；BUSwitch（离散型调节阀）； MxActuator（阀门定位器）	FF
Yokogawa（日本）	YVP（阀门定位器）	FF

续表

公司名称	产品及类型	总线类型
Yamat ake（日本）	SVP3000 Alphaplus AVP303（阀门定位器）	FF
SMAR（巴西）	FY302（阀门定位器）；FP302（H1/20～100kPa 接口）	FF
Emerson（美国）	EI-O-Matic0990（1/4 转电动执行机构）； EI-O-Matic22C0（电动执行机构）； EI-O-Matic7630（电动阀门定位器）；Field Q（气动阀门定位器）	FF

现场总线将在执行机构中获得广泛应用，一些控制器的输出信号、阀位信号在同一传输线传送，控制阀与阀门定位器、PID 控制功能模块结合，使控制功能在现场级实现，不但使危险分散，而且也使控制更及时、更迅速、更可靠。

第二节　电动执行机构

可供火电厂选用的电动执行机构主要有 DKJ 型电动执行机构（国产）、DDZ-S 型电动执行机构（上海工业自动化仪表研究所）、DZW 型电动执行机构（扬州电力设备修造厂）、伯纳德（Bernard）电动执行机构（天津，法国）、西门子电动执行机构（大连，德国）、罗托克（ROTORK）电动执行机构（上海，英国）、西博斯（SIPOS）电动执行机构（德国）、ABB 电动执行机构（瑞士）、奥玛（AUMA）电动执行机构（德国）。因篇幅所限，本章主要介绍 DKJ 型、DDZ-S 型、伯纳德和 AUMA 电动执行机构。

一、DKJ 型电动执行机构

DKJ 型电动执行机构是 DDZ 型电动单元组合仪表中的执行单元。在自动控制系统中，它接收来自调节系统的自动调节信号（直流 4～20mA）或来自操作器的远方手动操作信号，并将其转换成相应的角位移（0°～90°）或线位移，以一定的机械转矩（或推力）和旋转（或直线）速度操纵调节机构（阀门、风门或挡板），完成调节任务。

（一）工作原理

DKJ 型角位移电动执行机构由结构上互相独立的伺服放大器和执行机构两大部分组成，DKJ 型角位移电动执行机构原理框图如图 2-1 所示。

当电动执行机构与电动操作器配合使用时，可实现远方操作和自动调节。切换开关至手动位置时，通过三位（开、停、关）操作开关将 220V 电源直接加到伺服电动机的绕组上，驱动伺服电动机转动，实现远方操作；切换开关至自动位置时，伺服放大器和执行机构直接接通，由输入信号 I_i 控制两相伺服电动机转动，实现自动调节。

（二）伺服放大器

伺服放大器的作用是将多个输入信号与反馈信号进行综合并加以放大，根据综合信号极性的不同，输出相应的信号控制伺服电动机正转或反转。当输入信号与反馈信号相平衡时，伺服电动机停止转动，执行机构输出轴便稳定在一定位置上。

伺服放大器主要由前置磁放大器、触发器、晶闸管主回路和电源等部分组成，伺服放

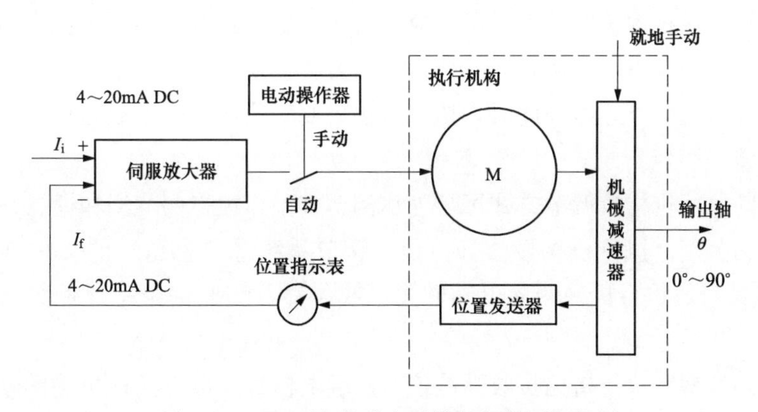

图 2-1　DKJ 型角位移电动执行机构原理框图

大器原理框图如图 2-2 所示。为适应复杂的多参数调节的需要，伺服放大器设置有三个输入信号通道和一个位置反馈信号通道。因此，它可以同时输入三个信号和一个位置反馈信号。在单参数的简单调节系统中，只使用其中一个输入通道和反馈通道。

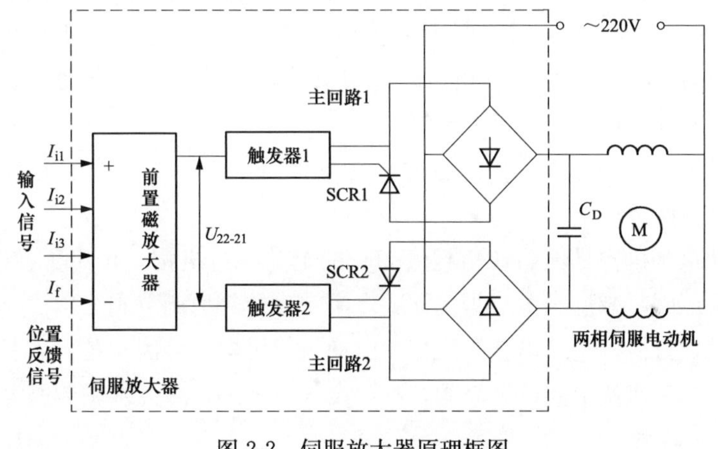

图 2-2　伺服放大器原理框图

（三）执行机构

执行机构由两相电动机、减速器及位置发送器等部分组成。它的任务是接受晶闸管交流开关或电动操作器的信号，使两相电动机顺时针或逆时针方向转动，经减速器减速后，变成输出力矩去控制阀门；与此同时，位置发送器根据阀门的位置，发出相应数值的直流电流信号反馈至前置磁放大器的输入端，与来自调节系统的输出电流相平衡。

二、伯纳德电动执行机构

（一）概述

伯纳德电动执行机构是组合结构，它可通过不同的减速器零部件与不同规格电动机组合，构成不同品种和规格的执行机构。

伯纳德电动执行机构按输出方式可分成角行程（输出力矩和 90°转角）、直行程（输出推力和直线位移）、多转式（输出力矩和超过 360°的多圈转动）三种。

伯纳德电动执行机构按安装方式可分成直连式和底座式两种，直连式执行机构通过输出部位的法兰与阀门等直接连接，这样执行机构可直接安装在管道上；底座式执行机构通过输出臂及杠杆与阀门等连接，此时，执行机构需要安装在一个基础台座上，仅角行程采用这种方式安装。

伯纳德电动执行机构按调节方式可分为比例调节型、远控调节型和远控开关型。

（1）比例调节型。执行机构接收计算机、调节系统等单元送来的4～20mA（或1～5V）的模拟量信号，执行机构的输出轴转角（或位移）与此信号呈比例关系，并自动地完成调节任务。

（2）远控调节型。执行机构接收脉冲信号、继电信号，可将执行机构的输出轴控制在任意位置。

（3）远控开关型。也称两位式，它接收开关信号，但执行机构的输出轴只能控制在开和关的两个极限位置。

（二）用途

伯纳德电动执行机构是自动调节系统的终端控制装置，它接收来自调节系统或计算机的4～20mA（或1～5V）模拟量信号及断续接点控制信号，输出力矩或力，自动地操纵调节机构，完成自动调节任务。它也可以通过操作器实现手动—自动转换，切换到手动时，用操作器可对执行机构进行远方控制。

角行程电动执行机构可用于控制各类转角为90°的阀门，如蝶阀、球阀、百叶阀、风门、旋塞阀、挡板阀等。

多转式电动执行机构是输出转角超过360°的电动执行机构，可用于控制各类闸板阀、截止阀、高温高压阀、减温水调节阀及需要多圈转动的其他调节阀等。

直行程电动执行机构是输出直线位移的电动执行机构，可用于控制各种需要直线位移的调节阀，如单、双座调节阀，套筒阀，高温高压给水阀，减温水调节阀等。

（三）结构及特点

调节型电动执行机构主要由执行机构和位置定位器两大部分组成。

1. 执行机构

执行机构主要由电动机、减速器、力矩行程限制器、开关控制箱、手轮和机械限位装置以及位置发送器等组成。

（1）电动机。

执行机构上的电动机是执行机构的动力装置，电动机为单相或三相交流异步电动机。执行机构上用的电动机是特种电动机，它具有高启动力矩倍数、低启动电流和较小的转动惯量，因而具有较好的伺服特性。在电动机定子内部装有热敏开关用作电机过热保护，热敏开关与控制电路相连，当电动机出现异常过热（正常运转时，电动机将会发热但不会过热）时，开关断开的同时将控制电动机的电路断开，从而保护电动机和执行机构。

（2）减速器。

减速器一般由三级减速组成（多转式一般只有两级）。第一、二级采用体积小、传动比大、效率高的行星齿轮减速，部分减速器第二级为斜齿轮传动，第三级采用减速比大并具有自锁功能的蜗轮蜗杆传动。

（3）力矩行程限制器。

力矩行程限制器是一个标准单元，但它在结构上与减速器机壳是一个整体。它由力矩限制机构、行程控制机构、位置传感器及接线端子等组成。

1）力矩限制机构。力矩限制机构比较独特，它借助行星内齿轮在传递力矩时产生随力矩的偏转，来拨动装在齿轮外圆的摆杆。摆杆两侧各装有一个压缩测力弹簧作为正、反转力矩的传感元件，当输出力矩超过设定的限制力矩时，内齿轮的偏转使摆杆触动力矩限制机构的微动开关使其动作，切断控制电路，使电动机停转。调整力矩限制弹簧的压缩量即可调整力矩的限定值。

2）行程控制机构。行程控制机构借助两个凸轮板（如果需要，也可以用四个）分别作用于正、反转向的微动开关来控制执行机构的行程。凸轮板装在一个凸轮机构中，由一套减速装置驱动。减速装置与减速器传动轴相连，通过调整凸轮板的位置可限定执行机构的行程。行程调整极为方便，只需用螺丝刀先向下按再转动，使凸轮转到所需限位位置即可。

3）位置传感器。采用高精度、长寿命的导电塑料电位器作为位置传感元件。电位器的电阻变化值一般可作为位置反馈信号，也可作为位置指示信号。整体式比例调节型的电动执行机构位置指示信号是执行机构上的导电塑料电位器随减速器转角变化的电阻变化值，将其送入位置定位器的比较放大电路中并送出一个4～20mA DC信号，用于指示。

（4）开关控制箱。

开关控制箱是一个独立的箱体，但在结构上通过连接螺套与减速器安装在一起。开关控制箱由继电器、交流接触器、力矩限制微动开关（S3、S4）组成保护电路。当执行机构过力矩时，可立即使电动机在运转这一方向上断电，从而保护传动机构。该电路有记忆功能，将过力矩保护状态始终保持，直到故障排除。执行机构行程控制也是通过行程微动开关（S1、S2）控制该箱内的交流接触器（KM1、KM2），达到控制执行机构行程的目的。开关控制箱内还装有单相电动机、分相电容及24V直流电源。

（5）手轮。

在故障状态和调试过程中，手动就地操作是必不可少的，手动操作可通过转动手轮来实现。操作前应确认已断电后方能进行操作。带有离合器的执行机构，手动操作时先将离合器分开，以使操作省力，操作完毕将离合器复位。

（6）机械限位装置。

角行程机械限位装置是用安装在扇形蜗轮两侧所对应箱体上的两个可调节的螺钉或在箱体中设有的固定挡块作机械限位。螺钉可调节，固定挡块不可调。机械限位装置主要用于故障保护和极限位置保护，以及防止手动操作时超过极限位置。直行程电动执行机构在直线位移机构中设置机械限位装置。多转式电动执行机构无机械限位装置。

2. 位置定位器

位置定位器实质上是一个接受调节系统或计算机送来的弱电信号或开关量信号，并可与位置反馈信号综合比较后进行放大输出的一种多功能大功率放大器。它与执行机构相连，以控制执行机构按要求准确定位。位置定位器主要由比较电路、逻辑保护、放大驱动及功率放大电路组成。控制单相电动机的位置定位器功率放大部分主要是由光电耦合过零触发固体继电器（实际是无触点电子开关）构成。

（四）原理

1. 比例调节型电动执行机构

比例调节型电动执行机构是以两相交流伺服电动机（称单相）或三相交流电动机为驱动装置的伺服机构。由配接的位置定位器 GAMX-D（或 CAMX）接受来自调节系统或计算机的信号，与执行机构位置发送器反馈回来的信号进行比较放大，以输出足够大的功率使电动机旋转带动减速器，直到信号偏差小于死区为止。此时，执行机构的输出轴就稳定在与输入信号相对应的位置上。

2. 远控调节型电动执行机构

远控调节型电动执行机构是通过手动按钮开关控制执行机构转角位置（或直线位移）的执行机构。它由减速器、电动机开关控制箱、力矩行程限制机构、位置发送器构成，其转角位置可通过手动按钮开关控制到任意位置。

3. 远控开关型电动执行机构

远控开关型电动执行机构的工作原理与远控调节型执行机构的工作原理基本相同，仅电动机开关控制箱内的电路与远控调节型电动执行机构略有不同。当按动手动按钮开关时，执行机构所停位置只有阀开和阀关两个极限位置（执行机构不能停在中间任意位置，除非紧急按停）。

三、AUMA 电动执行机构

（一）概述

AUMA 电动执行机构的类型有直行程电动执行机构、部分回转电动执行机构、多回转调节型电动执行机构和多回转开关型电动执行机构。

AUMA 电动执行机构将指令信号与反馈信号通过线路板中的比例控制器进行比较，然后再将偏差信号经放大后，去触发交流接触器进行开或关，从而控制交流电动机动作，使执行器向消除此偏差的方向转动，直到偏差消除执行机构才停止动作。AUMA 电动执行机构可分为开关型和调节型两种。

（二）性能

1. 开关型执行机构

开关型执行机构一般阀门的开关位于全开/全关的终端位置，收到适当的指令后，执行机构将操作阀门从以上两终端的一个位置移动到另一个位置，如果有需要，可预设中途位置。阀门的操作不太频繁，时间间隔为几分钟甚至几个月。AUMA 开关型多回转执行机构是短时间型。

2. 调节型执行机构

在应用中调节型执行机构的被控变量受多种因素影响，如指令输入信号的变化、管道中压力的波动、温度的变化，因此，要经常调节电动阀门。但频繁调节时，应执行几秒钟的运行间歇。生产对调节型执行机构有很高的要求，机械部件和电动机必须设计合理，能承受大量频繁的操作，不影响调节的准确度。AUMA 调节型多回转执行机构是间歇型。

3. 开关型与调节型操作

（1）开关型操作。固定负荷的操作时间较短，因此不能达到热平衡，足够长时间的间歇可使机械降温至环境温度，工作时间被限定为 15min。开关型执行机构在接收到开关指令后匀速动作，当阀门到达全开或全关位置后停止。

（2）调节型操作。这种负荷的操作时间为一系列相同的循环负荷周期，包括启动时间、恒定负荷、工作时间和停止时间，机器在停止时间可降温，所以不能达到热平衡。相对工作时间限制为循环负荷周期的 25%。调节型执行机构在接收到开关指令后匀速动作，到达指令需要开度位置后停止。

4. 阀门关闭方式

基于阀门的操作设计，在终端开关可以是限位关闭，如测量阀门全行程；也可以是扭矩关闭，如达到一个设定的扭矩。为此，执行机构配备两个独立的测量系统，如限位开关和扭矩开关系统。

5. 输出速度

除可变速电动机外，AUMA 多回转执行机构有大量可供选择的输出速度，对闸板阀最大为 500mm/min；对截止阀最大为 250mm/min（最大 45r/min）。开关型多回转执行机构的输出速度一般为 4～180r/min，调节型多回转执行机构的输出速度一般为 4～45r/min。

第三节　气动执行机构

一、电/气转换器

电/气转换器是将控制系统的标准信号（4～20mA DC）转换为标准气压信号（20～100kPa）。通过它组成的电/气混合系统可发挥各系统的优点，扩大使用范围。电/气转换器可用来把调节系统或分散式控制系统（distributed control system，DCS）的输出信号经转换后用以驱动气动执行机构，或将来自各种电动变送器的输出信号经转换后送往气动调节器。

电/气转换器是基于力矩平衡原理进行工作的。其简化原理图如图 2-3 所示。

来自变送器或调节系统的标准电流信号通过线圈后，产生一个电磁场。此电磁场把可动铁芯磁化，并在磁钢的永久磁场作用下产生一个电磁力矩，使可动铁芯绕支点做顺时针转动。此时固定在可动铁芯上的挡板便靠近喷嘴，改变喷嘴和挡板之间的间隙。喷嘴挡板机构是气动仪表中一种最基本的变换和放大机构，它能将挡板对喷嘴的微小位移灵敏地变换成气压信号。气压信号经过气动放大器后产生的输出压力增大，输出压力反馈到波纹管中，便在可动铁芯另一端产生一个使可动铁芯绕支点做逆时针转动的反馈力矩，此反馈力矩与线圈产生的电磁力矩相平衡，构成闭环系统，从而使输出压力与输入电信号成比例的

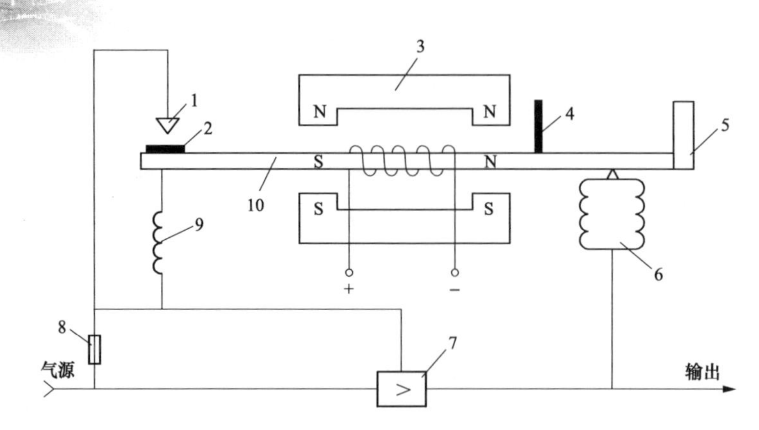

图 2-3　电/气转换器简化原理图

1—喷嘴；2—挡板；3—磁钢；4—支点；5—平衡锤；6—波纹管；
7—放大器；8—气阻；9—调零弹簧；10—可动铁芯

变化，实现电（流）信号到气（压）信号的转换。

二、气动执行机构

气动执行机构主要有薄膜式和活塞式两大类，薄膜式执行机构应用最广，在电厂气动基地式自动控制系统中，常采用这类执行机构。气动薄膜执行机构以清洁、干燥的压缩空气为动力能源，它接收 DCS 或调节系统或人工给定的 20～100kPa 压力信号，并将此信号转换成相应的阀杆位移（或称行程），以调节阀门、闸门等调节机构的开度。

气动薄膜执行器主要由气动薄膜执行机构、控制机构和气动阀门定位器（辅助设备）三大部分组成，气动薄膜执行器结构组成如图 2-4 所示。

（一）气动薄膜执行机构

气动薄膜执行机构主要由波纹膜片、压缩弹簧和推杆组成。

当压力信号（通常是 20～100kPa）通入薄膜气室时，在波纹膜片上产生向下的推力。此推力克服压缩弹簧的反作用力后，使推杆产生位移，直至弹簧被压缩的反作用力与信号压力在波纹膜片上产生的推力达到平衡为止。显然，压力信号越大，向下的推力也越大，与之相平衡的弹簧力也越大，即弹簧的压缩量也就越大。平衡时，推杆的位移与输入压力信号的大小呈正比关系。推杆的位移就是执行机构的输出，通常称之为行程。调节件可用来改变压缩弹簧的初始压力，从而调整执行机构的工作零点。

（二）气动阀门定位器

在执行机构工作条件差而调节质量要求高的场合，常把气动阀门定位器与气动薄膜执行机构配套使用，组成闭环回路，利用负反馈原理来改善调节质量，提高灵敏度和稳定性，使阀门能按输入的调节信号准确地确定自己的开度。

气动阀门定位器与气动薄膜执行机构配套使用时，也能实现正、反作用两种动作方式。正作用方式就是当输入气压信号增加时，调节机构输出行程增加（推杆下移）；反之，即为反作用方式。正作用方式要改变成反作用方式，只需将反馈凸轮反向安装，并将喷嘴

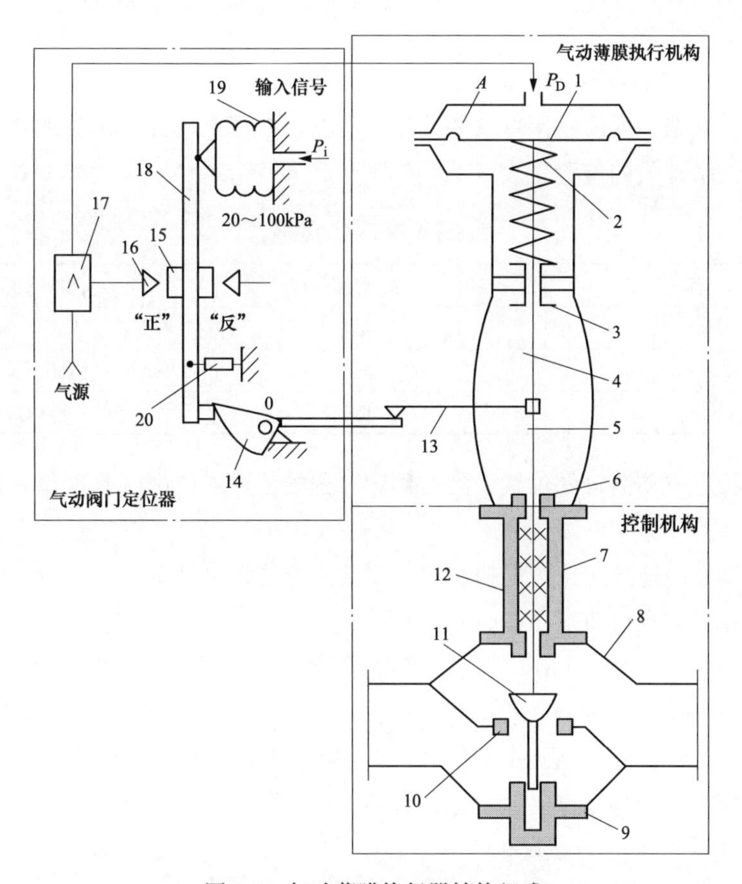

图 2-4　气动薄膜执行器结构组成

1—波纹膜片；2—压缩弹簧；3—调节件；4—推杆；5—阀杆；6—压板；7—上阀盖；8—阀体；9—下阀盖；10—阀座；11—阀芯；12—填料；13—反馈连杆；14—反馈凸轮；15—挡板；16—喷嘴；17—气动放大器；18—托板；19—波纹管；20—拉紧弹簧

从托板的左侧移至右侧即可。

三、西门子气动定位器

（一）概述

SIPARTPS2 型西门子气动定位器是常用的执行器定位器，如图 2-5 所示。它应用最广泛，操作简单，可以在现场通过按键和液晶显示器（liquid crystal display，LCD）进行操作，也可以通过 HART 接口或 PROHBUSPA 协议选用 SIMATICPDM 过程设备管理软件对其进行操作。该定位器有智能电气阀门定位功能，可用于直行程和角行程的阀门。

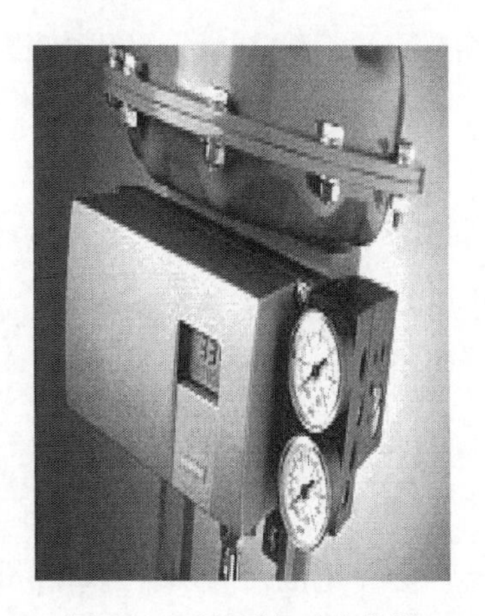

图 2-5　西门子气动定位器

西门子气动定位器可自动初始化设定，微处理器可以自己确定零点、终点位置，运动方向和速度，也可以确定最小脉冲时间和死区并且进行优化控制。

（二）校验与调整

1. 西门子气动直行程执行器调试准备

（1）用固定支架、反馈连接件安装固定定位器，杠杆比率开关位置的选择对定位器非常重要，杠杆比率开关的位置见表 2-3。

表 2-3　　杠杆比率开关的位置

行　程	杠　杆	比率开关位置
5～25mm	短	33°（及以下）
25～35mm	短	90°（及以上）
40～130mm	长	90°（及以上）

（2）推动杆上驱动销钉的位置，到达额定冲程的位置或更高的刻度位置后，用螺母拧紧驱动销钉。

（3）用气动光缆连接定位器与执行机构，给定位器提供气源。

（4）连接相应的电流或电压源。

（5）定位器处于“manual”方式，在显示屏上一行显示当前电位计的百分比电压（P），如 P37.5；显示屏下行“NOINI”在闪烁。

（6）移动执行器使杠杆达到水平位置，显示屏将显示一个范围为 P48.0～P52.0 的值。如果不是这种情况，调整摩擦夹紧单元，直到杆水平并显示 P50.0。

2. 西门子定位器的自动初始化

（1）按方式键☞5s 以上，进入组态。

（2）通过短按方式键，切换定位器参数、（注：33°或 90°）。

（3）选择自动定位初始化菜单，持续按键超过 5s，初始化开始，气动定位开始自动定位。

显示：初始化进行时，RUN1～RUN5 陆续出现于显示屏下行。初始化过程依据执行机构，可持续 15min。在短按方式键后，出现下列显示则表示初始化完成：通过按方式键☞超过 5s，退出组态方式。约 5s 后，软件版本显示，在松开方式键时，处于手动方式。如想进一步设定参数，详见“操作—简明概况”或手册，可用自动或手动方式开始初始化。

第四节　液动执行机构

一、概述

数字电液控制系统（digital electro-hydraulic control，DEH）是火电厂的重要组成部分之一。国内投产的汽轮发电机组容量不同，但汽轮机控制系统执行机构的工作原理是一致的。汽门开启由抗燃油压力来驱动，而关闭是靠操纵座上的弹簧力。这种阀门执行机构的油缸属于单侧进油的油缸。液压油缸与装有截止阀、快速卸荷阀和止回阀的控制机构连接。加上不同的附加组件，可组成两种基本形式的执行机构，即开关型和控制型执行机构。

在引进型 600MW 汽轮机液压控制系统中，按执行机构的控制对象一般可分为高压主汽阀执行机构（共 2 套）、高压调节汽阀执行机构（共 4 套）、中压调节汽阀执行机构（共 4 套）以及中压主汽阀执行机构（共 2 套）。除中压主汽阀执行机构为开关型执行机构外，其余均为控制（伺服）型执行机构。以下介绍电液比例阀和液动执行机构。

二、比例阀

（一）电液比例阀

电液比例阀是利用阀内比例电磁铁输入电压信号产生相应动作，使工作阀阀芯产生位移，阀口尺寸发生改变并输出与输入电压成比例的压力、流量的元件。阀芯位移也可以以机械、液压或电形式进行反馈。电液比例阀具有形式种类多样、便于使用电气及计算机控制各种电液系统、控制精度高、安装使用灵活以及抗污染能力强等多方面优点，其应用领域日益拓宽。插装式比例阀和比例多路阀充分考虑到工程机械的使用特点，具有先导控制、负载传感和压力补偿等功能，对移动式液压机械整体技术水平提升具有重要意义。特别是在电控先导操作、无线遥控和有线遥控操作等方面具有良好应用前景。

（二）种类和形式

电液比例阀包括比例流量阀、比例压力阀、比例换向阀。按结构形式划分，电液比例阀主要有螺旋插装式比例阀、滑阀式比例阀两类。

滑阀式比例阀又称分配阀，是移动式机械液压系统最基本元件之一，是能实现方向与流量调节的复合阀。电液滑阀式比例多路阀是比较理想的电液转换控制元件，它保留了手动多路阀的基本功能，还增加了位置电反馈比例伺服操作和负载传感等先进控制手段。

考虑到制造成本和工程机械控制精度要求不高的特点，一般比例多路阀内不配置位移感应传感器。阀芯位移量容易受负载变化引起压力波动影响，操作过程中要靠眼睛观察来保证作业完成。电控、遥控操作时更应注意外界干涉影响。随着电子技术发展越来越多采用内装差动变压器（LDVT）等位移传感器构成阀芯位置移动检测系统，实现阀芯位移闭环控制。这种由电磁比例阀、位置反馈传感器、驱动放大器和其他电子电路组成的高度集成比例阀，具有一定校正功能，可以有效克服一般比例阀缺点，使控制精度有较大提高。

三、DEH-Ⅲ液动执行机构

以 DEH-ⅢA 为例介绍液动执行机构，DEH-ⅢA 可以组成电站汽轮机岛控制系统，覆盖 DEH、MEH、BPC、ETS、TSI、SCS（汽轮机部分）等系统，电站汽轮机岛控制系统和锅炉岛控制系统共同组成电厂热工控制系统。

（一）液动控制型执行机构

控制型执行机构也称伺服型执行机构，控制型执行机构可以将汽阀控制在任意的中间位置上，成比例地调节进汽量以适应需要。

1. 工作原理

经计算机运算处理后的欲开大或者关小汽阀的电气信号（DEH阀位指令信号）由伺服放大器放大后，在电液转换器（或称伺服阀）中将电气信号转换成液压信号，使伺服阀主阀移动，并将液压信号放大后控制高压油的通道，使高压油进入油动机活塞下腔，油动机活塞向上移动，带动汽阀使其开启，或者使高压油自活塞下腔泄出，借弹簧力使活塞下移关闭汽阀。当油动机活塞移动时，同时带动两个（冗余设计）线性位移传感器，将油动机活塞的机械位移转换成电气信号，此信号为负反馈信号与计算机送来的信号（DEH阀位指令信号）相加，由于两者的极性相反，实际上是相减。只有在原输入信号与反馈信号相加，使输入伺服放大器的信号为零后，伺服阀的主阀才回到中间位置，油动机工作腔压力处于一个相对平衡状态，此时汽阀便停止移动并保持在一个新的工作位置。

在执行机构的集成块上各有一个卸荷阀，在汽轮机发生故障需要迅速停机时，安全系统便动作使危急遮断油泄油失压，并将快速卸荷阀打开，迅速泄去油动机活塞下腔中的高压油，在弹簧力作用下迅速地关闭相应的阀门。

2. 控制型执行机构的主要部件

控制型执行机构安装在蒸汽阀操纵座上，油动机活塞杆经连杆或连接器与主汽阀或调节汽阀相连，主要部件有截止阀、滤网、伺服阀、位移传感器、快速卸荷阀、止回阀、油缸。

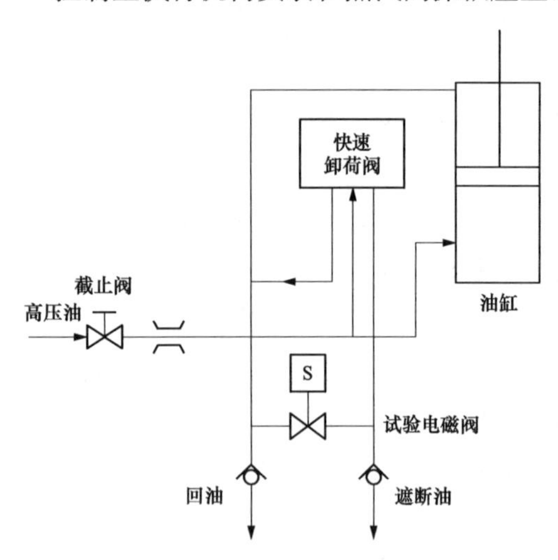

图 2-6　开关型执行机构液压系统示意图

（二）液动开关型执行机构

开关型执行机构液压系统示意如图2-6所示，该执行机构安装于阀门弹簧操纵座上，油缸的活塞杆与阀门阀杆刚性连接在一起。因此，活塞运动时带动阀杆相应运动。油动机是单侧作用的，打开汽门靠油动机的推力，关闭汽门靠弹簧力。

执行机构的主要部件是油缸、液压集成块、电磁阀、快速卸荷阀、截止阀和止回阀。

液压集成块用来将所用部件安装及连接在一起，也是所有电气接点及液压接口的连接件。两位二通电磁阀用于遥控关闭阀门以便进行定期阀杆活动试验。当电磁阀动作时，它迅速地将此油动机内部的危急遮断油泄去，引起快速卸荷阀动作。

（三）阀门行程开关

阀门行程开关是一种机械—电气结构开关，用以指示阀门是处于全开还是全关位置，开关装在开关盒装置的适当位置上。阀门阀杆使开关接触通电，以提供控制或报警指示信号。

开关盒由杠杆、传动轴、凸轮、四个撞击块和四个行程开关等组成。拉杆连到阀门阀杆或油动机活塞杆上，阀杆或活塞杆垂直方向的移动经拉杆传动，引起开关盒轴的相应转动。当开关盒轴转动时打开或关闭各种触点，以提供声或光的指示信号。开关盒的应用取决于用户的需要。

四、ABB DEH液动执行机构

ABB DEH主要包含汽轮机控制系统（turbine control）、电液系统（electronic hydraulic，EH）两大部分。EH是ABB DEH的执行机构，主要由电液伺服阀、卸荷阀、油动机、滤网、隔离阀、单向阀等部分组成。

电液伺服阀示意如图2-7所示。油口1和2与油动机活塞下腔相连接，其工作原理与DEH-Ⅲ液动执行机构基本相同。

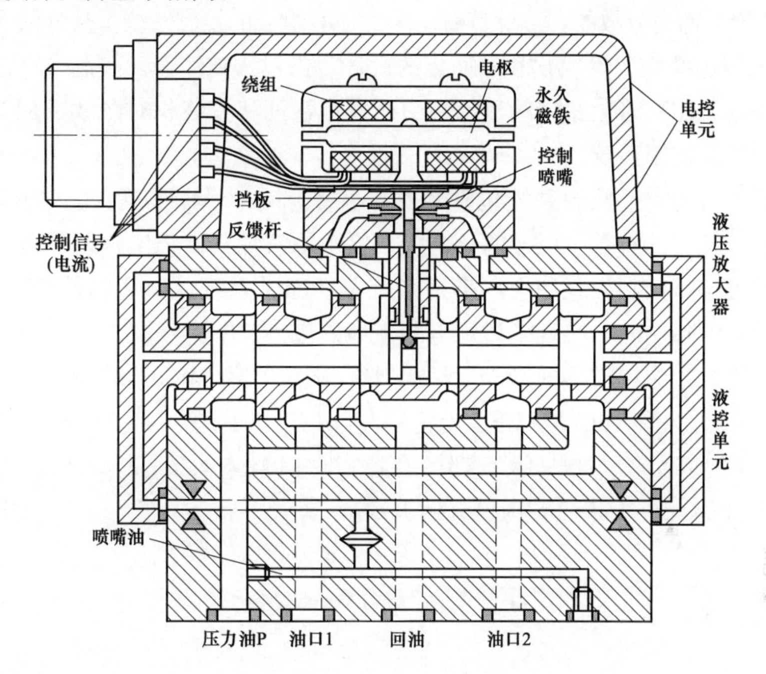

图2-7　电液伺服阀示意图

思考题

1. 执行器由哪些部分构成?
2. 试画出DKJ型角行程电动执行机构电路原理图。
3. 什么是电/气转换器?
4. 简述气动阀门定位器的工作原理。
5. 简述西门子气动定位器的定位过程。
6. 简述ABB DEH液动执行机构的组成。
7. DEH-Ⅲ液动执行机构如何实现快速卸荷?
8. 怎样实现气动执行机构的正—反作用方式?

第三章
分散式控制系统

分散式控制系统（distributed control system，DCS）指多台计算机分别控制不同的对象或设备且各自构成子系统，各子系统间有通信或网络互连关系。整个系统在功能、逻辑、物理以及地理位置上都是分散的，以计算机网络为核心组成的控制系统都是分散式系统。

DCS是采用标准化、模块化和系列化的设计，由过程控制级、控制管理级和生产管理级组成的一个以通信网络为纽带的显示集中而操作管理和控制相对分散、配置灵活、组态方便、可靠性高的实用系统。

大型单元机组的完整控制系统包括数据采集系统、协调控制系统、炉膛安全监控系统、顺序控制系统、汽机数字电液调节系统、给水泵汽轮机微机电液调节系统、汽机监测保护系统、汽机旁路控制系统和全厂辅助系统等功能子系统。DCS将控制、报警、监视、保护四大功能集中到一起，实现了机炉电的集中监控。

国内火电机组中应用较多的DCS产品主要有艾默生Ovation、Foxboro I/A’S、日立HIACS-5000M、北京和利时MACS、上海新华XDPS、西门子Telepem XP、ABB bailey Symphony、南京科远等，这些DCS都各有特点，但整体构架基本一致。下面以艾默生Ovation DCS、Foxboro I/A ’ S为例介绍DCS。

第一节　Ovation系统

一、概述

Ovation系统是艾默生过程控制公司公用事业部（PWS）（原西屋过程控制公司）于1997年推出的新一代分散控制系统，Ovation系统的推出不仅给工厂控制带来了开放式计算机技术，同时又保证了系统的安全。Ovation系统具有多任务、数据采集、控制和开放式网络设计的特点。Ovation系统通过对分布式相关数据库做瞬态和透明的访问来执行对控制回路的操作，这种数据库访问允许把功能分配到许多独立的站点，因为每个站点并行运行，因此它能集中在指定的功能上不间断地运行，无论其他站点同时发生任何事件，系统的性能都不会受到影响。

Ovation系统还拥有智能设备管理的功能，可以实现对HART设备、基金会现场总线（foundation fieldbus，FF）设备以及其他现场总线设备的在线管理。

二、Ovation系统构成

Ovation系统的基本组成分为数据高速公路和各个站点两大部分，Ovation系统以数据高速公路为纽带，构成一个完整的监控系统。站点包括与生产过程接口的分散处理单元（DPU）和人机接口装置两大类，站点包括操作员站（OPS）、工程师站（ENG）、历史数据站（HSR）、智能设备管理站（AMS）、OPC SIS 接口站等。同时，它还可以和其他的控制系统以及信息系统进行标准化的开放的连接，Ovation 概貌图如图 3-1 所示。

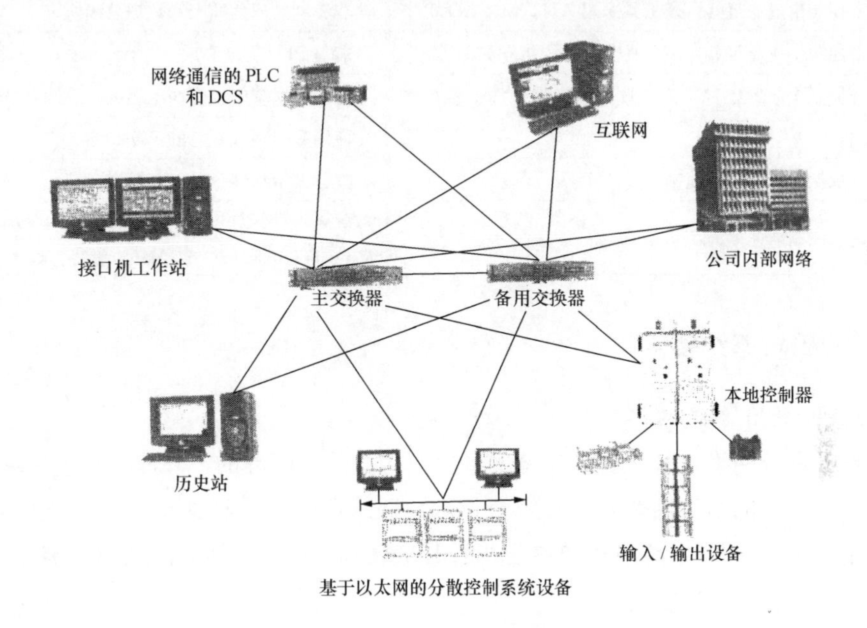

图 3-1　Ovation 概貌图

三、Ovation 系统设计特点

Ovation 系统特点如下：

（1）高速、高容量的主干网络采用商业化的硬件。

（2）基于开放式工业标准，Ovation 系统能把第三方的产品很容易地集成在一起。

（3）分布式全局数据库将功能分散到每个独立站点，而不是集中在一个中央处理器中。

（4）电子装置具有低功耗的优点，可减少控制室通风和空调的费用。

整个系统采用的是模块式部件，所有模块在线更换时不需要使用工具或特殊部件。修理任何系统部件的平均时间少于 30min。Ovation 网络还采用了市场上买得到的交换机和路由器。Ovation 系统技术特性见表 3-1。

表 3-1　　Ovation 系统技术特性表

特性和功能	特性和功能
操作系统支持用 Forte C 编程	上电时控制系统自动启动
包括图形目标库的画面生成器	具有奔腾处理器并采用 PCI 总线的控制器
系统自带过程图形生成器软件，该软件具有由用户定义的填写式图案和线条功能	控制器的存储器不需要电池

续表

特性和功能	特性和功能
系统自带过程图形生成器软件，该软件通过浏览器用 Java 源码进入互联网	在数据总线上支持 200 个以上的站点
系统自带控制生成器工具，该工具采用 AUTO　CAD 软件	非专利的通信插卡和数据总线协议
系统自带控制生成器工具，该工具允许在线组态和编排	能与 PLC 无缝集成
系统自带控制生成器工具，该工具允许完整地描绘多次修改的控制图	管理全系统的报警而不超载
	使用源码写入原有的 Windows
过程控制数据总线的通信速率为 100Mb/s	具有大型水/废水处理项目的经验
过程控制总线刷新速率为 200 000 点/s	全集成的数据采集与监控系统（supervisory control and data acquisition，SCADA）解决方案

四、Ovation 系统硬件

（一）Ovation 系统网络

Ovation 系统网络是基于交换技术的、星型拓扑的、标准的、开放的快速局域网络。

Ovation 系统网络采用全冗余和容错技术，网络可采用多种通信介质，既可采用光纤电缆也可采用铜质电缆。网络还能和公共的 LANs、WANs 及企业内联网连接。

（二）Ovation 控制器

Ovation 控制器配有英特尔奔腾处理器，可以监测 16 000 点，具体情况由最新 RAM 及可获得的过程处理能力决定，过程处理能力即指每次用于扫描、转换及限位检测的能力。Ovation 控制器执行简单或复杂的调节和顺序控制策略，能实现数据获取功能，可以与 Ovation 数据接口网络及 I/O 子系统连接。控制器可以与其他标准的个人计算机产品连接和运行。

控制器用多任务实时操作系统内核处理数据。多任务实时操作系统用于多任务的执行和协调控制、网络的通信及控制器内的一般资源管理。

1. 控制器

控制器分别由处理器、控制器电源卡、网卡、I/O 接口卡以及无源外连设备互联标准（peripheral component interconnect，PCI）总线底板组成。Ovation 控制处理器规范、附加控制器规格分别见表 3-2 和表 3-3。

表 3-2　　Ovation 控制处理器规范

项　　目	型号规格
奔腾处理器类型	266MHz
DRAM	64MB
闪存内存	32MB
点数	16 000 点
控制内存	3MB
控制页	300 页

表 3-3　　附加控制器规格

总线结构	PCI 标准
I/O 模块	最多 128 个本地模块
原始点数	16 000 点
本地 I/O 控制器最大可带点数	模拟量点：1024；数字量点：2048；事件顺序记录点：1024
过程控制程序执行速率	10ms/次～30s/次
I/O 响应时间	10ms～30s
I/O 接口	Ovation I/O 接口、Q-X 线 I/O 接口

2. 过程控制应用功能

Ovation 控制器能满足工程应用的要求，其主要完成的功能有以下几方面：①连续（PID）控制；②布尔逻辑运算；③先进控制；④特殊逻辑和定时功能；⑤数据获取；⑥顺序事件处理；⑦冷端补偿；⑧过程点扫描和限位检查；⑨过程点报警处理；⑩过程点数据转换为工程单位；⑪过程点数据存储；⑫本地和远程 I/O 接口；⑬过程点标记符去除。

（三）Ovation 供电系统和接地系统

1. Ovation 供电系统

Ovation 控制器供电系统提供冗余 AC/DC 供电、冗余二极管脉冲主电源、每一控制器机架的分离电源，每一 I/O 线路冗余 DC 供电及为指定发送回路和数字触点提供辅助的 I/O 供电。Ovation 控制器供电系统由供电模块和一个电源分配模块组成。AC 或 DC 电源位于电源分配模块终端区并分配给两个电源供电模块。不同的供电模块组能获得 AC 或 DC 输入，两个供电模块提供了一个冗余结构。AC 或 DC 供电对一个特定的机柜能混合使用。输入电能被滤波、功率因素校正后也可被使用，二极管脉冲输出供给了控制器机架和 I/O 线路。

对发送回路和数字触点，供电模块能通过 24V 和 48V 电源和辅助电源给机柜供电。

机柜供电系统示意如图 3-2 所示。

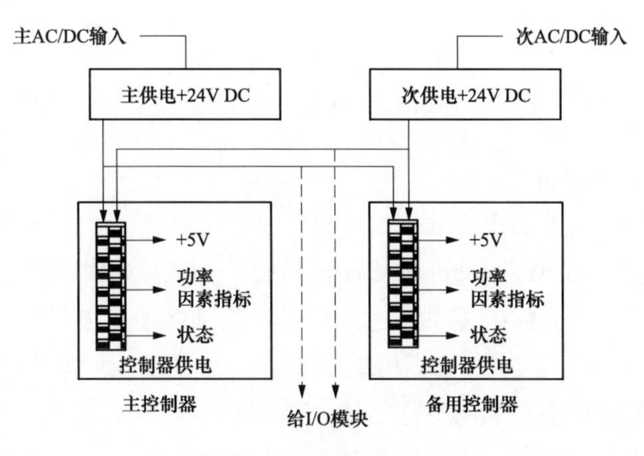

图 3-2　机柜供电示意图

Ovation 供电模块接受 AC 或 DC 输入，给出两个彼此隔离独立的 DC 输出。Ovation I/O 供电包括以下 5 类保护。

(1) 输入低压。针对低于 62V AC 或 62V DC 的低压输入保护。

(2) 输入高压。针对最小设置电压高于 307V AC 或 435V DC、最大设置电压高于 322V AC 或 455V DC 的高压输入保护，保护通过消弧保安电路提供。

(3) 过热。当温度处于 80～90℃时关掉电源供给，温度低于 70℃时重启电源供给。

(4) 输出过电流。针对过负荷和短路设置的保护，这种保护的设置点是输出电流的 105%～140%。

(5) 保持时间。在全负荷情况下，对完全的 AC 断开保持持续输出 32ms，断开能在 1s 中重复。

2. Ovation 接地系统

Ovation 接地系统采用多机柜 EMC 簇接地，典型簇机柜布置如图 3-3 所示。

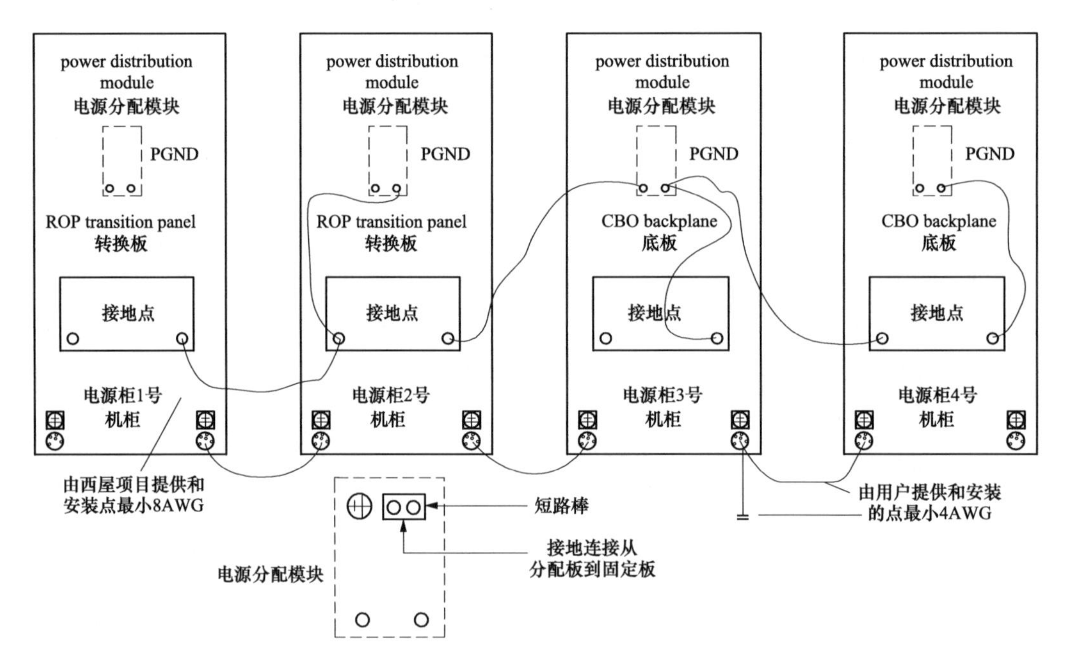

图 3-3 典型簇机柜布置

4AWG—截面积 21.15mm² 的线；8AWG—截面积 8.37mm² 的线

机柜组群接地的原则如下：

(1) 每个组的最大机柜数量为 4 个，成组的机柜必须进行接地处理。

(2) 在电磁兼容（electro magnetic compatibility，EMC）成组接地连接中设立中心机柜，连接时用最小 4 号 AWG 电缆对外连接，从机柜到接地点电阻应该小于 1Ω。组群中的所有机柜的 EMC 接地，从中心机柜用最小 4AWG 电缆菊花形地连接在一起。从接地点到组中最远机柜的接地电缆总长度不宜超过 15.25m。

(3) 选择最小电位接地环，选择一个与 EMC 接地点电位相同（或至少阻值在 1Ω 之内）的地点接地 AC 机柜组群。

（4）安装机柜组。每个机柜的数字接地点（protect ground，PGND）出厂时通过电源分配板上安装的短路棒与机柜跳线连接。在安装机柜组群时，仅在中心机柜保留此跳线，其他机柜需要去掉此跳线。

（5）连接电源分配板上的 PGND。每个机柜在电源分配板上的 PGND 钮和电路板上的 PGND 钮之间有安装好的带状线。

（四）Ovation I/O 模块

1. 模拟量输入模块（4～20mA）

14 位模拟量输入模块由电子模件和特性模件组成，提供 8 个相互隔离的模拟量输入通道，输入信号由特性模件进行处理并送往电子模件。特性模件提供浪涌保护、过电流保护。电子模件实现数模转换并通过接口将数据送入 Ovation Serial I/O 总线。

2. 模拟量输入模块

模拟量输入模块（thermo couple，TC）除了提供 8 个相互隔离的模拟量电压输入通道，还有第 9 个输入通道，该通道属于特性模块的数字通道，当有热电偶信号输入时，测量端子板的温度以便进行冷端温度补偿，此通道也可以用于一般机柜的温度测量。

3. 模拟量输入模块

模拟量输入模块（resistance temperature detector，RTD）将现场测温的热电阻信号转换为与 Ovation 串口 I/O 总线匹配的数字量信号。

8 个输入通道相互隔离，可单独编程，恒流源电流作为现场 RTD 的激励电流。激励电流的量值可用来定义输入通道的刻度范围，在微处理器的存储器中最多可存有 256 个刻度范围。

4. 模拟量输出模块

Ovation 模拟量输出模块为 4 路隔离直流输出提供输出接口，该模块的输出信号可以驱动电压或电流设备；主系统的处理数据通过 Ovation 串行 I/O 总线送到 I/O 模块，再通过光隔离器经每个数/模转换器后送到输出放大器。每个微型转换器提供电能以驱动每路的隔离通道和它的放大器，每个放大器的输出经过电压或电流比较器后变为正常值，再最终送到模拟量输出特性模件，信号在模拟量输出特性模件瞬间保护后送往相应的现场端子板。

5. PI 输入模块

PI 输入模块采用 2 通道计数，并将计数值送往控制器，该模块有以下 4 种计数方式。

（1）采用固定时间内的计数脉冲，可以测量输入脉冲的速度（频率）。

（2）连续计数，直到控制器或外部现场控制输入发出停止命令。

（3）测量脉冲的占空比。

（4）计数累积模件采用 CE 认证系统标准。（注：CE 认证属于欧洲统一认证标准，是一种安全认证标准）

6. 数字量输入模块

数字量输入模块带有电子模块和相应的特性模块，提供 16 位数字输入的电压输入保护。高灵活的系统既能处理交流信号，也能处理直流信号，电压范围为 24～125V 单端输入或差动输入。该模块通过本地附加总线或外部提供节点供电电源。

7. 事件顺序输入模块

（1）每个模块16路输入。

（2）支持数字或节点信号单端或差动输入。

（3）信号范围：①24V AC/24V DC单端输入；②24V AC/24V DC差动输入；③48V DC单端输入；④48V DC差动输入；⑤125V AC/125V DC单端输入；⑥125V AC/125V DC差动输入；⑦48V DC板上电源。

（4）事件时间标记分辨率为1/8ms。

（5）事件时间标记精度1ms，以I/O总线时钟为基准值。

（6）每分钟滚动一次时间标记事件。

（7）可组态事件标记和振动控制。

（8）每个通道节点防抖时间为4ms。

（9）提供冗余电源。

8. 数字量输出模块

（1）16路单端吸电流输出。

（2）信号范围包括0～60V DC单端输入。

（3）输出状态指示。

（4）15V熔丝状态监视。

9. 数字量继电器输出模块

（1）带16继电器输出-C型：接点容量30V DC，3A；250V AC，10A。

（2）带12继电器输出-C型：接点容量150V DC，3A；250V AC，10A。

（3）带12继电器输出-X型：接点容量150V DC，10A；250V AC，10A。

10. 专用I/O模块

（1）链接控制器模块。

链接控制器模块带有可和第三方设备或系统串行通信的控制器。此模块是一种插板式计算机，通过Intel微处理器上的板上电源工作。处理和接口协议有关的任务时使用此模块。

（2）速度检测器模块。

速度检测器模块通过检测转速计输出信号的频率而得到设备的运行速度。它将转速计输出的频率信号转换成16位和32位二进制数。16位输出值，每5ms更新一次信息，用来检测设备的运行速度；32位输出值，也以适当的速度更新数据，用来控制设备的运行速度。

速度检测器模块由一个现场卡和一个逻辑卡组成。现场卡内有一个信号处理电路，用来读取转速器送来的正弦或脉冲序列输入信号。现场卡和逻辑卡信号采用光学耦合器连接，使信号之间电子隔离。

（3）阀定位模块。

阀定位模块提供汽轮机阀的闭环位置控制。阀定位模块为电液伺服阀执行器和Ovation控制器之间的接口，阀定位模块决定了阀的结构（包括它的节流阀、调节器、节流装置、旁路）。

（4）回路接口模块。

回路接口模块提供单回路模拟量和数字量输入、输出过程控制。

接口模块可以和几组模拟量输入、输出信号相连组成一个单控制回路。除了可以利用 Ovation 串行接口总线通信外，回路接口模块还提供一个 RS-422 通信串行端口。

（五）Ovation 人机界面

Ovation 提供可选择的标准平台给用户，PC 版本使用 Windows 操作系统，而工作站版本结合了 Sun 微处理系统强有力的操作系统。

1. 操作员站

Ovation 操作员站提供了一个高分辨率的窗口，处理控制画面、诊断、趋势、报警和系统状态的显示。通过工程师站，用户可以获取动态点和历史点、通用信息、标准功能显示、事件记录和一个复杂的报警管理程序。

（1）单显示器或双显示器支持，全面多任务操作。

（2）使用开放式 Windows 主题的环境，具有包括不同的第三方组件或软件的能力。

（3）操作员站允许对 150 000 动态点进行访问。

（4）具有快速直接访问信息能力，如通过导向调节显示页的缩放。

（5）具有支持多种语言、字符集和文化背景转换的能力。

2. 工程师站

工程师站除了使用 Windows 环境和高分辨率的显示面画来执行编程、操作和维护功能，还包含了操作员站的所有功能。工程师站可以创建、编辑和下载过程图像、控制逻辑和过程点数据库，工程师站的主要功能如下：

（1）数据库和控制组态。

（2）组态厂区各种显示图像和操作画面。

（3）报表和历史趋势点。

（4）组态与其他网络的数据链接。

（5）下载所有工作站和站点组态程序。

（6）所有设计的文本文件。

3. 历史站

历史站为整个 Ovation 过程控制系统的过程数据、报警、操作员记录提供大容量（20 000 点）的存储和历史信息。

所有的过程数据可以以 0.1s 或 1s 的时间间隔扫描和存贮，以备今后恢复和分析。收集的数据可在工程师站/操作员站上显示、打印、传输或归档。

4. 历史事件顺序记录控制器

历史事件顺序记录（sequence of event，SOE）控制器收集事件的顺序数据，根据时间顺序分类列表，并搜寻列表后首发事件。

SOE 控制器的历史用户接口在操作员站/工程师站上运行，它允许操作员查阅 SOE 报告并根据标签控制或首发事件测点对报告进行筛选。

5. Ovation 记录服务器

记录服务器具有给打印机提供管理报表定义及报表生成功能，打印机可直接连接到记录服务器上也可直接连到以太网上。

五、Ovation 系统软件及组态

Ovation 组态工具作为一套完全的增强型软件程序，能够创建和维护控制策略、过程图像、点目录、报表生成和系统范围的组态。组态工具和 Ovation 嵌入式关系型数据库管理系统相互协调，维护和控制所有组态编译的环境，并允许与其他工厂或商业信息源实现内部连接。每个组态工具能在独立的硬件平台上独立地执行功能。

1. 组态建立器

组态建立器用于对所有 Ovation 系统设备组态数据进行定义和维护，组态数据包括控制器参数等。用户借助组态建立器定义工作软件的类型和方式、工作站软件包的参数和硬件的设定（磁盘分区、第三方软件和其他）等。除了定义、维护站点数据之外，组态建立器还提供组态控制器（功能包括定义控制区域数量和执行速度），具有维护安全系统的能力。

2. 控制建立器

控制建立器是一个友好直观的 Ovation 软件包，它能加速 Ovation 控制策略的创建，并自动生成和发送控制器创建所需的执行代码。控制建立器作为图形用户接口的组态工具，具有生成自选图形方式（含控制符号、信号名和信号连接）的能力。

控制建立器采用一个可广域浏览、格式自由的环境，即在一幅画面中包括了所有的控制组态。作为一个标准的计算机辅助设计型软件包，控制建立器提供了一个标准的 AUTOCAD 环境，允许用户使用不同工具、图形库和模块组等。

3. 图形建立器

图形建立器使用户能够创建和编辑鲜明全色彩的 160 000 像素的 Ovation 系统显示图像。用户可采用标准鼠标点击功能来绘制、移动和改变对象的尺寸，也可通过滚动菜单访问绘制的属性，如颜色、线宽、填充图案和文本尺寸。用户可建立交互式的器件，如按钮、复选框、选择项、事件菜单和幻灯片。本软件提供的扩展图形符号编辑器允许用户创建、定义和存储最多 256 个用户自定义图形。

4. 安全建立器

安全建立器为系统功能和 DCS 的测点数据提供安全保护机制。安全子系统的组态信息格式为站点—任务—用户目标。安全性选择被存放在组态工具数据库中，并遍及系统各处。

5. 测点建立器

测点建立器为用户增加、删除或修改测点而设计。为防止测点重复，测点建立器在增加点时执行一个快速的、全系统范围内的统一检查。本软件还检查测点所有属性域值类型和范围的正确性与用户所有必须填入域值的正确性。

6. 报表建立器

报表建立器是一种易于掌握的报表建立工具，用于设计和修改用户报表格式。报表建立器允许在用户定义方式及细节信息显示方式的基础上开发新的报表形式。

第二节　Foxboro I/A Series 系统

一、I/A 系统概述

智能自动化（intelligent automation，I/A）系统，即 I/A series 系统是 1987 年正式发布，1988 年首次在工业现场投运的分散控制系统。该系统采用了分散分布的实时数据库结构，可以满足地理、功能、环境的需要。所有进入到 I/A 系统的过程数据，在 I/A 系统上的任何一个站，都可以根据数据的地址加以访问，而不必关心数据所在的物理位置，大大减轻了网络上数据传输的负荷率，并且避免了由于数据重复输入而造成错误，提高了软件组态调试的效率。I/A 系统的综合控制软件包采用了分散分层的控制策略，部分需要快速处理的控制任务，由子系统的现场总线组件实现，有效减轻了控制处理机的负荷率，而且提高了整个控制系统的分散度，进一步提高了系统的可靠性。

二、系统构成

组成一个 I/A Series 系统的基本结构单元是节点。在火电厂单元制机组的机炉电控制管理中，一般每台机组设置为一个节点，以保持单元机组控制管理的独立性。此外，各个单元制机组共用的公用系统，也设置为一个独立的节点。每个节点由节点总线和挂在节点总线上的各类处理机以及处理机所带的外设组成。每个节点总线上可以挂 64 个处理机组件，可连接的过程 I/O 点数超过 115 200 点。

（一）系统网络结构

I/A Series 系统的通信网络是建立在国际标准化组织所定义的开放系统互连标准基础上，符合电气及电子工程师学会规范，按照局域概念构造的标准网。

I/A Series 的通信网络结构分为宽带局域网（broadband lan）、载波带局域网（carrier-band lan）、节点总线（node bus）、现场总线（field bus）四个层次。

（二）监控级网络

网络形式采用基于全双工交换机 1G/100MB 的以太网，网络拓扑采用点对点通信的星型结构，连接最多 1920 个控制处理机、操作员站或工程师站。操作员站、工程师站通过冗余的接口接入网络以及其他的信息接口设备，使用单模光纤、多模光纤进行信号传输，单模光纤长度可达 10km，多模光纤长度可达 2km，如使用扩展器长度则可达 70km。控制网络将控制处理机和工作站集成在一起，组成规模可大可小的控制系统，提供过程监视、过程控制以及与厂级监控信息系统的通信。高速、全冗余以及点对点的通信特点，保证了 I/A Series 系统的高性能并提供了更高的安全性。监控网络的以太网交换机的接口均为冗余设计，进一步保证了站与站之间的通信安全性。

具有网络管理功能的交换机为网络的管理和维护带来诸多益处。许多运行关键应用程序的大型网络采用各种复杂的管理工具来管理和监控网络中的设备。

VLAN 允许用户把网络中的某些节点组合在一起，成为一个逻辑上的局域网段，而不必考虑每个节点的实际物理连接位置。VLAN 的一个重要功能就是可以有效地管理由广播和多点发送所引发的网络流量。一般来说，交换机不像路由器那样具有自动过滤网络广播的功能，任何广播或多点发送的数据包都可以通过交换机的所有端口进行发送。但是，如果采用 VLAN 功能，基于 VLAN 创建的逻辑网段可以有效地隔离网络广播风暴，优化网络性能。交换机网络管理中经常会用到的一个概念就是扩展树算法（spanning tree algorithm），扩展树算法是一种协议，允许网络管理人员为网络设计冗余链路。为避免出现网络回路，扩展树算法能够在多台交换机之间进行协同工作，以确保使用同一条冗余链路传送数据。当现有线路出现问题时，备用线路自动被激活并使用。对那些运行重要应用程序的网络来说，使用扩展树算法设置冗余链路就显得极为重要。

通过对一个或多个网络故障的快速检测，利用先进网络诊断功能可以自动计算出另一条通信通道，以维持通信的稳定，智能化的网络具备自我恢复的功能。星型结构对全厂范围内的系统布置非常重要，结合 I/A Series 系统固有的远程 I/O 能力，星型结构能够为电厂提供安全高性能的网络连接，在任何合适的物理位置都可以将 I/A Series 系统的工作站、控制处理机、设备接口以及 I/O 组件等布置在相应的网络上。

（三）现场总线

现场总线也为冗余配置，采用高速以太网现场总线通信协议，遵循高级数据链路控制标准。通信速率为 10Mbit/s，每个站可下挂 120 个现场总线组件，最长通信距离可达 20km。

三、I/A 硬件

（一）人机接口

在 I/A 系统中，人机接口由工程师站和操作员站组成。操作员站或工程师站都采用相同的处理器硬件和相同的人机接口界面，唯一的区别在于所连接的外设和配置的软件不同。这种配置给用户提供了最大的灵活性。如在调试阶段，可以将网络上的所有人机接口设置为工程师站，供工程师组态调试之用，在调试完成之后，移交生产时再将其设置为操作员站，以防止非授权人员修改控制软件。

1. 操作员站

操作员站采用 SUN 公司的 Blade150 工作站，其 CPU 采用 RISC 技术，64 位字长的工作站级计算机，内存 512MB，可扩至 2GB；硬盘 80G，彩色图形控制器；Solaris 操作系统。采用的显示器为 LCD，32 位真彩，分辨率为 1600×1280。鼠标和跟踪球作为可选光标定位设备。操作员站可选以太网接口，可与 DEC net、TCP/IP、Novell、Windows 2000、Windows XP 连接，操作员站的并行接口可直接连接打印机。

在配置了历史数据库处理软件之后，操作员站就具备了历史站的功能。每台历史站可以处理 8000 个过程 I/O 的历史数据。I/A 系统采用分散分布的实时数据库，实时数据分别存放在各个控制处理机 CP60 中。操作员站无需建立专用的实时数据库，从根本上解决了全局数据库的问题，避免了工艺系统标签量过大，操作员站只能显示局部的过程变量的问题。

2. 工程师站

工程师站与操作员站一样采用 SUN 公司的 Blade150 工作站，其 CPU 采用 RISC 技术，64 位字长的工作站级计算机，内存 512MB，可扩至 2GB；硬盘 80G，彩色图形控制器；Solaris 操作系统。采用的显示器为 LCD，32 位真彩，分辨率为 1600×1280。鼠标和跟踪球作为可选光标定位设备。工程师站可选以太网接口连接网络设备，工程师站的并行接口可连接打印机。

对于工程师站而言，除了 I/A 标准软件以外，还安装有 ICC、FOXCAF 或 IACC 等控制组态软件。如果再安装 Foxdraw 软件，在工程师站上可以进行操作员画面的图形编辑；安装历史站软件则可以使工程师站具备历史站的功能；如果安装 Fox View 软件，则增加了操作员站的功能。所有的功能不需要对系统进行切换即可实现。也就是说，这样的功能选择对工程师站来说，只是在使用的时候多了一个窗口。工程师站除具有操作员站的所有功能外，还提供开发环境，如 C 语言开发环境等。此外，还具有性能计算功能。

（二）控制处理机

1. 控制处理机 CP60

控制处理机 CP60 是 I/A 系统在电力行业应用中广泛采用的执行控制策略的主要设备，是前一代控制处理机 CP40 的升级产品，除具有大容量、高速度、高可靠性等特点，还具有适应各种环境条件和安装条件的能力。CP60 将通信和控制集成在一块组件，因此与信息网络之间的通信无需另外的通信设备支持，保证了网络结构简单，提高了控制的可靠性。

控制处理机 CP60 主要由如下几部分组成：

（1）处理器，采用 AMD DX5-133MHz 的高性能处理器作为控制处理机。

（2）通信处理器，采用 82596 CA LAN 协处理器作为节点总线的处理器。

（3）过程 I/O 通信，采用单独的处理器作为与现场总线的连接设备，可以连接 120 个现场组件，通信速率达到 2Mbit/s。

（4）内存，采用 8M 容量的内存。

（5）供电，矩阵式的供电方式，相对 I/O 组件独立的电源系统。

在工业环境下，控制处理机 CP60 具备如下特点：

（1）简洁的系统结构。控制处理机 CP60 不需额外的总线接口组件，直接挂到节点总线上（总线接口集成在 CP60 中）。

（2）大容量高处理性能。控制处理机 CP60 采用独立的处理器实现与节点总线和现场总线的通信，I/O 子系统 FBM 组件全部是智能化的设备，部分需要快速处理的任务由 FBM 组件完成。因此，与一般的 DCS 系统相比，I/A 系统中控制处理机 CP60 的负荷率较小。综上所述，CP60 控制用的处理器和内存在控制系统中可以保证系统的执行时间的高速和稳定。

（3）控制功能块功能强大、种类齐全。CP60 可组态 4000 个等效功能块。在 I/A 系统的综合控制软件包中，有专为断续执行器控制而开发的脉冲型调节器，比例型时间宽度控制器（proportional time controllery，PTC）根据测量值与设定值的偏差大小自动计算输出脉冲的宽度，确保控制效果和精度。I/A 系统的综合控制软件包中的功能块属于大型模块结构，可以有效地减少小型模块结构中不同功能块之间的信息交换，提高系统内部资源的利用率。

（4）在 I/A 系统中，采用分散分层的控制策略。所有的 FBM 组件都是智能的，都可以完成一定的控制处理任务。对于某些需要快速处理的回路，可以由 FBM 组件来完成，如 DEH 中的 OPC 回路是由 FBM 组件来完成的。FBM 组件对模拟量的处理时间可以达到 10ms，对开关量的处理时间可以达到 2～5ms。

（5）在产品制造过程中，采用低功耗的半导体元件，工艺上采用表面安装技术，整体密封化，没有裸露的电子元器件。

2. 控制处理机 CP270

控制处理机 CP270 是 I/A 系统在 CP60 之后推出的新一代控制处理机，2005 年正式投放市场。与市场上所采用的 CP60 相比，CP270 的性能有了进一步的增强。

（1）安装方式。除了有与 CP60 安装方式相同的 ZCP270 之外，还有适应在现场安装的 FCP270 和与 FBM 组件有相同的 DIN 导轨安装方式的 DCP270，可以满足各个用户不同的使用要求。

（2）通信。CP270 支持 100M 的网络通信（包括控制网络和现场 I/O），而 CP60 只支持 10M 网络通信。通信能力提高了 10 倍。

（3）控制处理能力。CP270 的处理能力达到 10 000 功能块/s，而 CP60 的处理能力只有 3400 功能块/s。处理能力提高了约 3 倍。

（4）硬件。CP270 的主处理器采用 Elan Amd520，并且采用了 32M 闪存，而 CP60 采用 AMD DX5，没有配置闪存。

（三）I/O 子系统——现场总线组件

现场总线组件（fieldbus component，FBM）作为直接与现场过程信号连接的 I/O 组件，全部为智能型组件。FBM 的外形图如图 3-4 所示。

图 3-4　FBM 外形图

FBM 分为模拟量输入/输出组件和开关量输入/输出组件，每个模拟量组件为 8 通道，每个开关量组件为 16 通道。所有的 FBM 不仅可完成过程信号的转换处理，带有输出通道的 FBM 组件还能实现逻辑运算及控制功能，模拟量组件的响应时间可达到 10ms，开关量组件的响应时间可以达到 5ms。对模拟量输入组件，输入分辨率可以组态成不同值，每路模拟量输出的最大带负荷能力为 750Ω。而且每路模拟量输入/输出均有一个独立的 A/D 转换器，保证一个 A/D 转换器故障只影响一个通道。开关量输入/输出通道采用光电隔离方式。每个模拟量输入/输出通道与其他通道都是隔离的，每个开关量输入/输出通道与其他通道是完全隔离的。

现场总线组件支持的现场总线通信协议有 Profibus DP/PA、HART 协议和现场总线基金会的 HI。支持所有符合这些现场总线通信协议的现场设备，包括现场总线仪表和装置。在 I/A 系统中，系统的开放能力从系统的底层就开始了，这种开放的系统结构为今后系统升级和扩展提供方便。

（四）阀位控制器

阀位控制器用于闭环控制系统气动或液动伺服的阀位控制。输入指令 4～20mA 或 0～10V DC，反馈输入可来自 LVDT 或压力变送器的 4～20mA 信号，控制器具有比例积分调节功能和自动、手动控制功能。在自动状态下，阀位设定由指令输入决定，切换到手动方式后，阀位设定则由外接入的节点并通过已编程的逻辑程序控制，这些节点来自手操盘或自控系统的逻辑节点信号。为了能与不同输入要求的电/液伺服阀匹配，阀位控制器提供单极性或双极性电流输出，且电流的范围可通过跨接器改变。

外接停机节点通过电路的停机逻辑强制输出电流为零，用户可根据实际情况决定是否接入，备有抖动电路，以克服液压执行机构卡死，减少不灵敏区。

组件内部电路的±15V DC 电源由 I/A 系统提供的 35V（冗余）电源在内部转换获得，内部的±15V DC 供电任一路失去均有节点输出（失电闭合）。为减少内部电源功耗，提高可靠性，组件驱动级采用外接±15V 或±18V 电源，它可在相应的输入端子上接入。组件面板上装有电源指示灯。

四、I/A 软件及组态

（一）操作系统软件

操作系统软件是控制和组织 I/A Series 系统活动的程序集合。它不需要用户的参与或监控就可以指挥系统模块活动、管理多用户多任务环境以及管理系统文件。操作系统软件包括操作系统和其他子系统，如进程间通信、目标管理程序和其他应用程序接口。

（1）操作系统。I/A Series 系统以实时执行程序构成了基本的操作系统。操作站处理机和应用处理机之间有交换信息的必要，这些都是由实时应用执行程序来控制的。

（2）I/A Series50 系列操作系统是 Sun Soft Solaris 操作系统，是一种多任务操作系统，并支持多种工业标准通信协议。同时，Solaris 操作系统使用 Open Look 图形用户接口，可以方便地在整个 I/A Series 系统和所连接的信息网络上访问数据。

（二）控制软件

I/A Series 系统提供的综合控制组态软件包，简化了复杂控制策略和安全系统的结构，I/A Series 综合控制组态软件包提供了连续量、顺序量、梯形逻辑控制，这些逻辑控制可以单独或混合使用从而满足应用的需要。除了综合控制外，I/A Series 同时将综合控制组态和操作员接口综合在上述范围内。

过程控制算法的连续量、顺序量、梯形逻辑控制主要在与之相连的控制处理机 CP60 内进行，执行各种控制算法的基本单元是功能块（Block），功能块完成控制功能，通常将功能块组织和组态成一个叫做组合模块（Compound）的组，以完成特定的控制任务。组合模块是功能块在逻辑上的集合，用来完成指定的控制任务。综合控制组态软件包可在组合模块内综合连续量、梯形逻辑和顺序功能，从而设计出有效的控制方案。

综合控制软件包提供了 60 多种不同类型的控制功能块，这些功能块除了实现常规的控制调节功能之外，还包含一系列融合了 Foxboro 公司多年控制经验的先进控制功能块，部分列举如下：

(1) 专家自适应调节器。可根据观察到的过程响应曲线与用户期望的过程响应曲线的偏差，自动计算 P、I、D 参数，使过程控制效果达到最佳。

(2) 多变量控制器。应用多变量解耦理论，可以用于解决发电厂锅炉控制中多重耦合带来的问题，如烟风调节、磨煤机冷热风调节等。

(3) 自适应反馈和前馈整定控制器。可整定成同 Smith 预估器相同功能的控制器，可确保主蒸汽温度和再热蒸汽温度这种大迟延环节具有优良的控制效果。

(三) 组态软件

I/A Series 组态软件是一个直观灵活的图形组态工具，能为项目的工程实施和终身维护带来方便并保证质量优良。

控制方案的组态通过控制策略图表（control strategy diagram，CSD）实现。从粘贴板拖出 I/A Series 模块，然后放到一编辑面板上。通过将源模块的输出参数和下游模块的输入参数线连起来，便可将这些模块组成一控制回路。在完成每个参数的分配后，CSD 便告完成。

可将 CSD 的全部或是一部分拷贝到用户定义的粘贴板上，然后可用它们建立新的 CSD，这样用户可以利用用户定义的粘贴板创立有用的模块库。

图形组态工具（I/A Series configuration component，IACC）允许用户建立 CSD 模板，用户可利用这些模板建立基于模板的案例，每个案例都延续着模板的结构、连接以及缺省参数。任何对模板的后续更改都会自动地施加到所有它的案例上。

CSD 还可以连接到多个 Foxdraw 组态画面上的对象，CSD 内的指定模块参数可连接到 Foxdraw 画面定义的任何名称上。当点击该对象时，该对象的所有信息均可显示在 Foxdraw 图形上了，这提高了画面建立的效率，也提高了控制策略与画面的协调性。

IACC 同时提供对属于由模板创立的每个案例内的所有信息的数据库建立。新模块类型的库可从标准或是衍生的 I/A Series 模块类型中得来，这些新模块类型延续着它们源头的特性。

(四) 人机接口软件

人机接口软件是由实时显示管理程序和一系列有关的子系统和工具组成，它们支持所有与图像显示和组态工作有关的活动。

所有的I/A Series 50系列操作站都支持多个I/A Series实时显示管理程序窗口，该窗口可用于运行X-window系统的就地操作站和远程终端上。利用这一特性，中央控制室的操作员可以使用多个过程显示和应用画面，而且工厂的工程技术人员或信息管理网络上的工厂管理层人员也可以看到这一切。

I/A Series系统向各类使用人员提供单一的人机操作界面，即不单独设置工程师站和操作员站，提供不同的操作环境让各类使用人员使用相应的资源。操作环境可以设置各自的密码，以防止非法使用系统资源。用户也可以建立自己的使用环境，操作和显示画面的层次结构可以按用户要求任意安排，操作和显示画面本身可以按用户要求随意绘制。I/A Series系统提供丰富的图形库和绘图工具，可以方便地绘制符合用户要求的操作和显示画面。

（五）历史数据库管理软件

历史数据库管理软件采集、存储、处理和归档来自控制系统的过程数据，为趋势显示、统计过程控制的图表、记录、报表、电子表格和应用程序提供数据。该软件拥有为过程工程师和操作员提供广泛的数据采集、管理和显示的功能。

历史数据库管理软件采集采样、浓缩处理、信息、人工数据输入值四种类型的数据。

对每个采样点，其采样值可保留在独立的文件中。

I/A Series 50系列历史站可以对多达8000个过程参数作历史数据采集。采样的周期为1、2、4、10、20、30s和1、2、5、10min。每个采样点最多可保存99 999 000条记录。

整个历史数据库的数据可以存到光盘或磁带上永久保存，存在光盘和磁带上的历史数据可以被装回到系统中。

历史数据库管理软件提供手段来读出被压缩的历史数据趋势显示画面，也可以将指定参数的历史数据显示出来，并可以随意显示出历史数据和相应的时间。

对于点采样收集，用户可以增加或删除采样点。用于归档的数据用户可以定义组和组的编号。

（六）I/A Series系统优化软件

由于I/A Series系统采用的是开放式标准化设计思想，这样除了保持传统DCS对自动控制策略的处理外，更是将许多成熟软件产品内嵌到I/A Series系统中，使DCS的最大潜能被发挥出来。

1. 多变量控制器

多变量控制器是专门为具有可变增益和动态特性、多变量耦合、可测负荷波动和不可测干扰的控制过程而设计的，通过强有力的自适应技术，多变量控制器自动调整增益以适应控制过程的增益和动态特性，从而获得更接近设定值的控制。

多变量控制器提供最多4个变量的前馈调整，另外加上控制器的反馈调整。在低限度上，它提供一个难以控制的具有多个负载波动的回路的超强控制；在高限度上，多个块在回路相互连接交互信号，来改进一个5×5交叉耦合方案中最多5个相互作用的控制回路的控制。

在一个多变量相互作用的过程中，传统的控制方法是将被控变量和操作变量配对，从而用多个单回路进行控制，然而独立地控制这些变量并没有考虑它们在过程中的相互作用，控制器只是通过它们的反馈响应对这种相互作用作出响应，结果是控制效果不好，且容易造成系统的不稳定。

多变量控制器通过最多 4 个负荷或相互作用变量的自适应前馈调整来控制这种情形，它自动地适应每个前馈变量的增益和动态特性，同时被控变量的反馈作用自适应地对过程的动态特性变化进行调整。

用这种技术，多变量控制器提供前馈补偿因素的自动调校，并且当检测到动态过程有一个显著漂移时进行再调校。

2. Connoisseur

Connoisseur 是一种基于模型预测的优化控制工具，其主要特点如下：

(1) 具有锅炉性能优化和热损失最小的系统。

1) 热效率可提高 0.5%～3%，同时降低或是更好地控制了 NO_x、CO 和 SO_2 排放量。

2) NO_x 排放量降低了 15%～50%。

(2) 包含先进适应器模件。

1) 优化器实时运行，连续获得新的控制方向以最大程度地达到工厂运行目标。

2) 热效率优化。

Connoisseur 可以在 I/A Series 系统的容错控制机内运行，以得到最大的可靠性和有效性。

思考题

1. 什么是 DCS?
2. 简述 Ovation 系统的构成。
3. Foxboro I/A Series 控制系统的特点是什么?
4. 什么是现场总线?
5. I/A 系统中常用的控制处理机包括哪几种?
6. 常见的 Ovation I/O 模块有哪几种?
7. I/A 系统网络采用以交换机为基础的星型结构能否为系统的安全提供更可靠的保障?
8. Ovation I/O 供电包括哪几类?

第四章

PLC程序控制系统

第一节 概 述

可编程控制器（programable controller）是计算机家族中的一员，是为工业控制应用而设计制造的。早期的可编程控制器称作可编程逻辑控制器（programable logic controller，PLC），它主要用来代替继电器实现逻辑控制。随着技术的发展，这种装置的功能已经大大超过了逻辑控制的范围，因此这种装置称作可编程控制器，简称PC，但为了避免与个人计算机（personal computer）的简称混淆，所以将可编程控制器简称PLC。

一、PLC的特点

1. 高可靠性

所有的I/O接口电路均采用光电隔离；各输入端均采用RC滤波器；各模块均采用屏蔽措施，以防止辐射干扰；采用性能优良的开关电源；对采用的器件进行严格的筛选；良好的自诊断功能；大型PLC还可以采用由双CPU构成冗余系统或由三CPU构成表决系统，使可靠性更进一步提高。

2. 丰富的I/O接口模块

针对不同的工业现场信号，如交流或直流、开关量或模拟量、电压或电流、脉冲或电位、强电或弱电等，PLC有相应的I/O模块与工业现场的器件或设备，如按钮、行程开关、接近开关、传感器及变送器、电磁线圈、控制阀等直接连接。

另外为了提高操作性能，PLC还有多种人—机对话的接口模块；为了组成工业局部网络，还有多种通信联网的接口模块。

3. 采用模块化结构

为了适应各种工业控制需要，除了单元式的小型PLC以外，绝大多数PLC均采用模块化结构。PLC的各个部件，包括CPU、电源、I/O等均采用模块化设计，由机架及电缆将各模块连接起来，系统的规模和功能可根据用户的需要自行组合。

4. 编程简单易学

PLC的编程大多采用类似于继电器控制线路的梯形图形式。使用者不需要具备计算机的专门知识也可操作，因此很容易被一般工程技术人员所理解和掌握。

5. 安装简单，维修方便

PLC不需要专门的机房，可以在各种工业环境下直接运行。使用时只需将现场的各种设备与PLC相应的I/O端连接，即可投入运行。各种模块上均有运行和故障指示装置，便于用户了解运行情况和查找故障。

由于采用模块化结构，因此一旦某模块发生故障，用户可以通过更换模块的方法，使系统迅速恢复运行。

二、PLC 的分类

1. 小型 PLC

小型 PLC 的 I/O 点数一般在 128 点以下，其特点是体积小、结构紧凑、整个硬件融为一体。除了开关量 I/O 以外，还可以连接模拟量 I/O 以及其他各种特殊功能模块。

2. 中型 PLC

中型 PLC 采用模块化结构，其 I/O 点数一般为 256～1024 点。

3. 大型 PLC

一般 I/O 点数为 1024 以上的称为大型 PLC。

三、PLC 的基本结构

（一）中央处理单元

中央处理单元（CPU）是 PLC 的控制中枢。当 PLC 投入运行时，首先它以扫描的方式接收现场各输入装置的状态和数据，经过命令解释后按指令的规定执行逻辑或算数运算，最后将输出状态或输出寄存器内的数据传送到相应的输出装置，如此循环运行，直到停止运行。

（二）存储器

1. 系统存储器

用来存放系统工作程序（监控程序）、模块化应用功能子程序、命令解释功能子程序的调用管理程序，以及对应定义（I/O、内部继电器、计时器、计数器、移位寄存器等存储系统）参数等。

2. 用户存储器

用来存放用户程序，即存放通过编程器输入的用户程序。

常用的用户存储方式有 CMOSRAM、EPROM 和 EEPROM。信息存储介质常用盒式磁带和磁盘。

3. 输入/输出部件

输入/输出部件集成了 PLC 的 I/O 电路，输入部件把从现场采集的信号（开关量、模拟量）转换成 CPU 能够接收和处理的数字量，输入寄存器反映输入信号状态；输出部件接收微处理器输出的数字命令，并把它转换成负载能够接收的电流或电压信号，输出点反映输出锁存器状态。

4. 通信接口

通信接口主要用于 PLC 与 PLC 之间、PLC 与上位机以及其他智能设备之间交换信息，实现程序下载/上传、分散集中控制、远程监控、人机交互等功能。

5. 电源

PLC 的电源是指将外部输入的交流电处理后转换成满足 CPU、存储器、输入/输出接口等内部电路工作需要的直流的电源电路或电源模块。

6. 编程器

编程器是 PLC 开发应用、监测运行、检查维护不可缺少的器件，用于编程、对系统做一些设定、在线监控 PLC 及 PLC 所控制的系统的工作状况，但它不直接参与现场控制运行。通常编程器有手持型编程器和通用计算机两种，一般由计算机（运行编程软件）充当编程器，也就是系统的上位机。

四、PLC 的工作原理

PLC 的 CPU 采用顺序逻辑扫描用户程序的运行方式。如果一个输出线圈或逻辑线圈被接通或断开，该线圈的所有触点（包括其动合或动断触点）不会立即动作，必须等扫描到该触点时才会动作。继电器控制装置各类触点的动作时间一般大于 100ms，而 PLC 扫描用户程序的时间一般均小于 100ms，以保证继电器控制装置各类触点能正确动作。

（一）扫描技术

当 PLC 投入运行后，其工作过程一般分为输入采样、用户程序执行和输出刷新三个阶段。完成上述三个阶段称作一个完整扫描周期，在整个运行期间，PLC 的 CPU 以一定的扫描速度重复执行上述三个阶段。

1. 输入采样阶段

在输入采样阶段，PLC 以扫描方式依次读入所有输入状态和数据，并将它们存入 I/O 映象区中的相应单元内。输入采样结束后，转入用户程序执行阶段和输出刷新阶段。

2. 用户程序执行阶段

在用户程序执行阶段，PLC 总是按先左后右、先上后下的顺序对由触点构成的控制线路进行逻辑运算。然后根据逻辑运算的结果，刷新该逻辑线圈在系统 RAM 存储区中对应位的状态，或刷新该输出线圈在 I/O 映象区中对应位的状态，或确定是否要执行该梯形图所规定的特殊功能指令。

3. 输出刷新阶段

当扫描用户程序结束后，PLC 就进入输出刷新阶段。在此阶段，CPU 按照 I/O 映象区内对应的状态和数据刷新所有的输出锁存电路，再经输出电路驱动相应的外设，这才是 PLC 的真正输出。

比较图 4-1 所示两个 PLC 程序的异同。这两段程序执行的结果完全一样，但在 PLC 中执行的过程却不一样。程序 1 只用一次扫描周期，就可完成对 M4 的刷新；程序 2 要用四次扫描周期，才能完成对 M4 的刷新。

比较两段程序说明：同样的若干条梯形图，其排列次序不同，执行的结果也相同，只是所需要的时间不同。

（二）PLC 的 I/O 响应时间

I/O 响应时间指从 PLC 的某一输入信号变化开始到系统有关输出端信号的改变所需

程序1:

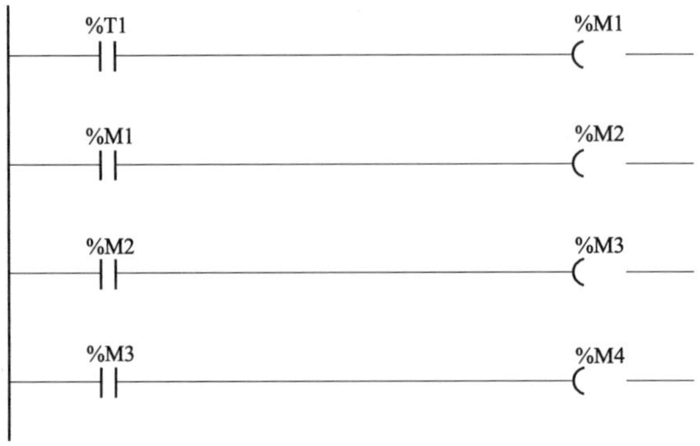

```
|    %T1                                %M1
|----| |--------------------------------(   )----
|
|    %M1                                %M2
|----| |--------------------------------(   )----
|
|    %M2                                %M3
|----| |--------------------------------(   )----
|
|    %M3                                %M4
|----| |--------------------------------(   )----
|
```

程序2:

```
|    %M3                                %M4
|----| |--------------------------------(   )----
|
|    %M2                                %M3
|----| |--------------------------------(   )----
|
|    %M1                                %M2
|----| |--------------------------------(   )----
|
|    %T1                                %M1
|----| |--------------------------------(   )----
|
```

图 4-1　PLC 程序

的时间。

I/O 响应时间由输入电路滤波时间、输出电路的滞后时间和因扫描工作方式产生的滞后时间三部分组成。输入模块的滤波电路用来滤除由输入端引入的干扰噪声，消除因外接输入触点动作时产生的抖动引起的不良影响，滤波电路的时间常数决定了输入滤波时间的长短，其典型值为 10ms 左右。

输出模块的滞后时间与模块的类型有关，继电器型输出电路的滞后时间一般在 10ms 左右；双向晶闸管型输出电路在负载通电时的滞后时间约为 1ms，负载由通电到断电时的最大滞后时间为 10ms；晶体管型输出电路的滞后时间一般低于 1ms。

由扫描工作方式引起的滞后时间最长可达两个多扫描周期。PLC 总的响应延迟时间一般只有几十毫秒，对一般的系统是无关紧要的。要求输入输出信号之间的滞后时间尽量短的系统，可以选用扫描速度快的 PLC 或采取其他措施。

五、PLC 的 I/O 系统

PLC 的硬件结构主要分单元式和模块式两种。I/O 寻址方式有固定、开关设定、软件设定三种。

1. 固定的 I/O 寻址方式

这种 I/O 寻址方式是由 PLC 制造厂家在设计、生产 PLC 时确定的，它的每一个输入/

输出点都有一个明确的、固定不变的地址。一般来说，单元式的 PLC 采用这种 I/O 寻址方式。

2. 开关设定的 I/O 寻址方式

这种 I/O 寻址方式是由用户通过对机架和模块上的开关位置的设定来确定的。

3. 用软件来设定的 I/O 寻址方式

这种 I/O 寻址方式是由用户通过软件编制 I/O 地址分配表来确定的。

第二节 AB PLC 系统

一、概述

AB PLC 有不同的产品系列，按控制系统规模大小可分别适用微型 PLC 控制系统、中型 PLC 控制系统和大型 PLC 控制系统。

AB 微型控制系统的典型产品为 Micro 800 控制系统和 MicroLogix 控制系统。

AB 中型控制系统的典型产品为 CompactLogix 控制系统、具有安全功能的 SmartGuard 600 安全控制器和 SLC 500 控制器。

AB 大型控制系统的典型产品为 ControlLogix 控制系统、GuardPLC 安全控制系统和 SoftLogix 控制系统。

AB PLC 具体产品分类参考表 4-1。

表 4-1　　AB PLC 产品分类

系统分类	系统子类	产品系列
微型控制系统	Micro 800 控制系统	Micro 810 控制器 Micro 820 控制器 Micro 830 控制器 Micro 850 控制器 Micro 850 扩展 I/O 控制器 Micro 800 Plug-in Modules
	MicroLogix 控制系统	MicroLogix 1100 控制器 MicroLogix 1200 控制器 MicroLogix 1400 控制器 MicroLogix 扩展 I/O
中型控制系统	CompactLogix 控制系统	1769 CompactLogix 5370 控制器 5069 CompactLogix 5380 控制器 5069 CompactLogix 5480 控制器 1768 CompactLogix 控制器 1769 CompactLogix L3x 控制器
	具有安全功能的 SmartGuard 600 安全控制器	1752-L24BBB 控制器 1752-L24BBBE 控制器
	SLC 500 控制器	1746 系列 PLC 1747 系列 PLC

续表

系统分类	系统子类	产品系列
大型控制系统	ControlLogix 控制系统	ControlLogix 5580 控制器 ControlLogix 5570 控制器 1756 ControlLogix 模块
	GuardPLC 安全控制系统	1753 GuardPLC 1600 安全控制器 1753 GuardPLC 1800 安全控制器 1753 GuardPLC OPC Server 软件 1753 GuardPLC 安全 I/O 1753 RSLogix Guard PLUS! 软件
	SoftLogix 控制系统	1789-L10 SoftLogix™控制器 1789-L30 SoftLogix 控制器 1789-L60 SoftLogix 控制器

二、AB PLC 的网络和通信

AB PLC 的常见组网类型有数据高速网络（data highway plus network，DH＋网络）、远程输入/输出网络（remote input and output network，Remote I/O）、DH-485 网络、设备网（device net）、控制网（control net）、以太网（ether net）及其他网络。

（一）DH＋网络

DH＋网络是一种工业局域网技术，其设计目标是为工厂控制设备提供远程编程和对等通信能力。

DH＋网络允许用户在每个链路上连接最多 64 个设备。在一个网络系统中最多可以组态 99 个链路。

每个网络接口上都包含组态开关，在网络需要变化时，通过网络组态软件可实现网络的重新组态。DH＋网络典型配置如图 4-2 所示。

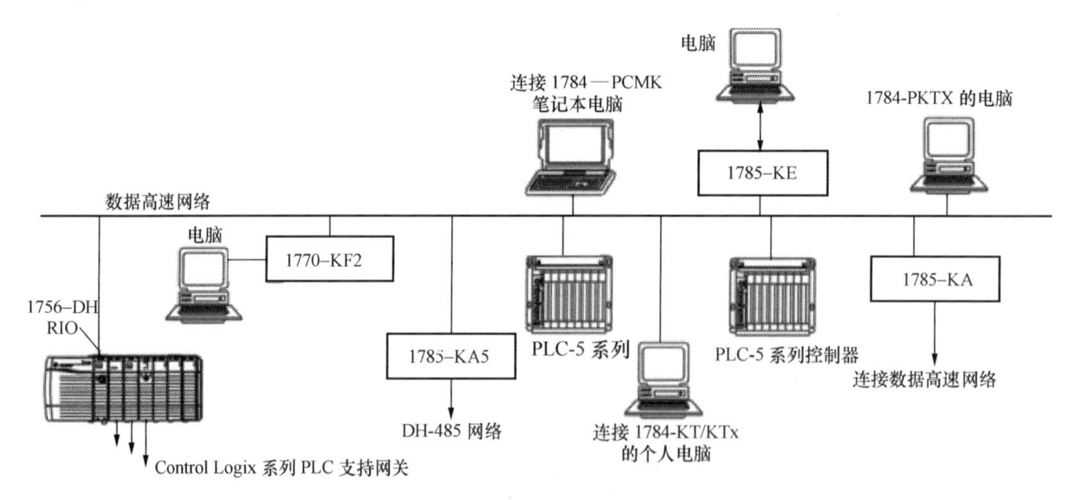

图 4-2　DH＋网络典型配置

图 4-2 中：

1756-DHRIO：1756 系列支持 DH＋通信协议的远程 I/O 卡。

1770-KF2、1785-KE：DH＋网络适配器，用于计算机接入 DH＋网络。

1784-KT、1784-PKTX、1784-PCMK、1784-KTX：电脑扩展卡形式的 DH（＋）网络适配器，用于计算机接入 DH＋网络。

1785-KA、1785-KA5：DH＋网络适配器，用于组建 DH＋网络。

1756-ENET：1756 系列以太网卡，支持构建以太网通信网络。

1756-DNB：1756 系列设备网接口卡，支持设备网络（Device Network）通信协议。

1756-CNB-CNBR：1756 系列控制网络接口卡，支持构建控制网络（Control Network）协议网络。

DH-485 网络：基于 RS 485 协议的 DH 网络。

Control Logix 系列 PLC 支持网关：包括 1756-ENET 以太网接口卡，1756-DNB 设备网接口卡，1756-DHRIO DH 远程 I/O 卡，1756-CNB-CNBR 控制网络协议接口卡。

（二）远程输入/输出网络

Allen-Bradley 通用 Remote I/O 链路连接 PLC 处理器到远程 I/O 槽架和多种智能设备，如操作员终端、交直流变频器等。I/O 槽架和其他设备可以安装在距离 PLC 处理器 10 000m 的地方。

控制网可以提供确定的、可重复的控制数据传输，适合高度实时、高吞吐量的应用。

手持式网络介质检测和诊断工具（产品型号 1788-MCHKR）可以帮助用户检测通用 Remote I/O 的物理介质。

（三）DH-485 网络

DH-485 网络是适合工厂级应用的本地网络。DH-485 允许连接最多 32 个设备，包括 SLC 500 和 Micrologix 1000 控制器、彩色图形系统、个人计算机。DH-485 连接辅助的 RS-232-C（DF1 协议）链路组成了 DH-485 网络。使用 SLC 500 编程软件，对 DH-485 网络上的 SLC 500 控制器进行编程。

DH-485 网络最大的网络长度可达到 1219m，如果连接两个 AIC＋模块，网络长度可以扩展到 2438m。

（四）设备网

设备网是一种低成本连接工业设备（如限位开关、光幕、多向阀、电动机启动器、过程传感器、条码阅读器、变频器、显示界面和人机界面等），并消除昂贵硬件布线费用的通信链路。

（五）控制网

控制网是一种开放性的、工业的、实时控制层网络，可以在单一的物理媒体上提供实时的输入/输出数据以及进行消息数据的高速传输，包括上传/下载程序和配置数据、点到点的消息。

数据高速网络显著地增强了输入/输出性能和点对点的通信。控制网提供控制器与输入/输出设备、驱动、操作员界面、计算机或其他设备间的连接，并且能整合 DH＋网络和远程输入/输出等现存通信方式。

（六）以太网

以太网是一种适合于工业环境和对时间要求比较苛刻的应用网络。以太网使用标准的TCP/IP技术和开放性应用层协议技术（control and information protocol，CIP）。CIP也是设备网和控制网的应用层协议。

三、AB PLC的软件工具及故障检修

（一）AB PLC的软件工具

1. 通信软件

（1）Interchange™系列软件是一个应用程序界面，它简化了各种主计算机操作系统与AB处理器间的通信。

（2）RSLinx™系列软件是用于AB可编程控制器的服务器软件，为AB的PLC处理器与其他公司的（如微软）的许多软件产品提供了通信连接。它充分利用了Windows NT操作系统所具有的多线程、多任务、多处理器等性能，通过各种通信接口与许多应用软件组合运行，而且界面直观易学。

2. 组件软件

（1）RSTools™是用于工业过程的ActiveX控制的软件。

（2）RSPortal™是Internet数据传输软件。

（3）RSSnapshot™是接收动态交换数据的Internet图像软件。

（4）RSWorkbench™用于Visual Basic的开发环境。

（5）RSWorkshop™是一种综合开发工具包，用于VB的开发环境。

3. 设计软件

RSWire™系列软件提供了易于理解的软件解决方案，以进行准确无误的原理图设计，并同时产生支持文档。它使控制系统设计自动化，并能生成一个智能原理图。RSWire™系列软件利用已有设计中的符号和宏库快速生成原理图，智能布线合理的连接符号，并在符号放置的连接点再次自动断开，保证正确表达设计内容。

4. 诊断软件

SMART Diagnostics™系列软件是系统监视和诊断工具，可周期性检查系统运行以及网络通信、控制器和过程变量的状态。

5. 人机界面软件

（1）RSBatch™系列软件用于批量生产过程管理。

（2）RSPower™用于电力设备组态及监视。

（3）RSTrend™是采集数据生成历史趋势的软件。

（4）RSView32™系列软件是一种易用的、可集成的、基于组件的多媒体交互系统，具有用户所需的全部特征和功能，能有效地监视并控制机器和过程。它基于Microsoft Windows平台设计，并且是第一个把ActiveX控制嵌入画面的多媒体交互软件包。

6. 编程软件

（1）A.I系列编程软件是基于MS-DOS的软件包，可以用该软件对AB的大部分处理

器进行离线、在线开发，该软件还具有文档和报表功能。

(2) RSGardian™系列产品是对 PLC 和 Panelview 程序进行管理、自动归档和修改控制的软件工具。它支持用户的过程确认策略并减少了由于超时或丢失程序而导致的问题。

(3) RSLogix™系列处理器编程软件。该软件运行在 Microsoft Windows NT 和 Windows 95 环境下，并结合了最新技术以最大可能地提高效率、节省开发时间。其超级诊断、可靠通信和工业上领先的直观用户界面等特性使它适合所有的开发人员。

(二) AB PLC 的故障检修

1. 故障查找

控制器模块是整个 PLC 系统的核心，故障现象一般会通过控制器反映出来。

(1) 根据控制器面板指示灯查看故障。

RUN 指示灯：熄灭，没有任务在运行，控制器处于编程方式或测试方式；绿色，有一个或多个任务在运行，控制器处于 RUN 方式。

I/O 指示灯：熄灭，没有组态 I/O 通信；绿色，与所有组态设备通信正常；绿色闪烁，有一个或多个设备未响应；红色闪烁，没有与任何设备通信或控制器故障。

OK 指示灯：熄灭，控制器要连接电源；绿色闪烁，可手动复位故障；红色闪烁，控制器故障、清除故障、清除内存，若无法解决需更换控制器；绿色，控制器正常工作。

RS232 指示灯：熄灭，控制器未激活；绿色，正在接收数据或传送数据。

BAT 指示灯：熄灭，电池可以支持内存；红色，电池不能支持内存，电量不足需要更换电池。

(2) 利用编程软件 Rslogix 5000 查看故障。

1) 将光标置于 Controller quick start 之上，单击鼠标右键并选择 Properties（属性）。

2) 选择 Major Faults（主要故障）选项或 Minor Faults（次要故障）选项即可查看当前故障信息。

2. 故障处理

一般来讲，控制器主要检测硬件故障、主要故障和次要故障三种故障类型。

硬件故障：控制器硬件产生故障，控制器将被关闭，用户必须修理或更换控制器。

主要故障：一种逻辑故障。产生故障时，清除故障逻辑。如果故障逻辑不能清除，将停止执行逻辑程序，控制器停车，输出进入组态状态。

次要故障：一种硬件或指令故障。产生故障时将置位次要故障位。但允许继续进行逻辑扫描。

(1) 硬件故障处理。

1) 先关闭控制器电源，重新上电。

2) 重新加装程序。

3) 再次运行程序。

如果连续遇到硬件故障，则需更换控制器。

(2) 主要故障处理。

主要故障将影响程序的运行，如果故障不能清除，控制器将进入故障模式并关闭。

1）主要故障包括：①指令执行，当执行逻辑程序时出现问题；②其他情况，如电源掉电、I/O模块故障、任务看门狗故障、模式转换等。

主要故障中，I/O模块检测不到或连接I/O模块失败是比较常见的。用户可以将I/O模块组态成一旦模块与控制器丧失连接即在控制器产生一个主要故障。每一个I/O模块都有一个指示出现故障的状态位，用户的控制应用程序应监控这些状态位。如果产生了任何故障，用户的控制应用程序应该采取适当措施，如在控制方式下关闭系统。

2）控制器有程序故障例程、控制器故障处理程序两种级别的主要故障处理程序，每个程序都有自己的故障例程。当产生指令故障时控制器将执行程序故障例程，如果程序故障例程未清除故障或程序故障例程不存在，则控制器将继续执行控制器故障处理程序。如果控制器故障处理程序不存在或不能清除主要故障，则控制器将进入故障模式并关闭。所有的非指令故障（I/O模块、任务看门狗）都将执行控制器故障处理程序（不调用程序故障例程）。

3）检查清除主要故障时需要根据主要故障的类型，执行相应的操作。但必须遵循以下步骤：先创建一个程序故障例程，每个程序都可以有自己的故障例程，当用户组态程序时可以指定故障例程，用户只有在利用编程软件改变程序组态时，才能改变故障例程。再创建控制器故障处理程序，控制器故障处理程序是一种可选任务，当主要故障不是指令执行故障或程序故障例程时则执行控制器故障处理程序。

检查故障类型及代码以确定产生的故障类型，并采取适当的措施。用户还可以利用控制器上的钥匙开关来清除主要故障，先把钥匙开关切换到PROG方式，然后切换到RUN方式，之后再切换回PROG方式。

（3）次要故障处理。

次要故障不影响控制器的运行，不过为了减少程序执行时间并确保程序精度，用户应该可以识别和修理次要故障。

1）次要故障包括：①指令执行，在执行逻辑时出现问题；②其他，如任务看门狗、串行口、电池等。

2）指令执行次要故障处理：①创建一个用户定义结构体来存储故障信息。该结构体可以和用户用来存储主要故障信息的结构体相同，但必须遵循一定格式。然后清除故障，如果故障不能清除控制器将进入故障模式并关闭；②查看监控软件以确定次要故障何时产生；③使用指令查询当前程序的故障记录。指令中的目标（destination）应该是用户在上面指定的用户定义结构体类型的标签；④采取适当的措施来响应次要故障（典型的如修改逻辑错误）。

3）其他次要故障处理：

创建一个32位整数型标签用以保存故障信息中的次要故障位记录。目标（destination）应该是用户创建的32位整数型标签。

查故障位以确定故障类型并采取适当的措施。一般来讲，次要故障不需要清除。总体来讲，PLC在工业生产中产生的故障主要有I/O模块故障和电源断电两类，I/O模块故障，如I/O模块连接失败或I/O端子继电器出现故障；电源断电时必须重新加载程序。

第三节 施耐德 Modicon Quantum PLC 系统

一、概述

Modicon Quantum 提供开放、标准的工业网络，是名副其实的工业网络中心。它不仅提供对标准的 TCP/IP Ethernet 及 Modbus Plus 和 Modbus 的支持，而且提供了对 Interbus-S、Lonworks、Profibus、HART、FF H1 和 HSE 等众多流行网络的支持，其中 Modbus Plus 若使用光缆连接，信号传输距离可达 12km。Quantum 可以非常方便地利用上述网络实现与计算机、Modicon 家族的 Compact、Momentum、Premium、Micro 及其他设备的互联。

二、编程软件

施耐德 Modicon Quantum PLC 使用的编程软件是 Concept，它是基于 Windows 环境的先进的编程工具。Concept 为控制系统编程提供了统一的多语言开发环境，通过使用标准化的编辑器，用户可以创建将控制、通信和诊断逻辑集成在一起的应用。

三、PLC 系统的构成

（1）CPU 模块：PLC 的中央处理单元，是 PLC 的硬件核心，PLC 的主要性能（如速度、规模）都由它的性能来体现。

（2）电源模块：为 PLC 运行提供内部工作电源，有的还可为输入信号提供电源。

（3）通信模块：使 PLC 与计算机、PLC 与 PLC 、PLC 主站与从站、PLC 与现场智能设备进行通信，有的还可实现与其他控制部件（如变频器）通信或组成局部网络。

（4）I/O 模块：集成了 I/O 电路，并依据点数及电路类型划分为不同规格的模块，有 DI、DO、AI、AO 等。

（5）底板机架：为 PLC 各模块的安装提供基板，并为模块间的联系提供总线。

四、PLC 通信分类

（1）TCP/IP 模块：支持 Modbus TCP/IP 协议，一般用作 PLC 与电脑、PLC 与 PLC 进行通信。如 140NOE77101 以太网模块和新型的 140NOC78100 以太网控制网络工作模块。

（2）子站连接模块：负责主站 CPU 与自身从站之间的通信。如主流的 EIO 网络所使用的头模块 140CRP31200、站模块 140CRA31200；旧式的 RIO 网络所用的头模块 140CRP93200、站模块 140CRA93200。

（3）总线模块：支持不同类型的现场总线协议，可以进行总线通信。如支持 Modbus 协议的 NOM 模块、支持 Profibus 协议的 PTQ 模块。

（4）扩展模块：用于扩展机架槽位，如 140XBE10000 模块。

五、Modbus 地址

施耐德 PLC Modbus 地址及说明见表 4-2。

表 4-2　　施耐德 PLC Modbus 地址及说明

Modbus 地址	说明	大小	PLC 标识	用途	举例
0×××××	数字量输出寄存器	1 位	%M	中间数字量变量地址 数字量输出模块通道地址	%M23 相当于 000023
1×××××	数字量输入寄存器	1 位	%I	数字量输入模块通道地址	%I1201 相当于 101201
3×××××	模拟量输入寄存器	1 字	%IW	模拟量输入模块通道地址	%IW100 相当于 300100
4×××××	模拟量输出寄存器	1 字	%MW	中间模拟量变量地址 模拟量输出模块通道地址	%MW72 相当于 400072

六、变量的常用数据类型

施耐德 PLC 变量的常用数据类型及说明见表 4-3。

表 4-3　　施耐德 PLC 变量的常用数据类型及说明

数据类型	名称	大小	数值范围	说　明
EBOOL BOOL	布尔类型	1 位	0 或 1	多数数字量输入/输出模块通道采集的数据都是这种类型
INT	有符号整数类型	16 位	−32768～32767	多数模拟量输入/输出模块通道采集的数据都是这种类型
DINT	有符号双整类型	32 位	−2147483648～2147483647	
UINT	无符号整数类型	16 位	0～65535	
UDINT	无符号双整类型	32 位	0～4294967295	
TIME	时间类型	32 位	T＃0ms～T＃4294967295ms T＃0ms～T＃49d_17h_2m_47s_295ms	多用在定时器上
REAL	浮点类型	32 位	表示带小数点的数值	
BYTE	字节	8 位		多用在逻辑运算上
WORD	字	16 位		多用在逻辑运算上
DWORD	双字	32 位		多用在逻辑运算上

七、施耐德 PLC 的故障检修

为了便于故障的及时解决，首先要了解到故障是全局性还是局部性的，如上位机显示多处控制元件工作不正常，提示报警信息，此时需要检查 CPU 模块、存储器模块、通信模块及电源等公共部分。如果是局部性故障可以通过以下四方面进行分析。

（1）根据上位机的报警信息查找故障。PLC 控制系统都具有丰富的自诊断功能，当系统发生故障时立即给出报警信息，可以迅速、准确地查明原因并确定故障部位，具有事半功倍的效果，是维修人员排除故障的基本手段和方法。

(2) 根据动作顺序诊断故障。对自动控制系统，其变频器维修动作都是按照一定的顺序来完成的，通过观察系统的运动过程、比较故障和正常时的情况，即可发现疑点，诊断出故障原因。如某水泵需要前后阀门都打开才能开启，如果管路不通水泵是不能启动的。

(3) 根据PLC输入/输出接口状态诊断故障。在PLC控制系统中，输入/输出信号的传递是通过PLC的I/O模块实现的，因此一些故障会在PLC的I/O接口通道上反映出来，这个特点为故障诊断提供了方便。如果不是PLC系统本身的硬件故障，可不必查看程序和有关电路图，通过查询PLC的I/O接口状态，即可找出故障原因。因此要熟悉控制对象的PLC的I/O正常状态和故障状态。

(4) 通过PLC程序诊断故障。PLC控制系统出现的绝大部分故障都是通过PLC程序检查出来的。有些故障可在屏幕上直接显示出报警原因；有些虽然在屏幕上有报警信息，但并没有直接反映出报警的原因；还有些故障不产生报警信息，只是有些动作不执行。遇到后两种情况时，跟踪PLC程序的运行是确诊故障的有效方法。对简单故障，可根据PLC程序的状态显示信息、监视相关输入/输出及标志位的状态，跟踪程序的运行；复杂的故障必须使用编程器来跟踪程序的运行。如某水泵不工作，检查发现对应的PLC输出端口为0，于是通过查看程序发现热水泵还受到水温的控制，水温不够PLC就没有输出，把水温升高后故障排除。

第四节　西门子PLC系统

一、概述

生产现场常用的西门子PLC是SIEMENS S7-200，它集成一定数字量I/O点的CPU，主要型号有CPU 221、CPU 222、CPU 224、CPU 226、CPU 226XM。

西门子PLC常用扩展模块：数字量扩展模块有EM 221、EM 222、EM 223；模拟量扩展模块有EM 231、EM 232、EM 235；通信模块有EM 277、EM 241等。西门子PLC还有些其他模块，如特殊功能模块可以十分方便地组成不同规模的控制器，其控制规模可以从几点到几百点。S7-200 PLC可以方便地组成PLC—PLC网络和微机—PLC网络，从而完成规模更大的工程。

S7-200是SIEMENS公司推出的一种小型PLC。它具有结构紧凑、扩展性良好、指令功能强大、价格低廉等优点，成为当代各种小型控制工程的理想控制器。

二、S7-200 PLC的编址方法

编址就是对输入/输出模块上的I/O点进行编码，以便程序执行时可以唯一地识别每个I/O点。

数字量I/O点的编址以字节长（8位）为单位，由标志域（I或Q）、字节号和位号三部分组成，字节号和位号之间以点分隔，习惯上称这种编址方式为字节·位编址。通过编址每个I/O点就有了唯一的识别地址，以地址Q1·5为例说明，数字量地址说明如图4-3所示。

符号	Q	1	·	5
意义	标志域（数出 Q、数入 I）	字节地址	字节号和位号的分隔点	字节中位的编号（0～7）

图 4-3　数字量地址说明

数字量输入/输出的字节和位编址都是从 0 开始，每个位都是 0～7，共 8 位。

模拟量 I/O 编址是以字长（16 位）为单位。在读写模拟量信息时，模拟输入/输出按字单位读写。模拟输入只能进行读操作，而模拟输出只能进行写操作，每个模拟输入/输出都是一个模拟端口。一个模拟端口的地址由标志域（AI/AQ）、数据长度标志（W）以及字节地址（0～30 之间的十进制偶数）组成。模拟端口的地址从 0 开始，以 2 递增（如 AIW0、AIW2、AIW4 等），对模拟端口奇数编址是不允许的。以 AIW8 为例说明，模拟量地址说明如图 4-4 所示。

符号	AI	W	8
说明	标志域（模出 AQ、模入 AI）	数字长度（字）	字节地址（0、2、4…）

图 4-4　模拟量地址说明

三、西门子 PLC 故障检修

1. 外围电路元器件故障

此类故障在 PLC 工作一定时间后经常发生。在 PLC 控制回路中如果出现元器件损坏故障，PLC 控制系统就会立即自动停止工作。

外接继电器、接触器、电磁阀等执行元件的质量是影响系统可靠性的重要因素。常见的外围电路元器件故障有线圈短路、机械故障造成触点不动或接触不良。

2. 端子接线接触不良

此类故障在 PLC 工作一定时间后随着设备动作频率升高而出现。由于控制柜配线缺陷或者使用中振动加剧及机械寿命等原因，接线头或元器件接线柱易产生松动而引起接触不良。

这类故障的排除方法是使用万用表，借助控制系统原理图或者是 PLC 逻辑梯形图进行故障诊断维修。

对某些比较重要的外设接线端子的接线，为保证其连接可靠，一般采用焊接冷压片或冷压插针的方法处理。

3. PLC 受到干扰引起的功能性故障

在实际的生产环境下，外部干扰是随机的，与系统结构无关，且干扰源是无法消除的，只能针对具体情况加以限制。

内部干扰与系统结构有关，主要由系统内交流主电路、模拟量输入信号等引起。通过精心设计系统线路或系统软件滤波等处理方法，可使内部干扰得到最大限度地抑制。

PLC 控制系统电源抗干扰的方法有采用隔离变压器、低通滤波器及应用频谱均衡法三种。其中采用隔离变压器是最常用的方法，因为 PLC 的 I/O 模块电源常用直流 24V，该电压需经隔离变压器降压，再经整流桥整流供给，或者直接由开关电源供给。

4. PLC 周期性死机

PLC 周期性死机的特征是 PLC 每运行一段时间就出现死机或者程序混乱，或者出现不同的中断故障显示，重新启动后又一切正常。根据实践经验认为，该现象最常见原因是 PLC 机体长时间积灰，所以应定期对 PLC 机架插槽接口处进行吹扫。吹扫时可先用压缩空气或软毛刷将控制板上、各插槽中的灰尘吹扫净，再用 95%酒精擦净插槽及控制板插头。清扫完毕后再细心检查一遍，恢复开机便能正常运行。

思考题

1. PLC 的特点有哪些？
2. PLC 的基本结构是什么？
3. PLC 的工作原理是什么？
4. 当 PLC 投入运行后，其工作过程一般分为哪三个阶段？
5. I/O 寻址方式有哪三种？
6. AB PLC 的常见组网类型有哪些？
7. 控制网的特点有哪些？
8. 控制器主要检测的故障类型有哪些？
9. 简述 Concept 编程的步骤。

第五章
数字电液控制系统

第一节 概　　述

一、汽轮机控制的发展过程

汽轮机是火电厂中的重要设备，在高温高压蒸汽的作用下高速旋转完成热能到机械能的转换。汽轮机驱动发电机转动将机械能转换为电能，电力网将电能输送给各个用户。为了维持电网频率稳定，汽轮机的转速必须稳定在额定转速附近很小的一个范围内，为了达到此要求，汽轮机必须配备可靠的自动控制装置。汽轮机控制装置的发展经历了几个阶段。

早期的汽轮机控制系统是由离心飞锤、杠杆、凸轮等机械部件和错油门、油动机等液压部件构成，称为机械液压式控制系统（mechanical-hydraulic control system，MHC），简称液调。这种系统的控制器由机械元件组成，执行器由液压元件组成，通常只具有窄范围的闭环转速控制功能和超速跳闸功能，并且系统的响应速度低。其转速—功率静态特性是固定的，运行中不能加以控制。随着汽轮机单机容量的增大和中间再热机组的出现、单元制运行方式的普遍采用以及电网自动化水平的提高，仅依靠机械液压式控制系统已不能完成控制任务，因此产生了电气液压式控制系统（electro hydraulic control system，EHC），简称电液控制系统，其示意如图 5-1 所示。

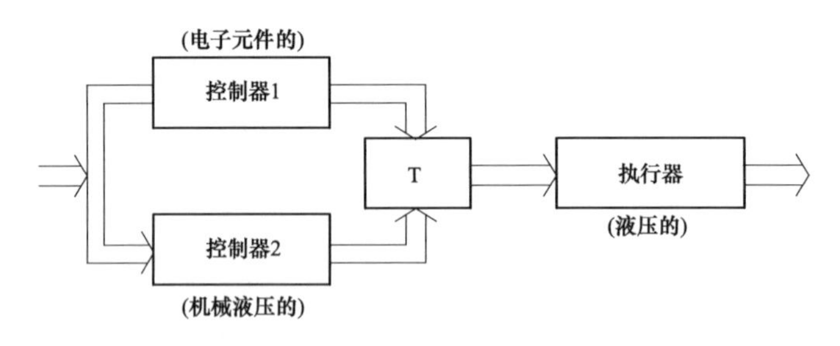

图 5-1　电气液压式控制系统示意图

电气液压式控制系统很容易实现信号的综合处理，其控制精确度高，能适应复杂的运行工况，而且操作、调整和修改都比较方便。由于早期电气元件的可靠性还比较低，由其组成电路的可靠性还不能满足汽轮机控制系统的要求，故汽轮机控制系统多设计为 MHC 和 EHC 并存的工作方式。当电液控制系统的电路因故障退出工作时，还有机械液压式控制系统接替工作，以保证机组的安全连续运行。

随着电气元件可靠性的提高，20 世纪 50 年代中期出现了不依靠机械液压式控制系统作后备的纯电液控制系统。开始采用的纯电液控制系统的控制器由模拟电路组成，称为模拟式电气液压控制系统（analog electric-hydraulic control system，AEH），也称模拟电液控制系统，其执行器仍保留原有的液压部分，两者之间通过电液转换器相连接。

数字计算机技术的发展及其在自动化领域中的应用将汽轮机控制技术又向前推进了一大步，20 世纪 80 年代出现了以数字计算机为基础的数字式电气液压控制系统（digital electro-hydraulic control system，DEH），简称数字电液控制系统，其示意如图 5-2 所示。其组成特点是控制器用数字计算机实现，执行器保留原有液压部分不变。早期的数字电液控制系统大多是以小型计算机为核心的。以微机为基础的分散控制系统出现后，汽轮机 DEH 逐步转向以分散控制系统（distributed control system，DCS）为基础，它具有对汽轮发电机的启动、升速、并网、负荷增/减进行监视、操作、控制、保护以及数字处理和画面显示等功能。

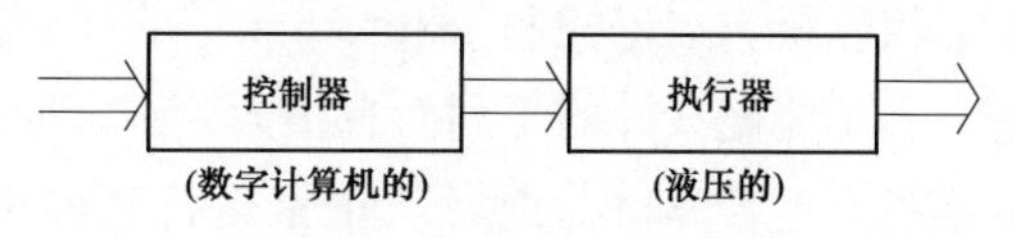

图 5-2 数字式电气液压控制系统示意图

基于 DCS 的 DEH 有如下特点：用操作员站的阴极射线管显示器（cathode ray tube，CRT）和打印机来监视机组各种参数及其变化趋势；具有转速控制、功率控制功能；可进行主蒸汽压力控制（throttle pressure control，TPC）、超速保护控制、阀门快关控制等；具有阀门管理功能；具有按热应力升速和加载的功能；软件的模块化和硬件的积木式结构使系统的组态具有极高的灵活性；事故追忆打印功能有利于对事故实时分析。

二、汽轮机控制的内容

1. 监视系统

监视系统是保证汽轮机安全运行的必不可少的设备，它能够连续监测汽轮机运行中各参数的变化。汽轮机运行参数属于机械量的有汽轮机转速、轴振动、轴承振动、转子轴位移，转子与汽缸的相对胀差，汽缸热膨胀、主轴晃度、油动机行程等；属于热工量的有主蒸汽压力、主蒸汽温度、凝汽器真空、高压缸速度级后压力、再热蒸汽压力和温度、汽缸温度、润滑油压、控制油压、轴承温度等。汽轮机的参数监视通常由数据采集系统（data acquisition system，DAS）实现，测量结果同时送往控制系统作限制条件，送往保护系统作保护条件，送往顺序控制系统作控制条件。

2. 保护系统

保护系统的作用是当电网或汽轮机本身出现故障时，保护装置根据实际情况迅速动作，使汽轮机退出工作或采取一定措施进行保护，以防止事故扩大或造成设备损坏。大容量汽轮机的保护内容有超速保护、低油压保护、位移保护、胀差保护、低真空保护、振动保护等。

3. 控制系统

汽轮机的闭环自动控制系统包括转速控制系统、功率控制系统、压力控制系统（机前压力控制和再热蒸汽压力控制）等。闭环控制是汽轮机控制系统的主要方式，控制品质的优劣将直接影响机组的供电参数和质量，并且对单元机组的安全运行也有直接影响。

4. 热应力在线监视系统

汽轮机是在高温高压蒸汽作用下的旋转机械，汽轮机运行工况的改变必然引起转子和汽缸热应力的变化。由于转子在高速旋转下已经承受了比较大的机械应力，因此热应力的变化对转子的影响更大，运行中应监视转子热应力不超过允许应力。热应力无法直接测量，通常采用建立模型的方法通过测取汽轮机某些特定点的温度来间接计算，热应力的计算结果除用于监视外，还可以对汽轮机升速率和变负荷率进行校正。

5. 汽轮机自启停控制系统

汽轮机自启停控制（automatic turbine control，ATC）系统是牵涉面很大的一个系统，其功能随设计的不同而有很大差别。原则上讲，汽轮机自启停控制系统应能完成从启动准备直至带满负荷或者从正常运行到停机的全部过程，即完成盘车、抽真空、升速并网、带负荷、带满负荷以及甩负荷和停机的全部过程。实现汽轮机自启停的前提条件是各个必要的控制系统应配备齐全，并且可以正常投运。这些系统包括自动控制系统、监视系统、热应力计算系统以及旁路控制系统等。

6. 液压伺服系统

液压伺服系统包括汽轮机供油系统和液压执行机构两部分。供油系统向液压执行机构提供压力油；液压执行机构由电液转换器、油动机、位置传感器等部件组成，其功能是根据电液控制系统的指令去操作相应阀门。

现代大型单元机组的汽轮机控制系统涉及面广、系统复杂、技术要求高，既包括了模拟量的反馈控制，又包括开关量的逻辑控制，是集过程控制、顺序控制、自动保护、自动检测于一体的复杂控制系统。

三、汽轮机控制的基本原理

（一）概述

电力生产对发电用的汽轮机控制系统提出了两个基本要求：①保证能够随时满足用户对电能的需要；②使发电机组能维持一定的转速，保证供电的频率和机组本身的安全。

汽轮发电机组的电功率与汽轮机的进汽参数、排汽压力、进汽量有关。如果汽轮机的进汽参数和排汽压力均保持不变，那么机组发出的电功率基本上与汽轮机的进汽量成正比，当电力用户的用电量（即外界电负荷）增大时，汽轮机的进汽量也应增大，反之亦然。如果外界电负荷增加（或减少）时，汽轮机进汽量不做相应增大（或减小），那么汽轮机的转速将会减小（或增大）。为使汽轮机发出的电功率与外界电负荷相适应，机组将在另一转速下运行，这就是汽轮机的自调整性能。

若仅依靠自调整性能，汽轮机转速则会产生很大的变化。因为外界电负荷的变化很大，仅依靠汽轮机的自调整性能，不但不能保证电能质量（频率、电压），发电机组并列也很困难，因此必须在汽轮机上安装自动控制系统，利用汽轮机转速变化的信号对汽轮机进行控制。汽轮机控制系统总体上可划分为无差控制系统和有差控制系统两种。

1. 无差控制系统

一台汽轮发电机组单独向用户供电，即转速为额定值时，由于某种原因（如用户的耗电量增加）发电机的反转矩加大，转子的转矩平衡遭到破坏，转速将要下降，这时汽轮机的控制系统将会动作开大调节汽阀，增大进汽量，以改变汽轮机的功率，建立起新的转矩平衡关系，使转速基本保持不变。

采用无差控制系统的汽轮发电机组不利于并网运行，因此并网运行的汽轮发电机组几乎都采用有差控制系统。无差控制系统常被应用于供热汽轮机的调压系统中，使供热压力维持不变。

2. 有差控制系统

对于发电用的汽轮发电机组，其转速控制系统一般为有差控制系统。有差控制分为直接控制和间接控制两种。

（1）直接控制。汽轮机转速直接控制系统示意图如图 5-3 所示。当汽轮机负荷减小导致转速升高时，离心调速器的重锤向外张开，通过杠杆关小调节汽阀，从而使汽轮机功率相应减小，建立起新的平衡。当负荷增加时转速降低，重锤向内移动，开大调节汽阀，增大汽轮机功率。由此可见，调速器不仅能使转速维持在一定的范围之内，而且还能自动保证功率的平衡。

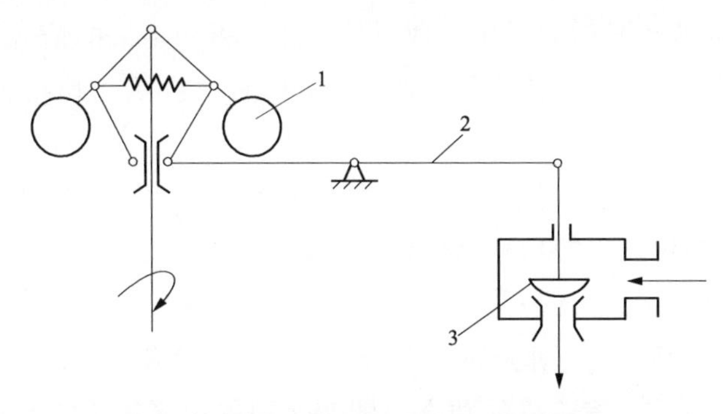

图 5-3　汽轮机转速直接控制系统示意图

1—重锤；2—杠杆；3—调节汽阀

由于该系统利用调速器重锤的位移直接带动调节汽阀，所以称为直接控制系统。由于调速器的能量有限，一般难以直接带动调节汽阀，所以应将调速器滑环的位移在能量上加以放大，从而构成间接控制系统。

（2）间接控制。一级放大间接控制系统示意图如图 5-4 所示。在间接控制系统中，调速器所带动的不是调节汽阀，而是错油门滑阀。转速升高时，调速器的滑环 A 向上移动，通过杠杆带动错油门滑阀向上移动，这时错油门滑阀套筒上的油口 m 和压力油管连通，下部的油口 n 则和排油口相通。压力油经过油口 m 流入油动机活塞的上腔，油动机活塞在上、下油

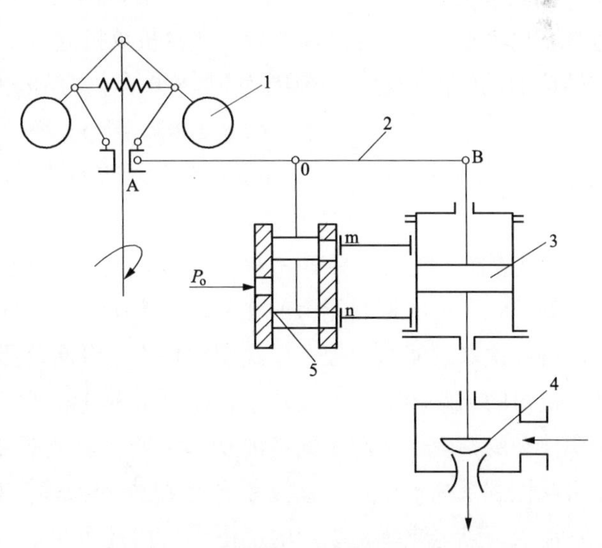

图 5-4　一级放大间接控制系统示意图

1—重锤；2—杠杆；3—油动机；4—调节汽阀；5—错油门滑阀

压力差的推动下向下移动，关小调节汽阀。转速降低时，调速器滑环向下移动，带动错油门滑阀向下，这时油动机活塞下腔通过油口 n 和压力油路相通，而上腔则通过油口 m 和排油口相通，活塞上下的压力差推动活塞向上移动，开大调节汽阀。从以上分析可知，一个闭环的汽轮机自动控制系统由转速感受机构、传动放大机构、配汽机构、控制对象四个部分组成。

1）转速感受机构。用来感受转速的变化，并将转速变化转变为其他物理量的变化。图 5-4 所示系统中离心调速器的重锤就是转速感受机构的一种形式，它接受转速变化信号，输出滑环位移的变化。

2）传动放大机构。它是处于转速感受机构之后、配汽机构之前，起着信号传递和放大作用的控制机构。系统中的错油门滑阀、油动机以及杠杆都属于传动放大机构，传动放大机构感受调速器的信号（滑环位移），并经滑阀和油动机放大，然后以油动机的位移传递给配汽机构。

3）配汽机构。接受由转速感受机构通过传动放大机构传来的信号，并能依此来改变汽轮机的进汽量。图 5-4 系统中的调节汽阀以及与油动机活塞连接的阀杆就属于配汽机构。

4）控制对象。对汽轮机控制系统来说，控制对象就是汽轮发电机组，当汽轮机进汽量改变时，汽轮发电机组发出的功率也相应发生变化。

（二）汽轮机液压控制系统的静态特征

由直接和间接控制系统的工作原理可以看出，汽轮机负荷变化时，其转速也会相应地发生变化。在稳定状态下，汽轮机的功率与转速之间的关系称为汽轮机控制系统的静态特征。

控制系统的静态特征曲线是一条连续倾斜的曲线，其倾斜程度就是控制系统的转速不等率，以 δ 表示，δ 可以理解为当汽轮机单机运行时，空负荷转速与满负荷转速之差与额定转速的比值，一般 δ 的范围为 3%～6%，常用的为 4.5%～5.5%。

$$\delta = \Delta n / n_0 \times 100\% = (n_{max} - n_{min}) / n_0 \times 100\% \tag{5-1}$$

式中 n_{max}、n_{min}——空负荷和满负荷时对应的转速，r/min；

n_0——额定转速，r/min。

δ 是控制系统最重要的指标，从自动控制原理的角度讲，它相当于控制系统的比例带，既反映了一次调频能力的强弱，又表明了稳定性的好坏。如果特性曲线平坦，即 δ 较小，则一次调频能力较强。一次调频是指在电网负荷变化后，电网频率的变化将使电网中各台机组的功率相应增大或减小，即机组按其静态特性改变自己的实发功率，以减小电网频率波动的幅度，从而达到新的功率平衡。从调频能力看，似乎 δ 越小越好，但 δ 过小，易引起控制系统不稳定，甚至引起系统强烈振荡；相反，δ 过大，虽可使控制系统稳定，但不能保证供电频率在规定的范围内。由此可见，δ 的大小对供电质量和控制系统的稳定性有十分重要的影响。

带基本负荷的汽轮机转速不等率取 4%～6%；带尖峰负荷的机组汽轮机转速不等率取 3%～4%，一般希望将转速不等率设计成连续可调的，即可按运行情况调整转速不等率。

因调速系统各部件间的连续部分存在间隙、摩擦力以及错油门重叠等，机组在加负荷及减负荷的过程中，其静态特性曲线不重合，中间存在着带状宽度的不灵敏区。静态特性曲线如图 5-5 所示，曲线 a、b 之间的带宽为不灵敏区，不灵敏区的转速差和额定转速 n_0 之比称为控制系统的迟缓率 ε，也称为控制系统的不灵敏度，其关系式为：

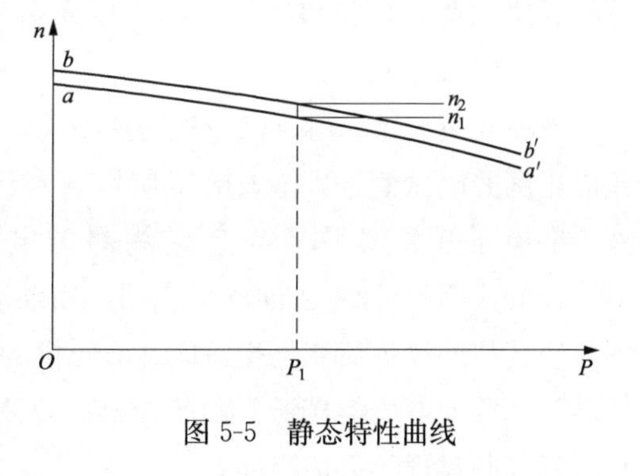

图 5-5　静态特性曲线

$$\varepsilon=\frac{n_2-n_1}{n_0}\times 100\% \tag{5-2}$$

式中　n_1——减负荷时功率 P_1 所对应的转速，r/min；

n_2——加负荷时功率 P_1 所对应的转速，r/min。

由于加负荷与减负荷过程中，两条静态特性曲线不一定互相平行，即不灵敏区的宽度不一样，其中转速最大差值 $\Delta n_{\max}$ 与额定转速 n_0 之比称为最大迟缓率，其关系式为：

$$\varepsilon_{\max}=\Delta n_{\max}/n_0\times 100\% \tag{5-3}$$

控制系统迟缓率是一个重要的质量指标，一般要求越小越好，过大的迟缓率会引起机组转速或负荷摆动，甚至引起控制系统不稳定。

汽轮发电机组有单机运行、并网运行两种基本运行方式，单机运行即在电网中只有一台机组向用户供电；并网运行即在电网中同时有两台或两台以上机组向用户供电。

第二节　汽轮机数字电液控制系统的基本原理

机械控制系统、液压控制系统都是把负荷扰动引起的转速变化信号输入到调速器，再经过油动机的放大作用，控制调节汽阀开度变化。在额定蒸汽参数下，功率的变化与阀门开度成正比，最终使转速偏差与功率变化成正比。而机组采用了中间再热后，由于单元制汽轮机组的汽压波动较大，破坏了上述的比例关系，破坏了一次调频能力。另外，由于中间再热器和相应的管道中存在较大的中间容积，因此使中低压缸的功率变化滞后破坏了机组的适应性，同样降低了一次调频能力。为了改善机组的一次调频能力，需要增加一个功率控制器，即汽轮机功率—频率电液控制系统。

系统中测功单元、测频单元、PID 控制器（校正单元）、功率放大器（简称功放）和给定单元等称为电控部分，滑阀和油动机为液压控制部分，它们之间由电液转换器相连，测频单元相当于原来控制系统中的调速器，在感受了转速变化后产生一个滑环位移，并由测频单元输出一个电压信号。测功单元是功频电液控制系统中的特有环节，它的作用是测取汽轮发电机的有功功率并将其作为整个系统的负反馈信号，以保持转速偏差与功率变化之间的固定比例关系。校正单元是一个 PID 控制器，它的作用是将测频、测功单元及给定的输入信号进行比例、微分和积分运算，同时利用功率放大器将信号加以放大以驱动电液转换器。电液转换器是将电信号转换成液压控制信号的装置，是电控部分和液压控制部分的联络部件，即接口装置。给定单元相当于原来控制系统中的同步器，由它给出电压信号去操纵控制系统。

当外界负荷增加时，汽轮机转速下降，测频单元感受了转速变化，产生一个与转速偏差成比例的电压信号，将该电压信号输入到 PID 控制器，经 PID 运算后的信号输入到电液转换器的感应线圈。当感应线圈的电磁力克服了弹簧力后，高压抗燃（electric-hydraulic，EH）油进入油动机底部，使油动机上行开大了调节阀门，增大了汽轮机的功率并使其与外界负荷变化相适应。汽轮机的功率增加后，测功单元感受到了这一变化，并输出一个负的电压信号到 PID 控制器，控制系统的一个过渡过程动作结束。当外界负荷减小时其控制过程与上述相反。

当外界负荷变化引起新蒸汽压力降低时，在同样阀门开度下汽轮发电机的实发功率将减小，这时测功单元输出电压信号减小，因此在 PID 入口处仍有正电压信号存在，使 PID 输出信号继续增加。输出信号经过功放、电液转换器后使油动机上行开大调节阀门，直到测功元件输出电压与给定电压完全抵消，即 PID 的入口信号代数和为零时才停止动作。由此可见，采用了测功单元后可以消除新蒸汽压力变化对功率的影响。

利用测功单元和 PID 控制器的特性还可补偿功率滞后。当外界负荷增加时，汽轮机转速下降，测频单元输出正电压信号作用于 PID 控制器，经过一系列的作用后，高压调节汽阀开大，高压缸功率增加。此时由于中压缸功率增加缓慢，测功元件输出的信号还很小，不足以抵消测频单元输出的正电压信号，因此，高压调节汽阀继续开大，即产生过开。这样，高压缸因过开而产生的过剩功率刚好抵消了中低压缸功率的滞后。当中低压缸功率逐渐消失时，测功元件输出电压的作用又使高压调节汽阀关小；当中低压缸功率完全消失后，高压调节汽阀开度又回到稳态设计值，此时控制系统动作结束。

第三节　数字电液控制系统的特性及控制逻辑分析

一、DEH 的特性

（一）汽轮机控制系统的特性

汽轮机控制系统的工作质量是用控制系统的特性来评价的，控制系统的特性包括静态特性和动态特性两个方面。静态特性用于研究系统元件参数或空间位置的相互关系，与时间无关，属于控制静力学范畴。动态特性则用于研究系统元件参数随时间变化的规律，属于控制动力学范畴。整个系统的控制过程又称为系统的过渡过程，当控制过程结束，系统处于平衡状态之后，元件参数的稳态值也就等于静态值。系统的运动是绝对的，静止是相对的，因此，习惯上控制参数在稳定值附近的波动不超过某一较小值时，就认为系统已经处于稳定状态。

一个良好的控制系统应该是静态特性和动态特性都好。如果系统的静态参数不匹配，动作规律就不正确，因此，静态特性是基本的特性。系统的动态特性不好也是不允许的，它也有自身的评价指标。对控制系统的正确要求应该是在满足静态特性要求的前提下，具有尽可能好的动态特性。

（二）DEH 的静态特性

控制系统的静态特性按其组成来分类，可分为部件的静态特性和系统的静态特性，现分别介绍如下。

1. 部件的静态特性

部件的静态特性也有多种，这里介绍主要的伺服系统和阀门管理系统的静态特性。

液压伺服系统的组成如图 5-6 所示，其范围包括从计算机输出到油动机输出的全部功能部件。图 5-6 中 s 为凸轮特性的输出，即阀位指令；OFFSET 为机械偏置调整；v 为伺服放大器的偏差输入；a 为电液伺服阀的输入；m 为油动机的实际位移；P 为位置反馈信号，即经过了高选、LVDT0 调零和 LVDT2 调增益以后的数值；LVDT1 为位移变送器输出。

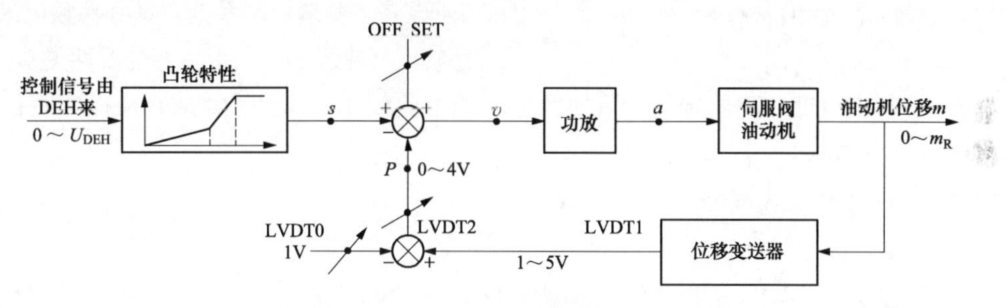

图 5-6　液压伺服系统组成

凸轮特性：凸轮特性是通过控制盘上的组件阀控制卡（valve control card，VCC）的凸轮特性程序来实现的，其基本思路是在油动机进入凸轮效应范围后，相对增长较小的输入电压会使油动机快速开启汽阀。凸轮环节是指具有凸轮规律的一个环节，凸轮特性就是表示 DEH 控制器输出电压 U_{DEH} 与凸轮环节输出 s 之间的关系，GV 汽阀的凸轮特性数据见表 5-1，其实质相当于在 DEH 的输出和凸轮特性之间增加一个附加环节的输出，该输出就是阀位指令。

表 5-1　　GV 汽阀的凸轮特性数据

序号	0	1	2	3	4	5	6
U_{DEH}	0	0.20	3.20	3.80	3.84	3.88	4.00
s	0	0.20	3.20	3.80	4.00	4.20	4.20

2. 阀门管理系统的静态特性

DEH 的特色之一是设置了阀门管理系统，该系统阀门有多阀控制和单阀控制两种管理方式。管理方式不同，阀门管理系统的静态特性也有所不同。

（1）多阀控制的系统特性。多阀控制就是根据阀位指令顺序开启调节汽阀的调节方式，其静态特性反映了控制汽阀的开度和进汽流量之间的关系。

（2）单阀控制的系统特性。单阀控制就是各调节汽阀按照一个统一的阀位指令同时开启的控制方式。

3. DEH 的静态特性

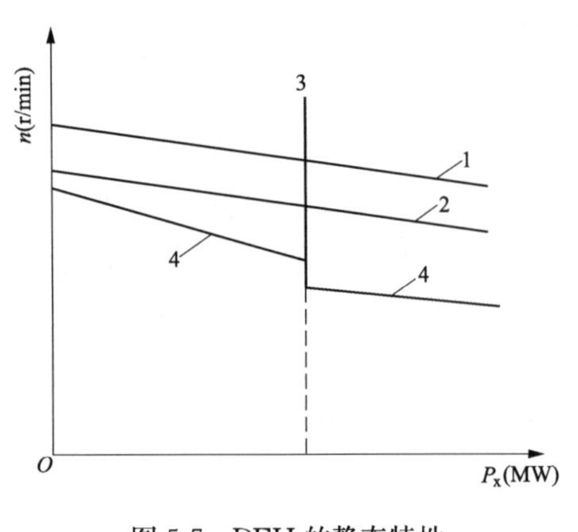

图 5-7 DEH 的静态特性

DEH 的静态特性反映了转速和功率的关系，DEH 的静态特性如图 5-7 所示。在功频电液控制系统中，机组负荷稳定后，内回路保持调节级汽室压力等于负荷给定值、发电机负荷信号等于给定值，所以电功率校正回路的输入信号为零。

图 5-7 是根据功频特性作出的 DEH 的静态特性曲线，从图中看出：

（1）由于 DEH 采用了转速和功率反馈信号，因此 DEH 是多变量控制系统，具有功频电液控制的静态特性（曲线 1），且有良好的线性关系。

（2）运行中改变功率给定值，可使特性曲线由曲线 1 平移到曲线 2，从而实现二次调频，保证频率稳定。

（三）DEH 的动态特性

1. DEH 动态特性概述

控制系统的动态特性是指系统受到扰动时，其被调参数随时间变化的整个过渡过程。系统是由许多部件组成的，因此，系统或部件都有各自的动态特性。

一般机组的动态特性有并网运行负荷变动时 DEH 系统的动态特性、机组启停过程或甩负荷后处于单机运行时 DEH 系统的动态特性。其中甩额定负荷时超速的危险性最大，这种情况既是对控制系统最严峻的考验，又是人们最担心的安全问题。一个合格的控制系统应在机组跳闸时，依靠系统自身能把机组安全停下并保持空载或部分负荷（带厂用电）运行。由于系统具有多种运行方式、多种控制手段和多种控制规律，因此按不同方式运行会有不同的动态特性。

2. 相组并网运行时 DEH 的动态特性

（1）理想情况下 DEH 的动态特性。

理想情况下 DEH 的动态特性是指控制系统在无约束、全自由运动状态下的运动规律，它可以作为衡量控制系统品质的理想尺度。理想情况下机组甩额定负荷时 DEH 控制系统的过渡过程如图 5-8 所示，理想情况下甩负荷运行时机组脱离了电网变为单机运行。对比图 5-8 中曲线 1 和 2，曲线 1 是在功率给定切除情况下进行的，表示甩负荷后调节汽阀关闭，中间再热环节对机组超速不再构成影响，由于曲线 2 是在功率给定不切除情况下进行的，结果系统动态品质变坏，稳态时转速偏差 150r/min；曲线 1 和 3 对比，两种情况甩负荷时功率给定均切除，仅有中间再热容积影响的差别，曲线 3 的再热容积减小，结果曲线 3 动态品质下降，但稳态时均无转速偏差。

（2）有约束情况下控制系统的动态特性。

有约束条件下系统的动态特性是实际系统的动态特性，在该情况下，系统的运动受到

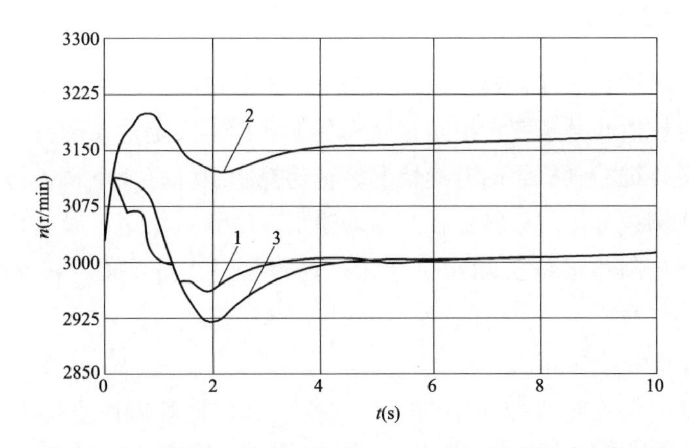

图 5-8　理想情况下机组甩负荷时 DEH 转速变化的过渡过程

油动机行程和蒸汽参数变化实际情况的约束。

3. 机组并网运行时 DEH 的动态特性

大多数情况下机组处于并网运行状态，此时 DEH 既受机组自身的影响，又受电网中其他机组的影响，其动态特性与单机运行有很大的区别。这种情况对机组有利有弊，有利的是电网负荷的变化一方面体现为电网自平衡能力的抑制（表现为电压下降），另一方面是分摊到电网内各台机组以后对一台机组的影响相对较小；不利的是本机容量较大、占电网百分比较大时，影响较大。

对 DEH，不同的控制规律其对应的动态特性也不同。如当发电机功率变送器故障时，系统由串级 PI 转为单级 PI2 方式运行；当调节级汽室压力变送器故障时，系统转为单级 PI1 方式运行，以上两种不同控制方式对应的动态特性也将不相同。并网运行时三种控制方式的转速过渡过程如图 5-9 所示，该图给出了电网负荷变化 2％时，三种运行方式的转速过渡过程，图中曲线 1、2、3 分别表示串级 PI、单级 PI1 和单级 PI2 控制的情况。

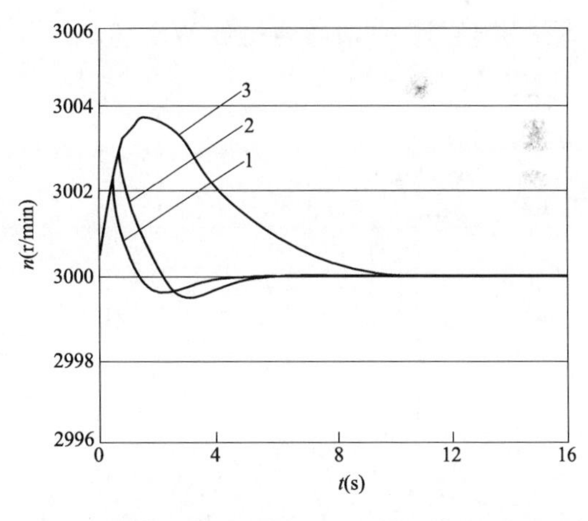

图 5-9　并网运行时三种控制方式的转速过渡过程
1—PI 控制；2—PI1 控制；3—PI2 控制

从图 5-9 中看出，由于串级控制有双内回路的快速响应作用，其动态特性各方面均优于单级 PI 控制方式。当过渡过程结束时，三种控制方式的转速都回到电网对应的转速，动作规律正确。综合上述分析可得，DEH 在串级 PI 方式运行时动态品质最好，应作为基本运行方式；为避免反调，机组甩负荷时功率给定必须切除，此时的转速超调量小，能稳定在给定转速上，有利于重新并网；中间再热容积对机组转速的影响很大，机组甩负荷时除立即关闭高压缸汽阀外，同时关闭中压缸汽阀至关重要。

二、DEH的转速控制

汽轮机从冷态启动到额定转速是通过控制中压调节汽阀实现的。运行人员可通过操作员站选择转速的目标值和升速率，由给定处理程序计算出设定值。运行过程中，运行人员可通过进行键和保持键控制机组的升速情况。转速控制系统有如下特点：转速控制器（PI控制器）一般起比例积分作用；转速控制器的输出有限制器作用，以防止汽轮机超速；在手动方式时，转速控制器跟踪实际阀位变化；转速超过103%额定转速时，强制输出等于0。

（一）转速信号的逻辑判断

汽轮机转速信号是汽轮机控制中的一个重要信号，其可靠性直接影响机组的安全运行，所以在DEH控制系统中采取如下措施：由汽轮机测速传感器得到的交流信号，经过速度转换模件变为脉冲信号，再经过输入隔离模件送到计数器。

为了提高转速信号的可靠性，在DEH控制系统中常采用三取二或三取中逻辑，即如果一路测量信号出现故障，机组照常可以在自动方式下运行，如果两路测量信号出现故障，机组则改为手动方式运行。三取二逻辑示例如图5-10所示。转速A（WSA）首先经过上、下限的判断，得出其是否在合理的工作区内，然后与转速B(WSB）比较。看两者的差是否在合理的范围内，若在合理范围内则认为转速A正常（WSAOK），同理可以判断转速B和C是否正常。在A、B、C均正常时，转速的实际信号以A信号为控制、监视信号；在A故障、B正常时，选B作为输出；在A、B、C中有两路故障时，得到WSFAIL信号，此时转速信号WS=0。

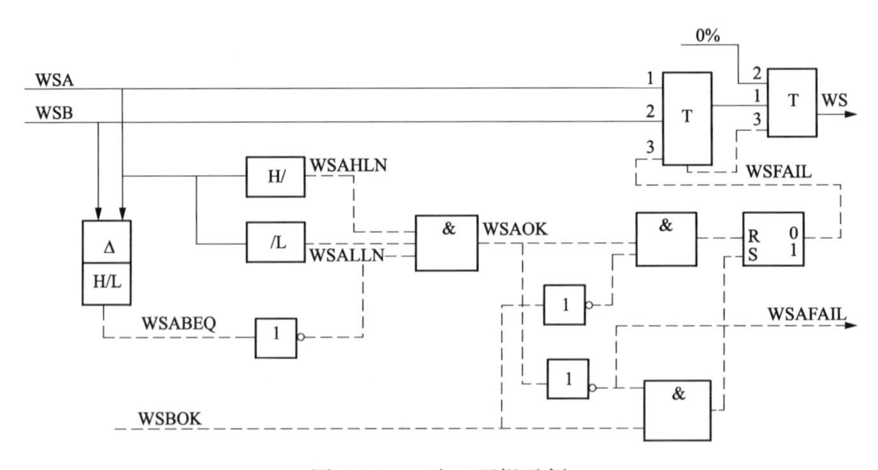

图5-10　三取二逻辑示例

WS—转速；WSA—转速A；WSB—转速B；WSAHLN—转速A高报警；WSALLN—转速A低报警；WSFAIL—转速信号故障；WSAOK—转速信号正常

（二）转速目标值、设定值的产生

汽轮机转速的目标值一般由运行人员在操作员站给出，其目标转速一般包括摩擦检查转速、暖机转速、阀门切换转速、额定转速。

目标值经过速率限制后，才能得到设定值。

在汽轮机升速过程中还有转速临界问题、并网问题。通常在DEH中采用综合考虑DEH中的设定值处理程序，即把转速和负荷控制的目标值作为一个整体进行处理。

协调控制系统（coordinated control system，CCS）为机组协调控制方式，此方式由CCS指令直接控制高压调节汽阀的开度。转速的目标值若设置在汽轮机转速的临界区，则自动修改转速目标值使其在非临界区，以防止人为的操作失误；在同期方式下，接受来自同期装置的增减命令，控制汽轮发电机组的电压频率，满足同期要求；自动汽轮机控制（automatic turbine control，ATC）方式时由自启停装置给出转速的给定值，它综合考虑机组当时的应力，给出升速曲线；在操作员自动方式时，运行人员可以直接设置转速或负荷的目标值，控制方式由机组并网与否来决定。

（三）高压调节汽阀控制

1. 高压调节汽阀控制的任务

在启动过程中由高压调节汽阀（governor valve，GV）控制机组的转速。在并网过程中，根据电网的实际频率，当机组的转速升至同步转速（3000r/min）附近时，由操作员选择自动同步控制或手动同步控制方式，控制机组的转速直至并网、维持空载和带负荷（一般为3%～10%额定负荷）。在机组并网带初负荷后，由GV控制机组升负荷。若机组是热态启动，在负荷未达到35%额定负荷之前，中压调节汽阀也参与负荷的控制。在异常情况下，调节汽阀迅速关闭，切断高压缸的进汽，避免事故发生，以确保机组的安全。

2. 高压调节汽阀的工作方式

高压调节汽阀自动（AUTO）方式，GV自动可按以下六种方式进行工作。

（1）汽轮机自启停控制（automatic turbine control，ATC）。

（2）自动同步控制，该方式接受自动同步系统来的信号，只在励磁未投入时才使用。

（3）优先停（priority operate stop，POS）方式，该方式的控制信号来自监控程序，在内部故障、外部申请中断以及任务优先级别安排时使用。

（4）操作员自动方式（operator auto，OA）。

（5）遥控自动方式（remote），该方式用于协调控制和自动调节系统（automatic dispatching system，ADS）的控制。

（6）电厂计算机控制，该方式仅限于电厂有厂级上层计算机时使用。

这些方式可根据运行需要选择其中一种，不允许两种方式同时使用。此外，DEH还可接受外部负荷返回（runback）指令、主汽压力信号和机组跳闸设定值置零信号等，以实现机组的自动保护。

3. 高压调节汽阀的转速自动控制

控制系统除设计有自动同步器用来控制升、降速的信号和限幅外，还有比较器、计数器以及PI校正器等。控制系统主要的问题是如何控制转速使之与电网自动同步。为此，需要建立同步器控制的标志逻辑，以便在进入自动同步控制方式后，DEH控制系统可接收自动同步装置来的触点脉冲输入信号，并将之转换成转速设定值。DEH控制系统的每一个增或减的脉冲信号，都可以使机组的转速增或减1r/min，最终实现汽轮机的转速与电网频率所对应的转速相等，当发电机的频率、相角和电压与电网一致时，即实现机组自动并网，从而进入负荷控制阶段，机组一般带3%～10%的初始负荷。

（四）中压调节汽阀的控制

300MW机组的再热蒸汽经过中压主汽阀和中压调节汽阀（intermediate valve，IV）进入中压缸。中压主汽阀为开关型汽阀，在机组挂闸、自动停机母管油压建立后即处于全开状态，因此，中压主汽阀不参与机组的转速和负荷控制。

中压调节汽阀为控制型汽阀。在机组启动、旁路系统投入时，中压调节汽阀参与转速和负荷控制；旁路系统切除后，中压调节汽阀全开；异常工况（如机组甩负荷）下，中压调节汽阀迅速关闭，防止机组超速。

1. 中压调节汽阀的工作方式

机组在启动时，DEH系统处于自动方式（AUTO），中压调节汽阀参与系统的转速和负荷控制。其过程是机组盘车后，由操作员自动或汽轮机自启停控制给出目标转速和升速率控制机组升速，直到并网后DEH控制系统自动完成中压调节汽阀至高压主汽阀的切换，由GV控制机组带负荷。

2. 中压调节汽阀的转速控制原理

中压调节汽阀的控制是由比较器、校正器和高限限值处理器等环节组成。

当操作盘上的手动/自动钥匙开关置于自动位置时，通电复位后，DEH系统即自动进入操作员自动（OA）方式，按进行键建立GO标志后方可启动设定值形成回路，允许操作员通过键盘设置目标转速和升速率对机组进行升速。若转换成自动程序控制（ATC）方式，应先使ATC监视在线，然后按ATC启动键，系统进入ATC方式后目标转速由ATC软件包给出，而升速率则可由该软件包计算机组的状态后，通过对机组转子应力的计算确定。

设定值形成回路的任务是在转速或负荷从一个状态到另一个状态时，DEH计算机组的热应力并保证其热应力在允许范围之内。设定值形成回路的工作原理是在比较器的输入端若实际设定值小于目标请求值，则输出一个增加（RAISE）的信号，使计数器以给定的速率趋向于目标请求值；反之，若实际设定值大于目标请求值，则输出减小（LOWER）信号，直到设定值与目标请求值相等，设定值回路才停止工作。

3. 中压调节汽阀的综合控制

除转速控制以外，还要根据机组的运行过程综合考虑IV保持偏置信号、GV流量控制信号、手动跟踪信号、开偏置和关偏置信号，以便在IV的控制过程中对上述状态进行识别，确定控制决策。因此，必须一方面根据被控对象的状态，建立生产过程的进程标志；另一方面根据进程选择控制策略、计算控制变量，实现对机组的控制。

（五）DEH控制系统的负荷控制

负荷控制系统的主要任务是当转速上升至额定转速成功并网后，将汽轮机带的5%初始负荷升至额定负荷，并参与电网的发电任务。

汽轮机的负荷信号用功率信号代替，电功率信号和汽轮机调节级压力信号的处理与汽轮机转速信号的处理一样，都是采用了三选二逻辑（也有三取中），其目的是为了提高控制系统的可靠性。

由于高压调节汽阀（GV）的负荷控制有多种方式，每一种方式的设定值又有所不同，因此 GV 的负荷控制过程比较复杂，主要的问题归纳如下。

1. 工作方式选择

GV 负荷控制的手动或自动控制是通过手动/自动开关实现的。当开关切换至自动位置时，DEH 即进入操作员自动方式。

鉴于每一时刻机组只能按一种方式工作，因此 DEH 系统设有工作方式选择逻辑。工作方式选择逻辑是在控制器内设有相应的状态标志，使用时只需通过按键盘上的功能键，被按键即启动中断控制器并实现相应的工作方式，工作方式有以下几种。

（1）操作员自动（OA）方式。

机组并网后，将手动/自动开关切至自动位置，DEH 即进入 OA 方式，操作员再输入目标负荷及其变化率，便能改变机组的负荷。手动/自动开关向下是切换到手操方式，向上是切换到其他自动方式。

（2）自动汽轮机程序控制（ATC）方式。

由于初始条件不同，进入该方式有以下两种途径：

1）当系统当前处于 OA 方式，且设置的目标值与现有的设定值不一致时，则按下 ATC 启动键，系统进入 OA—ATC 联合方式。

2）当系统当前处于远程控制方式或电厂计算机控制方式时，按 ATC 启动键，系统也能进入 ATC 联合工作方式。

（3）远程控制方式。

由于该方式接收来自协调控制和自动调度系统控制的信号，因此，可用于机炉协调控制或实现负荷的经济调度。该方式自身设有一套控制逻辑，负荷控制系统的设定值就由远程系统送来的模拟信号或增减负荷的脉冲信号来调整。在远程方式下，也可再选择 ATC 方式，从而构成远程联合控制模式，在此情况下，ATC 监控机组负荷变化，一旦出现负荷保持情况，它就产生一个触点输出，自动将远程发出的负荷设定值——增大或减小的信息闭锁，直到负荷保持消除，该接触点输出才复位。

（4）电厂计算机控制方式。

当机组带负荷运行且远程控制已被切除，按下厂级计算机控制键，系统进入电厂计算机控制方式。

2. 负荷设定值形成逻辑

DEH 进行负荷控制时，其指定工作方式下的目标负荷和负荷变化率被转换成能被机组接受的设定值，并通过 GV 控制的设定值形成逻辑来实现。设定值由设定值计数器产生，设定值计数器受控于 RAISE（增）、LOWER（减）、RATE（速率）三个信号，增或减的信号有两个来源，一是比较器的输出；二是直接来自各个外部信号，而这些信号又取决于 DEH 控制系统的工作方式。

（1）当 DEH 处于 OA 方式时，目标负荷设定值通过比较器与现有设定值进行比较，产生一个增或减的信号，使设定值计数器以给定的速率改变设定值。

（2）DEH 处于 OA—ATC 方式时，目标负荷值仍由运行人员在操作盘上设定，并通过比较器去控制设定值计数器，而计数器的负荷变化率则由 ATC 软件根据转子热应力计算确定。

（3）当 DEH 处于其他工作方式时，由于外部信号进入系统的是负荷设定值，故不必经过比较器，而是直接进入计数器去改变负荷的设定值。

（4）属于保护类型的信号。

1）低主汽压力控制信号。该信号来自主汽压力控制器（throttle pressure control，TPC），在主汽压力低于某一规定值时，自行减小机组的负荷，以避免主汽压力急剧下降。

2）外部负荷返回请求信号。在 OA 方式下，DEH 接受电厂送来的输入触点信号，一旦输入触点闭合，机组就按一定的负荷变化率减负荷，直到触点断开或负荷达到最小负荷值为止。

3）功率给定值切除信号。该信号在满足机组跳闸条件下，送入一个设定值置零的信号，用以改善系统的动态特性，以保证机组的安全。

所有送入设定值计数器的增负荷或减负荷信号，事先都经过高负荷限值和低负荷限值的状态检查。高负荷、低负荷限值可由运行人员调整，一旦超出高或低负荷限值的范围，计数器就不会接受此信号，禁止计数。

第四节　汽轮机保护系统

在汽轮发电机组控制系统中，机组的转速是一个非常重要的参数，在升速过程中它是唯一的被调量；在并网运行中它体现了机械功率与电功率的平衡关系，反映了供电质量，而且它也是衡量机组安全运行的重要指标。大型汽轮发电机组常采取多种保护措施对转速进行严密地监视与控制，超速保护系统就是其中的一种保护措施。

DEH 的超速保护系统是控制汽轮机超速的第一道防线，当汽轮发电机组转速升到103%额定转速时，利用 OPC 超速保护功能有效地对汽轮机转速进行控制。

一、转速信号三选二逻辑

DEH 采取了具有三个测量通道的三选二逻辑，在转速测量中采用三个相互独立的传感器。

二、降负荷时调节汽阀关闭方式

汽轮机组超速保护系统的一个重要特性是当系统发生故障时，能够快速地降负荷（即快关功能），防止负荷不平衡造成转速过大飞升。主要系统故障见表 5-2。

表 5-2　　主要系统故障

事故种类	瞬时负荷变化量
次线断路	27.7%
单相接地	26.7%
二相接地	65.0%
三相接地	100%

当发生表 5-2 的故障之一时，汽轮机应当降负荷。对于中间再热机组，降负荷有只关高压调节汽阀，只关中压调节汽阀，同时关高、中压调节汽阀三种控制方式。

（1）只关高压调节汽阀。当高压调节汽阀关闭时间达 1s 时，汽轮机仍有 60%的整机功率，这是由于高压缸功率占的比例较小，中压缸功率仍有迟延。当高压调节汽阀关下时，由于锅炉出口流量发生剧变，所以高压调节汽阀前压力将上升到汽包压力，且由于锅炉仍在燃烧加热，压力会继续升高（一般以 70～140kPa/s 的速度升高）。直流锅炉也类似，汽压升高甚至使安全阀动作。同时，由于阀门关闭迅速导致汽温剧变，引起较大的热应力。

（2）只关中压调节汽阀。在中压调节汽阀关闭 1s 内功率可降到 40%以下，降负荷作用比较明显而且由于再热器容积较大，再热蒸汽的压力比主蒸汽压力低很多。再热安全阀整定压力一般调整在高于额定再热压力的 10%左右，这样即使再热压力升高而使安全阀打开问题也不大，引起的汽缸热应力的危害也不大。

（3）同时关高、中压调节汽阀。比较上述两种控制方式发现采用同时关高、中压调节汽阀方式较为合理，但此时应注意轴向推力的变化应在允许的范围内。在甩全负荷时同时关高、中压调节汽阀对防止动态超速则更加有利。

上述三种方式是对调节汽阀关下后又打开，并将功率回升到原有的功率水平而言。考虑到某些永久性故障后输电线路容量可能减小，因此不允许立即恢复到原有功率水平，以免引起振荡甚至导致静态特性不稳定，只要求恢复到比原来水平低的功率。

随着电网容量的扩大要求从故障发生到处理故障的时间越来越短，所以必须迅速发出控制信号，信号发出时间至少低于 0.3s。

三、DEH 的超速保护控制功能

DEH 的超速保护控制具有负荷部分下跌、快关中压调节汽阀功能，负荷下跌预测功能，超速保护控制功能。下面分别介绍超速保护各功能块的工作原理。

1. 负荷部分下跌、快关中压调节汽阀功能

机组部分甩负荷状态是由再热蒸汽压力和功率信号的比较来确定的。在正常运行情况下，两者成一定比例；当部分甩负荷时机组输出功率急剧减小，两者差值达到某数值时，表明电力系统故障，在相关传感器无故障也无外部关闭汽阀请求的情况下，保护逻辑将使高、中压调节汽阀在 0.15s 内快速关闭。

2. 负荷下跌预测功能

负荷下跌预测功能基于热工过程变工况理论，即负荷大幅下降、再热蒸汽压力大幅度下降，OPC 压力也随之下降的规律，利用甩负荷时 OPC 压力变化，实现负荷下跌的预测功能。该功能在下述条件发生时起作用：①发电机励磁电路断路、汽轮机机械功率高于 40%额定功率；②发电机励磁电路断路、再热蒸汽压力出现低限故障。

3. 超速保护控制功能

超速保护控制功能是由逻辑系统实现的。在 OPC 处于非机组测试期间，无论是转速控制还是负荷控制，只要转速测量可靠、转速达到 103%额定转速时，超速保护控制系统

都将发出信号，关闭高压、中压调节汽阀。

为了保证系统工作的可靠性，主要信号均采用三选二逻辑，并增加了 OPC 的在线试验性能，在线试验包括 OPC 电磁阀、103%超速、110%超速和危急遮断试验。

四、汽轮机危急遮断系统

（一）汽轮机危急遮断系统的任务及保护项目

汽轮机危急断系统（emergency trip system，ETS）的任务是当汽轮机出现险情时，快速关闭所有进汽阀门，以保护汽轮机设备的安全。

汽轮机危急遮断系统监视汽轮机的某些重要参数，当这些参数超过其运行限制值时，该系统就快速关闭所有汽轮机蒸汽进汽阀门。

机组 ETS 的主要保护项目有超速保护、轴向位移保护、轴承润滑油油压低保护、凝汽器低真空保护、抗燃油油压低保护等。

上述各项保护功能是由各自通道接收控制继电器或逻辑开关的触点信号，直接引至 ETS 保护动作的。根据机组各系统的联锁保护设计，用户通常还设置的保护项目有汽轮机手动停机、主燃料跳闸、锅炉手动停炉、发电机跳闸、高压缸排汽压力高限、汽轮机振动大等。

（二）危急遮断系统基本原理

危急遮断系统由电气跳闸系统、机械超速跳闸装置、超速保护控制器组成。电气跳闸系统动作自动泄油，并同时关闭高压主汽阀、高压调节汽阀、中压主汽阀、中压调节汽阀。机械超速跳闸装置动作，首先使隔膜阀动作，然后才使母管泄油，各汽阀关闭。OPC 动作仅使高压调节汽阀和中压调节汽阀关闭。

为了提高保护系统的可靠性，ETS 通常采用两条跳闸回路和重要跳闸条件冗余设置，具有在线试验手段。两路跳闸电磁阀采用经常通电状态，当跳闸条件出现时，电磁阀断电，跳闸回路泄油。重要跳闸条件采用多个变送器，并将测量的结果通过三选二逻辑表决电路。

汽轮机常见的保护系统组成结构有纯电路组成、电路和机械液压联合组成两种。

（三）电磁阀及控制块

危急遮断系统由装设遮断电磁阀和状态压力开关的危急遮断控制块、装设试验电磁阀的试验遮断块、装设电气和电子硬件的控制柜、遥控试验操作盘组成。

1. 危急遮断控制块

超速保护和危急遮断的组合机构统称为控制块。控制块布置在汽轮机前轴承处，其主要组成是 2 个 OPC 电磁阀、4 个 AST 电磁阀。

当 OPC 系统动作（如转速达到 103%额定转速）时，OPC 电磁阀被激励通道信号打开，OPC 总管泄去安全油，快速卸荷阀随之打开并泄去油动机的动力油，使高压和中压调节阀关闭。

2. 超速保护电磁阀

超速保护控制系统的两个 OPC 电磁阀组成并联回路，只要有一路 OPC 电磁阀动作，便可打开高压、中压油动机的快速卸荷阀，释放油动机内的控制油，快速关闭调节汽阀，防止超速。调节汽阀重新开启是由DEH控制器根据故障分析结果发出指令来控制的。

采取并联连接方法可以做到：①一路OPC不起作用时，另一路仍可工作，确保系统的可靠和机组的安全；②可以进行在线试验，即当一个回路进行在线试验时，另一路仍具有连续的保护功能，避免保护系统失控。

OPC电磁阀只对电气跳闸系统来的信号产生响应，如机组负荷下跌引起机组突然升速，或其他原因使机组超速达到103%额定转速时，由DEH控制器对电磁阀发出指令，通过快速卸荷阀把高压、中压调节汽阀油动机内的控制油泄去，从而关闭调节汽阀，防止继续超速而引起AST电磁阀动作。与此同时，止回阀的逆止作用保证AST遮断总管不会泄油，使各主汽阀仍保持在全开状态。在各调节汽阀关闭，机组的转速下降后，DEH控制器重新发出指令关闭OPC电磁阀，OPC总管重新建立油压，调节汽阀恢复控制任务，采取并联回路可避免机组停机，减少重新启动的损失。

3. 止回阀

两个止回阀（即单向阀）一个安装在自动停机危急遮断AST油路中，另一个安装在超速保护控制OPC油路中。当OPC电磁阀动作、AST电磁阀不动作时，单向阀维持AST油路的油压，使高压、中压主汽阀保持全开，待转速降低到额定转速时，OPC电磁阀关闭，高压、中压调节汽阀重新打开，继续行使控制转速的任务。当AST电磁阀动作、OPC电磁阀不动作时，AST油路的油压下降，OPC油路通过两个止回阀的油压也下降，此时关闭所有的进汽阀，机组停机。

4. 空气引导阀

空气引导阀用于控制供给气动抽汽止回阀的压缩空气。空气引导阀由一个油缸和一个带弹簧的阀体组成。当OPC母管有压力时，油缸活塞往外伸出，空气引导阀的提升头便封住了通大气的孔口，使压缩空气通过此阀进入抽汽止回阀的通道，打开抽汽止回阀。当OPC母管失压时空气引导阀由于弹簧力的作用而关闭，使抽汽止回阀快速关闭。

（四）危急遮断试验盘

危急遮断试验盘是危急遮断系统操作机构，运行人员可通过它控制ETS系统的功能实现，并对组成系统的各部件状态进行试验和考核。同时，机组是否遮断的信息也可由它反馈给运行人员，危急遮断试验盘由状态监视灯、操作按钮、功能选择开关和钥匙开关组成。

危急遮断系统设计为双通道，每一通道均可进行在线试验，也可在任一时刻试验某一通道的遮断功能。试验通道的遮断功能可将对应的通道选择开关置于相应的位置，两只选择开关相互闭锁，每次只允许一个通道进行试验。

（五）遮断电气柜与遮断继电器逻辑

ETS控制继电器逻辑的硬件由电气遮断组件、电源板、继电器板、遮断和保持继电器板以及端子排等组成，这些硬件统一布置在遮断电气柜内，承担遮断全部保护项目的控制任务。

1. 轴承油压过低保护

汽轮机的转动部分与静止部分之间不允许相互碰撞，每个部件的稳定运行都是反映机组安全运行的重要参量，而它们的稳定运行又是通过稳定油膜的建立来保证的。破坏油膜稳定的因素很多，如润滑油油压、油温、油质，轴瓦与轴的间隙，乌金脱落，发电机或励磁机漏电等。一旦油膜遭到破坏，除引起轴承烧瓦事故外，还将产生转子轴颈局部受热发生弯曲，轴承剧烈振动，转动部分与静止部分之间摩擦或碰撞等严重的后果。由此可见，严密监视轴承的工作状态是维持机组安全运行的重要措施。

轴承发生烧瓦事故时，轴承润滑油温度、推力瓦和轴承温度将升高，而轴承油膜压力则迅速下降，所以在系统设计中，对轴承油压过低进行保护。一旦此工况发生，将立即遮断机组的运行。轴承金属和油的温度的监视与控制则由自动程序控制功能（ATC）完成。

机组正常运行时，主油泵提供润滑油系统的全部用油。任何停机或偶然事故引起轴承油压降低到开关整定值时，交流轴承油泵和交流密封油备用泵同时启动，为机组提供所需的全部用油；若油压继续下降时启动直流紧急油泵，轴承油压过低保护动作，机组跳闸停机。

2. 凝汽器真空过低保护

汽轮机运行中，真空下降现象比较常见，汽轮机在运行中发生真空下降会对机组的经济性和安全性产生较大的影响。真空下降将使蒸汽在汽轮机内的焓降减小，从而减小机组的出力和降低热效率，一般真空下降1%，汽耗（每产生1kW·h的功率所耗费的蒸汽量）增加1%～2%。汽轮机真空下降，使排汽温度升高，造成低压缸热膨胀变形和低压缸后面的轴承上抬从而使机组的中心偏移发生振动；也会使凝汽器铜管的内应力增大，以致破坏凝汽器的严密性，还会使低压端部轴封的径向间隙发生变化，造成摩擦损坏。

凝汽器真空下降的原因难觅且降落的速度较快时，可能造成严重的事故，为此必须设置凝汽器低真空保护装置。

3. EH 油油压低保护

EH 油系统的任务之一是维持油压一定，为机组正常的转速与负荷控制提供保证。正常的 EH 油油压是机组启动和正常运行的先决条件。EH 油系统故障将引起 EH 油油压下降。当油压降低到一定值时，EH 油压保护组件将发出低油压报警；当油压进一步降至跳闸值时，机组跳闸。

轴向位移测量装置由测量盘和传感器组成。测量盘装在推力轴承附近，用来测量转子向机头侧和发电机侧两个方向的轴向位移，测量盘和传感器之间间隙的变化表现为轴向位移的变化。

传感器提供的信息有报警和遮断两种监控功能。报警功能表现为轴向位移超过第一个规定值，继电器向运行人员发出报警信号以提醒注意；遮断功能表示轴向位移已增加到第二个规定值，机组转动部分与静止部分即将接触，监控系统一方面通过声光发出汽轮机遮断状态，另一方面使继电器遮断触点动作，通过危急遮断系统使汽轮机紧急停机。

4. 遥控遮断保护

危急遮断系统提供一接口，可接受外部遮断汽轮机的命令。对于单通道系统，想试验遥控通道而又不引起停机是不可能的，解决这个问题的办法是采用双通道，这样就可以在进行单通道试验的同时，系统仍具有遥控危急遮断的功能。

（六）机械超速危急遮断系统

DEH对转速的保护是多重的。机械超速危急遮断系统是一个独立的系统，与常规液压控制系统中的超速保护基本相同。

机械超速危急遮断系统与电气超速系统互为独立，机械超速危急遮断系统采用的是与润滑油主油泵相连接的油系统。当机组正常运行时，脱扣油母管中的油经节流后分两路进入危急遮断油滑阀，其中一路经二级节流后作用在危急遮断滑阀，并使之压紧在阀座上，以防止滑阀泄油；另一路是经过超速保护试验滑阀后再进入危急遮断油滑阀，由于该滑阀左侧的面积小于右侧的面积，所以油压的作用力把滑阀推向左侧，并把蝶阀压在阀座上，堵住了泄油孔，因而脱扣油母管中的油压等于主油泵出口的油压，遮断系统处于等待备用状态。

飞锤出击转速一般为额定转速的110％～112％。当机组正常运行时，飞锤因偏心所产生的离心力不足以克服弹簧反方向的约束力，飞锤不出击。当机组超速时，随着转速的增加偏心距加大，离心力也相应增加，虽然随着偏心距的增加，弹簧的约束力也有所增加，但到达整定转速后，由于离心力增加较快，弹簧迅速地克服约束力并使飞锤出击。出击的飞锤撞击在脱扣碰钩上，使碰钩围绕其转轴旋转，带动危急遮断滑阀向右运动，蝶阀离开其阀座并泄油，导致机械超速系统与手动遮断母管的油压降低，隔膜阀也因其上部油压的降低而打开，危急遮断油总管泄油并失压，从而使主汽阀和调节汽阀关闭，切断汽轮机的全部进汽，使机组停机。

机械遮断系统动作、汽轮机停止进汽后，转速逐渐下降，由于离心力降低比约束力降低快，当转速降低到遮断值以下时，弹簧的约束力使飞锤退回到出击前的原位，飞锤复位对应的转速，称为复位转速。为了方便机组重新启动，一般复位转速稍高于额定转速。

由于脱扣碰钩转动时可使曲臂脱钩，曲臂受弹簧的拉力作用而向下转动，所以当飞锤复位后，若要重新建立脱扣油压，运行人员必须手动复位，使曲臂转动并重新返回到挂钩位置。

手动复位即用手推动手动遮断和复位杠杆至复位位置，可使危急遮断滑阀左移，滑阀中的蝶阀压在阀座上，阻止了机械超速系统和手动停机总管中的脱扣油泄掉，使隔膜阀下移，危急遮断油路（AST）的油压重新建立，此时机组才能重新开机。当超速遮断机构已经遮断机组，危急遮断系统需要重新复位时，必须等待转子转速降低，并在飞锤恢复到正常的位置以后才能进行操作。

除了就地手动复位外，为了在控制室进行操作还设有遥控复位装置。该装置由遥控复位油缸、四通电磁阀、活塞连杆和复位—遮断杠杆等组成。油缸的两端设有缓冲装置，用四通电磁阀来控制油缸的进油，油缸用螺钉紧固在前轴承箱的支架上，使气缸活塞端的连杆与用销钉固定于超速遮断机构的复位—遮断手柄轴上的杠杆相连接。

在复位挂闸前，四通电磁阀断电，由润滑油系统来的润滑油经过四通电磁阀进入油缸下部，油缸活塞上部与大气相通，将活塞推到高限，并可由行程开关指示出油缸内活塞位置是否在正常位置。

当欲重新挂闸复位时，在控制室内按下复位按钮使四通电磁阀通电，四通电磁阀改变其通道位置，将润滑油通到油缸上端，而下端通大气，润滑油推动活塞下移多，经过杠杆使手动遮断与复位杠杆转动到复位的位置上。遮断滑阀复位重新建起机械超速和手动停机母管中的油压，手动遮断杠杆与复位杠杆亦回到正常位置，行程开关指出挂闸复位状态，并且使四通电磁阀断电，这时润滑油又改通油缸活塞下部，油缸活塞恢复到正常位置。此后，只要危急遮断滑阀仍旧关闭，复位手柄就一直保持在正常位置，等待下一次的遥控复位指令。

机械超速保护装置可做手动遮断试验、充油试验、超速试验。进行这些试验中的任何一种试验时，必须先用手将试验杠杆拉到试验位置上去，以切断机械超速系统和手动遮断总管中脱扣油去危急遮断滑阀的主通道。试验期间若危急遮断滑阀右移，由于主通道被切断，机械超速系统和手动遮断总管中的脱扣油只能从节流孔中被泄出，且油量较小。在这种情况下，脱扣油压只是稍有降低，不会引起危急遮断油路泄压，因而不会导致机组停机，可以保证试验正常进行。

上面所述的任何一种试验做完后都必须进行复位。如果用手动复位，应将手动遮断复位杠杆拉回到复位位置。若危急遮断滑阀复位后，即滑阀左移不泄油，机械超速系统和手动停机母管中的油压重新建立，则手动遮断和复位杠杆返回到正常位置。

当试验及复位工作完成后方可松开试验杠杆，杠杆在弹簧拉力作用下转回到正常工作位置，此时试验才完全结束。

思考题

1. 快速卸荷阀的作用是什么？
2. 什么是危急遮断系统？
3. DEH冗余数据高速公路中的各节点的状态，分别是什么含义？
4. DEH进行阀门试验的条件是什么？
5. DEH投入遥控方式时必须具备的条件是什么？
6. DEH系统中所指的单/顺序阀控制是何种控制方式？
7. 汽轮机的调速系统有何要求？
8. 如何利用DEH系统进行超速保护试验？
9. 止回阀的作用是什么？
10. 隔膜阀的作用是什么？

第六章

汽轮机安全监视系统

随着汽轮机组容量的不断扩大，蒸汽参数越来越高，热力系统也越来越复杂，汽轮机本体及其辅助设备需要监测的参数和保护项目也越来越多。汽轮机是在高温、高压条件下工作的高速旋转机械，为提高机组的热经济性，大型汽轮机的级间间隙、轴封间隙选择得都比较小。在启、停和运行过程中，如果操作、控制不当，很容易造成汽轮机动静部件互相摩擦，引起叶片损坏、主轴弯曲、推力瓦烧毁甚至飞车等严重事故。

为保证汽轮机组安全、经济运行，必须对汽轮机及其辅助设备、系统的重要参数进行正确有效的严密监视。当参数越限时，发出热工报警信号；当参数超过极限值危及机组安全时，保护装置动作，发出紧急停机信号，关闭主汽门，实现紧急停机。

汽轮机安全监视系统是一种监测大型旋转机械运行参数的多路监控系统，用于全面、连续地监测汽轮机组转子、汽缸、轴承等部件的重要机械量运行参数，提供显示、记录、报警、保护信号，还可提供用于故障诊断的各种测量数据。

近年来，大型汽轮机组普遍安装成套的汽轮机安全监视系统。主要包括美国本特利公司的3500系列和德国飞利浦公司的MMS6000系列等，这些系列汽轮机安全监视系统以其高可靠性为大型汽轮机组的安全运行提供了保证。

第一节　汽轮机安全监视系统

一、概述

汽轮机安全监视系统（turbine supervisory instrumentation，TSI）是监测、保护汽轮发电机组安全运行的重要设备，它能连续、准确、可靠地监视汽轮发电机组在启动、运行和停机过程中的重要参数变化，如汽轮机转速、轴位移、相对膨胀、热膨胀、偏心、振动、阀位等。

考虑到测量精度、可靠性、使用寿命、制造工艺、传感器精度和稳定性方面的因素，大中型机组装备的TSI以引进的德国飞利浦（现改为epro）公司和美国本特利公司的产品为主。

汽轮机监测保护系统分为汽轮机安全监视系统和瞬时数据管理系统两部分。

（1）汽轮机安全监视系统对机组的转速、振动、偏心、膨胀、胀差以及轴位移等进行测量，并输出报警及停机信号到ETS和DCS。

（2）瞬时数据管理系统（turbine diagnosis management，TDM）由分析处理器

(analysis processor，AP）和安装在工程师站的观测站（view station，VS）组成，分析处理器接收 TSI 来的振动和键相信号并进行分析处理，然后将结果显示在观测站上。分析处理器和观测站通过以太网连接。

二、系统构成

（一）构成

数字式 TSI 由传感器系统和监视仪表两部分组成，这两部分一般由汽轮机厂家配套提供。传感器系统包括探头、预制电缆、前置器、传感器安装支架等；监视仪表包括框架、电源、测量模块、软件及机柜等。

（二）300MW 以上机组 TSI 传感器的基本配置

（1）转速、零转速、超速三取二。

（2）轴向位移（4 通道测量）。

（3）相对膨胀。

（4）轴振动（包括 x 和 y 向）。

（5）瓦振（无停机值，只作为监视用，垂直方向安装）。

（6）偏心。

（7）键相。

（8）热膨胀（左右）。

（三）测点位置

TSI 的测点位置是汽轮机设计时选定好的，每个测点都具有代表性，在以后的安装调试中不得更改。哈尔滨汽轮机厂 600MW 机组测点示意如图 6-1 所示。

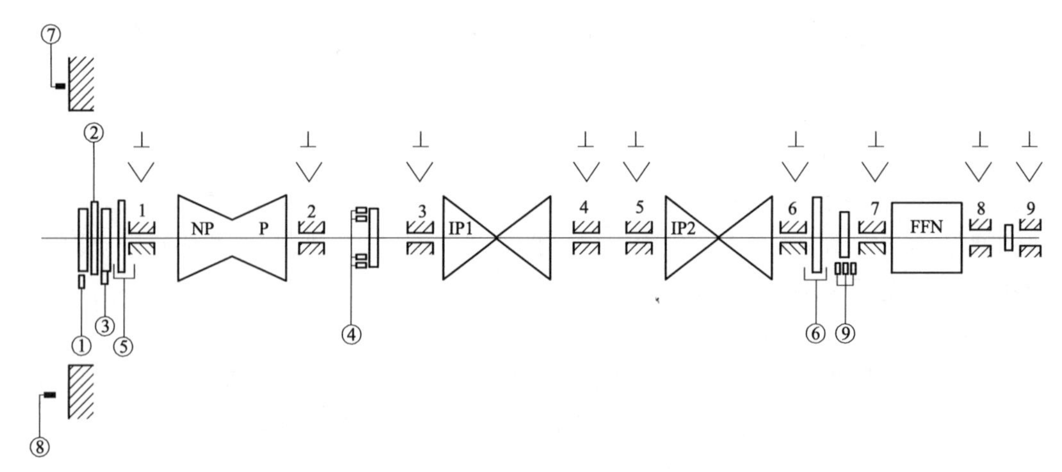

图 6-1　哈尔滨汽轮机厂 600MW 机组测点示意

①—偏心测量；②—键相；③—转速、零转速；④—轴向位移；⑤、⑥—相对膨胀；

⑦、⑧—汽缸绝对膨胀；⑨—超速三取二；╲╱—轴沿 x 和 y 方向的振动；

⊥—轴承盖的绝对振动；1～9—轴承编号

三、模块功能介绍

（一）电源

一般情况下，TSI的内部供电由电源模块统一提供，TSI框架中配有固定的电源槽位。一般TSI都安装有两个电源模块以提供冗余直流电压，电源模块通过总线板给整个框架模块供电，其输入为两路交流或直流220V，其中一路断电时，可自动无扰切换到另一路，并可在线更换。前面板有各电源输出电压OK指示灯，后面板有电源接线端子、失电报警输出等；电源内部应有熔断器。

（二）CPU模块

CPU模块位于TSI框架上的固定槽位，用于读取和下载系统组态的信息，管理各测量采集模块，实现与上位机或其他系统的通信，CPU模块有系统工作状态显示和在线自检等功能。在系统投运前，CPU模块通过串口完成对框架中各个模块的组态工作；系统运行时，由CPU模块采集数据，并在计算机中显示系统实时测量数据。某汽轮机厂SG2000CPU模块通信示意如图6-2所示。

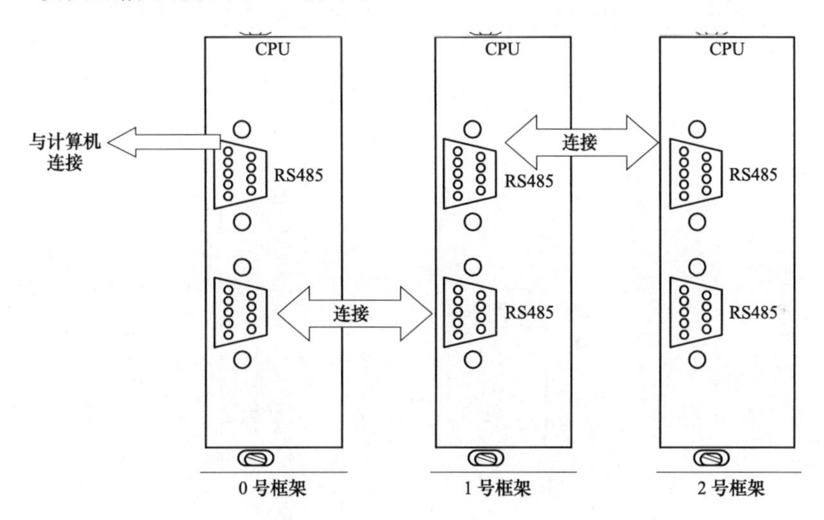

图6-2　某汽轮机厂SG2000CPU模块通信示意

图6-2中的每个框架后面板有两个RS485，前面板有一个RS485。将0号框架中的任一个RS485与1号框架的一个RS485连接，计算机与0号框架或1号框架的其他RS485连接，与计算机相连的电缆通过RS458/232转换器连接到计算机的串口上。可以将多个框架连接到一台计算机，通过计算机对这些框架进行组态，也可以在计算机的显示软件中同时显示这些框架模块的运行数据。

（三）转速测量模块

转速测量模块具有对轴的旋转速度进行连续监测的功能。转速测量模块能接收趋近式涡流探头、磁阻式探头和霍尔元件的信号，经过实时监测计算转速的变化情况，并输出转速信号。转速测量模块可通过软件编程设置上限或下限输出的报警信号，用于汽轮机的超速报警、停机和零转速联锁等。转速测量模块可同时提供一路键相信号，并将键相信号通过总线板送到其他测量模块；转速测量模块可通过计算机对转速模块的通道单独进行组态。

转速测量模块有 4～20mA 模拟量输出，该模拟量输出可对应到软件上设置的测量范围；当转速达到报警值时，报警信号通过总线板送到继电器模块，在继电器模块中进行逻辑组态后输出。

一般的转速测量模块在组态前可任意插在 TSI 框架 1～7 槽的任何位置，模块可以热插拔，在线更换而不影响其测量。一般情况下零转速测量采用电涡流传感器，本特利公司的零转速测量需要两路涡流传感器信号的接入。

采用磁阻探头测量汽轮机转速时，在比较低的转速下可能测量不准确，这与磁阻式探头的测量原理有关。

转速测量时对测速齿轮应有一定要求，一般要求齿数可为 60 齿，模数应不小于 3。现场安装涡流传感器时，其安装间隙为（1.25±0.2）mm；安装磁阻传感器时，其安装间隙为 0.5～0.8mm。安装霍尔效应传感器时其安装间隙为 1.0mm，且应该注意传感器上的标志只能平行于测速齿轮。

安装涡流传感器和磁阻传感器时的接线示意如图 6-3 所示。

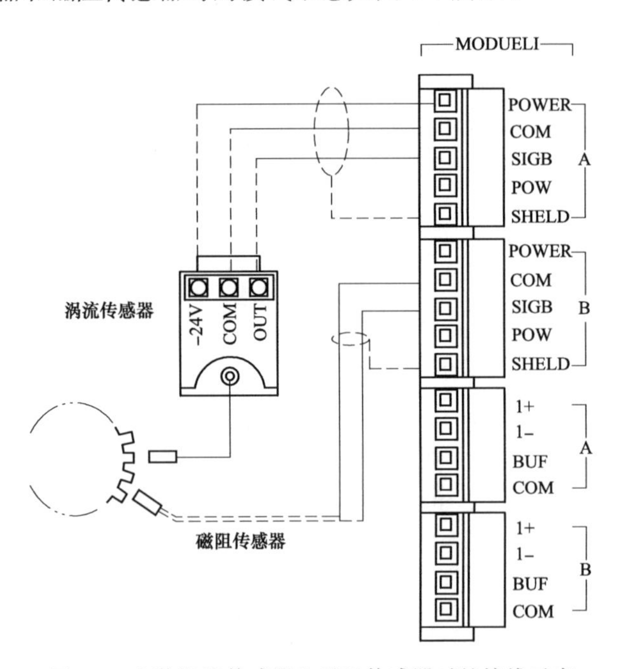

图 6-3　安装涡流传感器和磁阻传感器时的接线示意

（四）位移测量和相对膨胀测量模块

位移测量和相对膨胀测量模块可用来监测汽轮机转子的轴向位移和相对膨胀变化情况。

轴向位移监测用来间接监测汽轮机推力轴承磨损情况，是汽轮机的重要监测项目。在汽轮机运行中，如果由于某种原因造成轴向推力过大时，推力轴承过负荷，破坏油膜，将会使推力轴承的巴氏合金熔化，此时汽轮机转子就产生了不允许的轴向移动，致使机组动静部分摩擦，严重时可导致设备损坏事故。轴向位移监测的主要目的是保证消除机组转子和定子之间的轴向摩擦，当被监测的轴向位移超过正常工作范围并达到一定数值后，首先发出报警信号提醒运行人员进行检查处理，若轴向位移继续增加到某一危险数值时，监测系统将发出危险信号迫使汽轮机停机。

汽轮机在启动、暖机、升速以及停机过程中，或在运行中工况发生改变时，由于温度变化可能引起转子和汽缸之间产生不同的膨胀，若此膨胀的差值超过了轴封及动、静叶片间正常的轴向间隙时，就会使动、静部件发生摩擦，引起机组强烈振动，以致造成机组损坏事故。

相对膨胀监测的主要目的是避免转子和汽缸之间产生过大的膨胀差，当由于某种原因产生的胀差值达到一定界限时，监测系统就会发出报警信号提醒运行人员采取措施减小胀差值，若胀差值继续增大达到危险状态时，监测系统发出危险信号迫使汽轮机停机。

通常轴向位移和相对膨胀的报警和危险信号通过测量模块输出，或通过总线板送到继电器模块，在继电器模块中进行逻辑组态后输出无源接点。

位移测量和相对膨胀测量模块的每个通道都有与软件设置的测量范围相对应的4～20mA模拟量输出，其输出负载能保证不低于500Ω，且4～20mA输出可通过软件在线调整。该模块有传感器信号缓冲输出，可方便地接到其他系统中。

多数情况下轴向位移的测量范围为0±2mm，传感器采用电涡流探头，灵敏度在4V/mm左右。

轴向位移测量模块一般安装于汽轮机推力轴承的位置，在现场安装时应保证传感器支架的牢固。一般规定以转子向发电机移动的方向为轴向位移的正向，因此在调试时应该注意轴向位移的方向和传感器探头的朝向。另外，零位确定也是一个调试要点，通常规定转子的零位以推力盘在中间位置为准，或可规定推力盘靠紧工作瓦面时为轴向位移的零位。在调试之前，需要与汽机专业的安装人员协调推轴事宜，以确定转子的真实位置。传感器定位时需要系统通电，并且测量模块已经组态设定完成。汽轮机相对膨胀测量模块在现场调试时的要求与轴向位移测量模块的要求大致相同，不同的是相对膨胀测量模块在确定方向时应以推力轴承为基准点，当转子膨胀大于汽缸时为正差，反之为负差。在调试相对膨胀时应确定机组处于冷态。

（五）轴承振动监测模块

汽轮机在启动和运行中产生不正常的振动是较普遍的现象，而且是一个严重的问题，振动过大会造成机组损坏，甚至发生严重事故。为了使机组在启动和运行中能安全经济地运行，必须在每个轴承上监测轴承的绝对振动和相对振动，轴承绝对振动的幅值和强度能准确地反映出机组安装及调试的优良程度。轴承振动监测模块采用机械的、灵敏的速度式传感器，对振动速度有效值和振动幅值进行测量，该监测模块对速度信号进行电子积分，获得振动幅度峰—峰值。当振动烈度或幅值达到某一定值时，系统将发出报警或危险信号。

1. 振动的监测项目

汽轮机组的振动监测项目包括轴承座的绝对振动，主轴与轴承座之间的相对振动和主轴的绝对振动，监测参数包括测振点的振动幅值、相位、频率和频谱图等。振动测量传感器可分为接触式和非接触式，接触式又可分为磁电式、压电式等，非接触式又可分为电容式、电感式和电涡流式等。汽轮机振动传感器大多应用磁电式和电涡流式传感器。

2. 振动的监测方法

轴的相对振动测量能最直接地反映转子的状态，通过电涡流式传感器非接触测量，由轴承振动监测模块计算出转子相对于轴承的振动幅值，同时可将每个轴承上互成90°安装的传感器信号通过传感器缓冲输出端口送给振动诊断及分析系统。振动监测示意如图6-4所示。

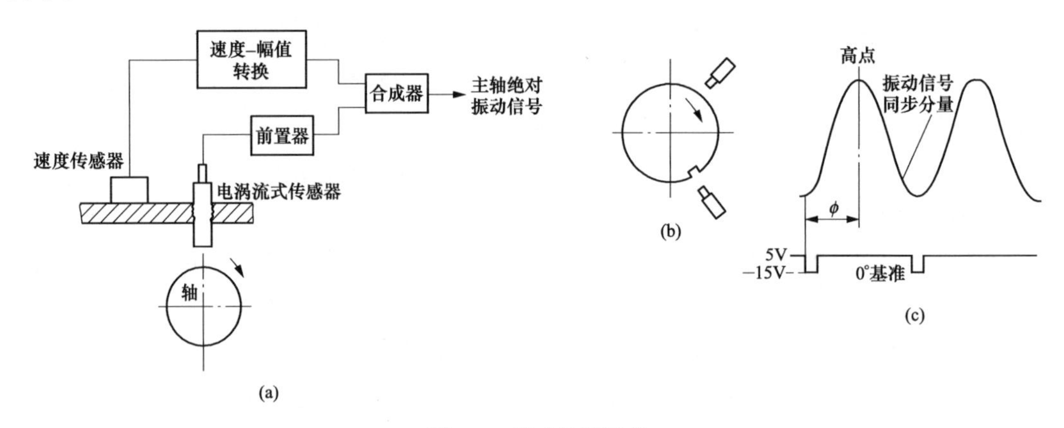

图6-4 振动监测示意

(a) 绝对振动信号计算示意图；(b) 相对振动探头安装示意图；(c) 振动诊断分析波形示意图

振动监测模块每个通道有与软件设置的测量范围相对应的4～20mA模拟量输出，且4～20mA输出可通过软件在线调整，轴承振动的测量可通过软件来选择输出振动速度有效值或者振动位移峰—峰值。对汽轮机来说，一般情况下转速大于300r/min时，振动测量值才进入正常指示状态。

由于振动测量的传感器信号是比较小的交流电信号，因此很容易受到干扰，所以在一般的测量电路中都设置有一些专业的滤波功能，同时在接线方面应按照各自设备的要求处理好系统接地与屏蔽，以便更有效地抑制干扰信号。

（六）偏心监测模块

汽轮机在启动冲转前必须检查转子的弯曲情况，如果弯曲程度达到某一界限值时不允许启动汽轮机，此时要低转速盘车，使转子的四周温度均匀，逐渐减小大轴弯曲程度，使之达到启动汽轮机组的必要条件。偏心监测模块利用偏心传感器和键相传感器的输出信号来测量转子偏心的峰—峰值。键相是指轴每转动一周发生一次事件的标记。键相信号在振动分析系统中是不可缺少的信号。

偏心测量只有在转子盘车或低速旋转时才有参考价值。

（七）汽缸膨胀监测模块

汽轮机在启动过程中，随着转速的上升、进汽量的加大，汽缸温度缓慢上升，这时汽缸开始膨胀，如果汽缸受热不均匀，就会出现扭胀的现象。出现扭胀现象时需要进行暖机运行，当扭胀现象消失时方可继续冲转。汽缸膨胀监测模块可以连续监测机组两侧汽缸的膨胀，监测模块通过安装在汽缸两侧的两个线性差动传感器（LVDT）来获取信号。

（八）继电器模块

TSI框架内所有的报警和危险停机信号输出在整个监测系统起至关重要的作用，在有些系统中采用继电器模块的方式输出接点信号。在继电器模块中，可以对本框架投入运行中的测量模块的报警和危险进行逻辑组态，每个测量模块中的报警和危险停机状态量是通过总线板送到安装于在框架内的继电器模块中。

（九）系统通信与接口

TSI均留有对外的通信功能接口，一般有串口或以太网接口，可通过专用的网关模块，或者通过CPU模块实现通信功能。数据传输采用标准的MODBUS协议，与4～20mA输出比数据通信的可靠性可能降低，因此通信数据传输可作为硬接线数据传输的一种备用手段。

现场在系统组态完成后，应将配置的通信内容提供给上位机系统，以便上位机配置通信内容，具体内容包括通信端口、波特率、寄存器类型、数据类型、数据地址号、量程范围、工程量单位等。

四、组态

对数字电路系统，组态软件是系统运行所必需的。通过组态软件可设置系统的基本工作参数，如测量范围、报警值、报警延时、线性修正等。当系统模块处于组态状态时，其报警和危险值将被抑制。组态软件可同时对四个TSI框架进行组态。TSI的组态一般包括：

（1）通信设置：一般包括端口号、波特率等设置。

（2）设备的连接。

（3）数据上传、数据下载。

（4）打开文件和保存文件。

对系统模块组态时，应先根据工程的需要对各个测量模块进行设置，设置完成后系统才可以投入使用。

五、安装要点及示值异常的鉴别

TSI是火电机组最重要的保护系统之一。机组在正常运行时，偶然会出现TSI参数显示异常，运行人员出于对机组安全的考虑，往往通知检修人员进行消缺处理。然而检修人员对相关测量通道进行缜密地检查后，仍然未发现问题所在，随着时间的推移原来出现异常显示的测点又恢复了正常，这使检修人员感到困惑。以下介绍TSI的安装要点及参数指示异常的鉴别方法，给TSI检修人员提供参考，以便其更好地工作。

（一）TSI装置安装及运行要求

（1）TSI控制装置的安装，应在有可能对其造成损伤的其他安装工作结束后进行，否则应采取防护措施。

（2）安装环境要求合格。无电磁干扰；环境温度、湿度满足要求；空气中的粉尘量应满足国家标准；具有防火保护。

（3）系统接地合格。TSI 需要一个完善适当的接地系统，良好的接地系统可有效地抑制外界干扰，减少设备停机时间，以保护设备、人身安全。

（4）检查 TSI 供电电源（可靠性、电压稳定性等），测定线路绝缘电阻符合规定后方可送电。

（5）TSI 装置在供电处于正常状态时，检查过程输入/输出合格，系统抗干扰能力合格。

（6）在机组投运前，油系统运行温度、颗粒度、油质清洁度、含氯量、含水量、酸值必须满足运行要求。

（7）机组各部套齐全，各部套、各系统均按照制造厂家提供的图纸、技术文件和安装要求进行安装、冲洗、调试。调试完毕后各部套、各系统连接牢固、无松动和泄漏，各运行件动作灵活、无卡涩。

（二）TSI 的安装调试要求

正确地完成 TSI 的现场安装和调试，是保障 TSI 准确测量、正确动作的先决条件。在系统的安装和调试过程中，要做到如下方面：

（1）合理准确地安装和定位测量传感器、传感器支架。

（2）规范连接测量线路。

（3）正确设置运行、报警和保护参数。

（4）在整个安装和调试过程中，要记录每一个作业环节，真正做到有据可查、有章可循，确保各个工作环节均正确无误。

安装和调试需要进行以下工作：

（1）传感器的安装位置要合理，以求最大限度地反映出机组轴系在安装位置变化的真实情况。

（2）传感器安装支架的刚性、机加工精度、移动和固定方式等既要满足测量要求，又要便于安装、定位和检修。

（3）对于新购置的传感器，初次安装可免去校验过程（也可以根据条件进行校验，保存原始数据）。对使用过的传感器，安装前最好进行常规检验，以便做到心中有数。对线性或频率响应较差的传感器，安装前要进行线性调校或更换。

（4）系统安装前，对各测量模块的各个通道功能要进行常规检验。有条件的可以利用标准信号源进行定量校验。

（5）传感器延长电缆、前置器、测量链路的线路连接要正确、牢固，屏蔽和接地良好。

（6）对电涡流式传感器，最好同与其配对的前置器成套安装。

（7）对有源转速传感器，除注意合理的安装间隙外，更要注意正确的安装方向。

（8）对于轴位移、胀差和缸胀传感器，安装定位时要注意安装方向与运行人员习惯的测量指示方向相一致。

(9) 传感器准确定位后，可以利用推轴（有条件的情况下）或塞尺对各测量回路进行定性和定量检验。

(10) 对测量链路的自监测功能进行检验。

(11) 对冗余电源系统进行掉电或切换试验。

(12) 正确设置运行、报警和保护参数。

(13) 有条件的情况下，可利用模拟信号对整个测量系统进行功能性测试。

(14) 要详细记录安装调试中涉及的所有数据并整理存档，以备日后核查。

（三）TSI 调试工作内容

1. 静态调试

(1) 接线检查。TSI 在长途运输及电厂安装过程中，控制柜的连线及电缆可能会产生一些松动，因此在信号检测和调试前进行接线检查是必需的。

1) 电缆检查。所有电缆应完好无损，电缆内信号线两端应导通，且线与线之间以及线与电缆屏蔽层之间应绝缘良好，否则应更换电缆。检查所有电缆的空余芯和屏蔽层是否接地，要求其在 TSI 机柜内接地，接地良好，空余芯和屏蔽层的另一端应与地绝缘。

2) 检查各电缆连接是否正确。

3) 根据机柜接线端子图，检查所有外部信号接线是否正确。

4) 检查机柜内原有接线是否松动，并根据端子号将松动的线接紧；检查机柜内所有焊点是否可靠，查看有无脱焊现象。

(2) 传感器检测。TSI 的控制和监视参数均是经传感器感测后送入装置的，传感器工作正常与否，直接影响系统运行的可靠性。因此，投运前应严格按信号清单上所注的测量范围检查标定传感器，并对传感器的外观、固定强度及固定精确度进行检查。

(3) 电源检查。包括电压测试、阻抗测试。

1) 电压测试：用电压表测量 TSI 电源输入处的 L-N、L-G、N-G 电压，同样也应测量其他机柜电源输入端子排上的电压。

2) 阻抗测试：测量设备接地线或零线的输入阻抗，其阻抗越小对设备、人身安全越有保障。

(4) TSI 装置安装完毕后，利用信号发生器通过端子排输入，检查所有模件的性能，要求单体设备检验合格。

(5) 机组人员和维护人员经过专门培训，熟悉各设备的位置、结构、原理、性能及紧急状态下的应急处理方法。

2. 动态调试

系统设备安装完毕、输入/输出信号正确、高低压油系统循环合格后，进行 TSI 系统的各功能调试和试验。

（四）调试方法和步骤

1. 技术准备工作

收集整理所需要的接线图、原理图、说明书，绘制必要的设备组件、状态灯及接线端子图、继电器布置图等，并审查图纸。

2. 一次元件的校验

在一次元件安装和 TSI 调试之前，根据生产运行提供的定值，完成一次元件的校验工作，并做好详细记录，妥为保存，以备试运行中检查和生产移交时使用。

3. 机柜设备通电前硬件及外部接线检查

（1）按供货清单和设备布置图检查机柜内部模件的型号、位置、地址开关设置是否正确。

（2）按厂家要求检查机柜接地线及连接方式是否正确。

（3）按设计图检查主机架、继电器柜、就地接线盒、就地一次元件及与 DEH、DCS 之间的电缆接线是否合格。

（4）检查电源系统，并测定其绝缘电阻是否合乎要求。

4. 机柜通电及测试

（1）检查机柜内总电源开关及分路电源开关是否处于断路位置，退出除电源模块外的全部功能模块，接通总电源，观察电源状态灯是否正常。

（2）在电源模件测孔处测量其空载电压。

（3）做两种电源切投试验，保证任何一路电源都能负担全部负荷。

（4）检查模块工作状态（灯）情况。

（5）检测负载电压是否合格。

5. 系统功能检查

检查系统之间及系统内部信号传输的正确性，并确认报警值和停机值。

（五）TSI 参数指示异常的鉴别

1. 静止阶段

TSI 安装调试结束、系统带电后，安装的所有测量通道均应指示出正确的运行参数。此时，轴位移测量、胀差测量、转速测量、键相测量、偏心测量、缸胀测量模块输出指示均应为 0；轴振测量和瓦振测量应有微小的输出值，该输出值由以下方面引起：

（1）传感器测量特性。

（2）模块测量方式。

（3）相邻运行机组的主、辅机设备引起的振动传递。

（4）该台机组启动前辅机设备运行引起的振动传递。

（5）DCS（或 DEH）对来自 TSI 的模拟信号进行数字转换偏移。

一般来说，系统安装调试结束带电后各振动测点的输出不应出现较大范围的波动。如果在此阶段某测点（或几点）出现较大的输出波动，可以确定为测量回路受到外来干扰（机组大的动力设备启动、线间干扰、测量回路屏蔽或接地不良等）。这时如果监视该通道的输入波形和快速傅里叶变换（fast fourier transform，FFT）输出，可以发现干扰频率大多为工频。

2. 盘车阶段

机组进入油循环和盘车阶段，轴系位置发生了改变，TSI 的参数输出也因此会发生明显变化。轴位移、胀差输出呈现自由状态（缸胀输出不变）；转速和键相输出为机组盘车转速；偏心值在轴系安装正常情况下应接近于主机设备出厂参数；轴振和瓦振测量输出较静止阶段也会有所变化，但变化幅度不大（一般盘车装置附近瓦振变化会略大些）。

在盘车阶段，要注意轴位移、胀差输出值的变化方向，变化方向应与轴系实际位置改变方向和运行人员习惯的方向相匹配。同时注意监视各振动测点有无突变现象，如果个别测点出现突变，在确定测量回路无接线松动、瓦振传感器无安装松动的情况下，重点检查和排除系统间的干扰问题。

3. 机组启动阶段

机组启动后，一般要经历升速、暖机以及机组常规的试验（电气试验、超速试验等），该阶段为机组启动阶段。在此阶段，由于机组各自的特性、轴系检修和安装的水平等不同，TSI 会出现各种各样的参数指示。由于缸内温升及压力的变化，轴位移、胀差、缸胀的输出指示会有显著变化（注意变化的方向）。机组启动阶段转速和键相应指示轴系实际的转速；偏心值输出的变化范围与传感器的安装位置和安装角度有关；轴振和瓦振的输出则与稳速暖机、过第一、第二临界点的运行过程相关。

由于所有的主、辅机设备均已进行了相应的操作，系统间干扰问题理应暴露无遗。轴位移、胀差、缸胀等参数在此阶段变化范围不会太大（变化趋势应一致），但轴振和瓦振会出现较大的变化。轴振、瓦振大范围波动主要是由过临界转速、轴系存在某些缺陷（不平衡、摩擦、局部松动等）造成的，待消除轴系的缺陷后，轴振、瓦振大范围波动的现象即可消失。

4. 正常运行阶段

正常情况下，当机组带负荷运行后，轴位移、胀差、缸胀、轴振、偏心和瓦振的输出参数，会随机组负荷的变化呈缓慢变化趋势。

尽管轴位移、胀差和缸胀参数的变化量不相等，但变化趋势应是一致的。机组带负荷正常运行时（额定转速 3000r/min），输出的偏心值接近或等于在同位置安装的轴振测点的输出值。同样，尽管在相同位置处的轴振和瓦振测点的输出变化量不相等，但变化趋势也应是一致的。

如果在机组正常运行阶段出现个别测点输出异常参数的现象（主要是某些测点的输出值大于运行人员记录的数据），可参考以下处理方法解决。这里要强调指出的是，在处理和解决这类问题前，检修人员必须对各测点安装和调试过程中的每一个环节做到心中有数，并确保测量通道和测量回路是正确的。

（1）轴位移、胀差、缸胀测量中，某一测点的输出值较检修前的数值偏大。除传感器支架刚性、安装位置松动的原因外，这类问题主要是由传感器的线性引起的。这类测量方式的输出与传感器的灵敏度和线性直接相关。由于电涡流式传感器，特别是测量范围较大的电涡流式传感器很难保证在整个测量范围内的每一点都保持线性关系，因此，原先测量输出的结果（采用模拟信号处理电路的 TSI）直接取决于传感器的灵敏度和线性（如传感器的灵敏度为 4V/mm，也就是说只有当前置器输出的电压在原基础上变化了 4V，测量模块才认为是轴系位移在原基础上变化了 1mm，但这往往与轴系实际位移不相符）。而新的 TSI，则完全按与轴系实际位移相等的数值输出（最大误差可测到千分表的读数误差），即现在的测量输出较以前更精确。因此，TSI 改造前和改造后存在某些读数上的差异就不足为奇。

（2）轴振测量中某一点的测量值发生突变，但同位置瓦振测量值变化不大。遇到这类问题时，检修人员不必紧张。在确信测量通道和测量回路正确的前提下，可密切关注该点的变化趋势。一般情况下，随时间的推移这种突变会自行消失。这类突变主要是由于机组轴系某些外界原因引起的随机谐振（油膜振荡、汽流振荡）所致。随着调速汽门及运行工况等的变化，这类突变也会因谐振条件的消失而使轴振输出变得平稳。

（3）瓦振测量中某一点的测量值发生突变，但同位置轴振测量值变化不大。造成这种现象主要有以下原因：①瓦振传感器直接安装在机体表面，很容易触及或者由于机械振动使固定传感器的螺栓发生松动；②凝汽器操作变化速率快引起凝汽器低频振动传递。发生这类低频振动对机组的安全危害不大，但可能会引起瓦振保护动作。此时，可借助 TSI 组态软件中的 FFT 功能进行分析和判断。读出 FFT 画面中的振幅和频率，可发现在振幅处的频率一般处在低频段。而机组正常情况下的振动频率应远远大于此值。

（4）轴振、瓦振测量中某一点（或几点）的测量值同时发生突变。这种现象在机组启动过程中（尤其是过临界点时）经常遇到，但在机组正常带负荷工况下，对大多数机组来说该现象出现的机会较少。随着负荷的变化，基于某些机组本身的特性，某些特定的机组上也可能出现这种现象。

发生这种问题时，首先要比照机组原先的运行记录。如果机组原先的运行记录（大多发生在改变负荷或调整运行工况时）就是如此，可密切关注一段时间；如果所发生的这种现象在原先机组的运行中从未有过，应及时报告，运行方面应采取必要的安全措施（适当减负荷等），此时对振动测量的保护必须投入。

（六）汽轮机实际故障及对策

1. 胀差来回波动

汽轮机转子与汽缸的相对膨胀称为胀差。习惯上规定转子膨胀大于汽缸膨胀时的胀差值为正胀差，汽缸膨胀大于转子膨胀时的胀差值为负胀差。根据汽缸分类又可分为高胀、中胀、低胀。

（1）胀差向正值增大的主要原因。

1）启动时暖机时间太短，升速太快或升负荷太快。

2）汽缸夹层、法兰加热装置的加热汽温太低或流量较低，引起汽加热的作用较弱。

3）滑销系统或轴承台板的滑动性能差，易卡涩。

4）轴封汽温过高或轴封供汽量过大，引起轴颈过分伸长。

5）机组启动时，进汽压力、温度、流量等参数过高。

6）推力轴承磨损，轴向位移增大。

7）汽缸保温层的保温效果不佳或保温层脱落，在严冬季节里，汽机房室温太低或有穿堂冷风。

8）双层缸的夹层中流入冷汽（或冷水）。

9）胀差指示器零点不准，引起数字偏差。

10）对多转子机组，相邻转子胀差变化互相影响。

11）真空变化。

12）转速变化。

13）各级抽汽量变化，若一级抽汽停用，则影响高胀很明显。

14）轴承油温太高。

15）机组停机惰走过程中泊桑效应的影响。

（2）胀差向负值增大的主要原因。

1）负荷迅速下降或突然甩负荷。

2）主汽温骤减或启动时的进汽温度低于金属温度。

3）水冲击。

4）汽缸夹层、法兰加热装置加热过度。

5）轴封汽温太低。

6）轴向位移变化。

7）轴承油温太低。

8）启动期间转速突升，由于转子在离心力的作用下轴向尺寸缩小，尤其低胀变化明显。

9）汽缸夹层中流入高温蒸汽，高温蒸汽可能来自汽加热装置，也可能来自进汽套管的漏汽或者轴封漏汽。

启动时，一般应用加热装置来控制汽缸的膨胀量，而转子主要依靠汽轮机的进汽温度和流量以及轴封汽的汽温和流量来控制转子的膨胀量。启动时胀差一般向正方向发展。

汽轮机在停用时，随着负荷、转速的降低，转子冷却比汽缸快，所以胀差一般向负方向发展，特别是滑参数停机时尤其严重，因此必须采用汽加热装置向汽缸夹层和法兰通以冷却蒸汽，以免胀差保护动作。汽轮机转子停止转动后，负胀差可能会更加增大，为此应当维持定温度的轴封蒸汽，以免造成恶果。

（3）其他原因。

在排除上述可能的摆动后，从测量方面分析的主要原因如下：

1）前置器、安装支架、探头固定螺栓松动。

2）线路接触不好，电缆接地不好。

3）如果高胀、中胀、低胀全部摆动，就要看看轴位移是否摆动，如果轴位移也摆动，那么轴系一定在摆动。如果只有一个摆动，仔细检查摆动的传感器及前置器、接线、模块。

4）若在就地前置器的端子上信号不跳动，而在TSI的输入端子上信号跳变。此时需要考虑干扰因素，检查屏蔽是否是单端接地，并且检查是否接地良好。

为使TSI准确测量、正确动作，检修人员要熟悉TSI的测量原理，熟练掌握传感器安装、调试和模块参数设置，并记录它们的全过程。当系统发生异常参数指示时，即可根据日常工作中积累的经验，迅速判断出原因所在并找出合理的解决办法。

2. 机械故障

当运行中出现了转子质量不平衡、转子碰磨、油膜震荡、转子热弯曲、轴承故障、汽流震荡、大轴弯曲、叶片脱落、基础振动、汽轮机进水等机械故障或事故情况时，现场工作人员必须认真分析并配合运行、检修人员积极应对所发生的故障和事故，做好配合工作，防止误动或事故扩大等不良现象发生。

第二节 常见 TSI 系统

一、本特利 3500

（一）概述

本特利 3500 系列是美国本特利·内华达公司于 20 世纪 90 年代推出的监测系统，其设计应用了当时最新的、可靠的微处理器技术，是一个全功能监测系统，具有老系统不可替代的优越性。

（二）结构特点

本特利 3500 监测系统从整体而言主要包括一次元件（通常所说的探头、前置器、延伸电缆）及二次元件（通常所说的监测仪表模块）。本特利 3500 监测系统具有以下特点：

（1）本特利 3500 监测系统的框架为标准的 19in（1in=25.4mm）。

（2）高密度框架——14 个模块，56 个通道。本特利 3500 监测系统模块是一个集成度很高的监测模块，每块模块都有 4 个通道，可实现两种不同的监测项目。

（3）软件组态时无需对硬件操作，降低了硬件损坏危险。

（4）备用电源自动切换。3500 监测系统模块多为全高模块，而电源则为半高模块。3500 监测系统的框架第一槽即为电源位置，可放置上、下两块电源，其中一块可作为备用电源。当主电源失电，备用电源将自动切换为主电源，使该套系统能继续正常工作，使保护作用不间断。

（5）模块兼容，利于备件。由于整套系统采用软件进行组态，因此其卡件的实际种类要少于老系统。主要分为键相模块（3500/25）；偏心、轴向位移、振动模块（3500/42）；胀差、LVDT 模块（3500/45）；转速模块（3500/50）；继电器模块（3500/32）；通信网关（3500/92）等几大类。具体各模块实现的功能则完全由计算机来完成，因此对汽轮机重要参数的监测只用少量种类模块即可实现。电厂在做备品备件时数量也相应减少了许多。

（6）四通道、十六通道可编程继电器，软件编程、多层逻辑，应用自如。3500 监测系统专门设计了继电器模块，可对此模块所在框架内的各类监测参量进行与、或等多重逻辑运算，并发出一组开关量信号。而老系统的开关量信号则是从各模块自身发出的，因此为一一对应型的，若要将多模块进行逻辑运算后再发信号则需要通过外部硬接线来实现，需增加外部接线，这样既增加了工作量也降低了可靠性。

（7）机组图显示，综观全局，一目了然。3500 监测系统为全计算机操作的监测系统，取消了早期系统的面板机械指针及液晶指示，改由计算机来实现组态、调试、显示等各项任务。因此，面板显示的功能也在计算机中完成了，其专门配置的操作员显示软件可显示各监测参数的实时（real-time）值、棒状图、趋势图、间隙电压、状态量等，也可显示整体机组的机组图，在一个机组配置画面下显示各重要参数。

（8）历史的趋势数据采集和显示。在机组图显示的同时，3500 监测系统也能将实时采集的数据按 10min、20min、1h 等设置的不同间隔存储在显示计算机内，使其形成历史趋势，便于查找、分析。

（9）网关（gateway）通信功能。3500 监测系统专门增加了通信网关模块，这样既可通过各模块将原有的 4～20mA 输出信号送到需要的设备，也可由此专用的通信网关模块将系统内的参数按照标准的 Modbus 协议送至分散式控制系统（DCS）、汽轮机电液控制系统（DEH）等调节设备，使其一体化，用于画面显示、做历史数据等。

（三）系统组件

3500 系列的 TSI 系统包括 3500/05 系统框架，3500/15 电源，3500/32 4 通道继电器，3500/25 键相模块 3500/45 胀差、LVDT 模块，3500/50 转速模块，3500/92 通信网关等。

1. 3500/05 系统框架

系统框架用于安装所有的监测器模块和框架电源。它为 3500 监测系统各个模块之间的互相通信提供背板通信，并为每个模块提供所要求的电源。系统框架有三种安装形式。

（1）面板安装。将系统框架安装于面板上的矩形开孔中，使用随框架提供的夹钳紧固，从框架的背面连线以及访问 I/O 模块。

（2）框架安装。将系统框架安装于 19in EIA 导轨中。从框架的背面连线以及访问 I/O 模块。

（3）壁板安装。将系统框架安装于墙壁或无法从背面连接的面板中。从框架的前面连线以及访问 I/O 模块。3500/05 迷你型框架没有该选项。

电源和框架接口模块必须安装于最左边的两个插槽中，其余 14 个框架位置（对迷你型框架来说是其余 7 个位置）可以安装任何模块。如果需要在系统框架中安装内部安全栅，可以参考 3500 内部安全栅技术规格信息。

2. 3500/20 框架接口模块

框架接口模块（rack interface module，RIM）是 3500 框架的基本接口。它支持用于框架组态并调出机组中信息的专有协议。框架接口模块必须放在框架中的第一个槽位（紧靠电源的位置）。

RIM 可以与兼容的通信处理器，如 TDXnet、TDIX 和 DDIX 等连接。虽然 RIM 为整个框架提供某些通用功能，但它并不是重要监测路径中的一部分，对整个监测系统的正确和正常运行没有影响。系统的每个框架都需要一个框架接口模块。

对三重模块冗余（triple modular redundancy，TMR）应用，3500 监测系统要求采用 TMR 形式的 RIM。除了所有的标准 RIM 功能外，RIM 还具有监测器通道比较功能。3500 监测系统中的 TMR 组态根据监测器选项中规定的设置执行监测表决。采用 TMR 形式的 RIM 连续比较来自三个互为冗余监测器的输出。如果 RIM 检测到其中一个监测器的信息与其他两个不相等（在设定的百分比之内），它将把监测器标记为错误状态，并且在系统事件列表中生成一个事件。

3. 3500/15 电源

3500 监测系统的电源是半高度模块，必须安装在框架左边特殊设计的槽口内。3500 框架可装有两个电源（交流或直流的任意组合），其中任何一个电源都可给整个框架供电。安装两个电源，第二个电源可作为第一个电源的备份。当安装两个电源时，上边的电源作为主电源，下边的电源作为备用电源，只要装有一个电源，拆除或安装第二个电源模块将不影响框架的运行。

3500 监测系统电源能接受大范围的输入电压，并可把该输入电压转换成 3500 监测系统中其他模块能接受的电压。3500 系列机械保护系统有交流电源、高压直流电源和低压直流电源三种电源。

4. 3500/32 4 通道继电器模块

4 通道继电器模块是一个全高度的模块，它可提供 4 个继电器的输出量。任何数量的 4 通道继电器模块，都可放置在框架接口模块右边的任一个槽位里。4 通道继电器模块的每个输出都可以独立编程，以执行所需要的表决逻辑。

每个应用在 4 通道继电器模块上的继电器都具有报警驱动逻辑。该报警驱动逻辑可用与、或逻辑编程，并可利用框架中的任何监测器通道或任何监测器通道的组合所提供的报警输入（警告或危险）。该报警驱动逻辑应用框架组态软件编程，可满足应用中的特殊需要。需要三重模块冗余的情况下应使用 3500/34 TMR 继电器模块。

5. 3500/34 三重模块冗余（TMR）继电器模块

对满足 ISA-ds84. 01—1995《流程工业设备安全标准》要求的应用，3500 系列机械保护系统支持三重模块冗余（TMR）继电器模块。TMR 继电器模块采用三个独立的继电器提供一个继电器输出。TMR 继电器模块与专门的 TMR 框架接口模块和三个监测器模块一起使用，提供三选二表决输出。

TMR 继电器模块中的每个继电器包含报警驱动逻辑。报警驱动逻辑采用与、或逻辑编程，可以应用于来自框架中任何监测器通道或几个监测器通道的报警输入（警告和危险）。报警驱动逻辑由 3500 框架组态软件根据不同的应用需要编程。

3500/34 TMR 继电器模块由 TMR 继电器模块（两个）和 TMR 继电器输入/输出（I/O）模块两部分组成。通过编程两个 TMR 继电器模块同时行使同样的功能，有效地提供冗余支持。

6. 3500/25 键相模块

3500/25 键相器模块是一个半高度、2 通道模块，用来为系统框架中的监测器模块提供键相位信号。此模块接收来自电涡流式传感器或电磁式传感器的输入信号，并将此信号转换为数字键相位信号，该数字信号可指示何时转轴上的键相位标记通过键相位探头。3500 系列机械保护系统可接收 4 个键相位信号。

键相位信号是来自旋转轴或齿轮的每转一次或每转多次的脉冲信号，可提供精确的时间测量。键相位信号允许 3500 监测器模块和外部故障诊断设备用来测量诸如 1X 幅值和相位等向量参数。

7. 3500/40M 位移监测器

3500/40M 是 4 通道位移监测器，接收位移传感器的输入，对信号进行处理后生成各种振动和位移测量量，并将处理后的信号与用户可编程的报警设置点进行比较。可以使用 3500 框架组态软件对 3500/40M 的每个通道进行组态，用于监测以下参数：①径向振动；②轴向位移；③胀差；④轴偏心。

3500/40M 位移监测器的主要功能是连续不断地将机器振动当前值与组态中的报警值进行比较，并驱动报警系统，从而达到保护机器的目的，同时为操作人员和维护人员提供关键设备的振动信息。

8. 3500/42M 位移/速度/加速度监测器

3500/42M 位移/速度/加速度监测器是一个 4 通道监测器，它可以接收来自位移、速度、加速度传感器的信号，通过对这些信号的处理，它可以完成各种不同的振动和位置测量，并将处理的信号与用户编程的报警值进行比较。3500/42M 的每个通道均可以使用 3500 框架组态软件进行编程，并监测以下参数：①径向振动；②轴向位移；③胀差；④偏心；⑤REBAM；⑥加速度；⑦速度；⑧轴绝对振动。

3500/42M 监测器的主要作用是连续比较当前的机械振动和已组态的报警设定值，驱动报警，从而实现机械保护。为操作人员和维护人员提供基本的机器信息。

9. 3500/45 胀差/轴向位移监测器

3500/45 胀差/轴向位移监测器是一个可接收趋近式涡流传感器、旋转位置传感器（rotation position transmitter，RPT）、DC 线性可变微分变换器（direct-current linear variable differential transformer，DCLVDT）、AC 线性可变微分变换器（alternating-current linear variable differential transformer，ACLVDT）和旋转电位计输入信号的 4 通道监测器。

测量类型和相关的传感器输入将决定需要哪种输入/输出（I/O）模块。它对输入信号进行处理，并将处理后的信号和用户可编程的报警设定值进行比较。应用系统框架组态软件，3500/45 可被编程去监测以下参数：①轴向（侧向）位置；②胀差；③标准单斜面胀差；④非标准单斜面胀差；⑤双斜面胀差；⑥补偿式胀差；⑦壳胀；⑧阀门位置。

3500/45 监测器的主要功能是通过将所监测参数与设定的报警点进行连续比较并驱动报警，以提供机械保护功能，同时为运行人员和维护人员提供基本的机器信息。

10. 3500/50 转速模块

3500/50 转速模块是一个两通道模块，它可接收来自电涡流式传感器或电磁式传感器（除非另外注明）的信号，可确定轴的转速、转子的加速度或转子的方向。它将这些测量值与用户可编程的报警点进行比较，当超过报警点时发出报警信号。3500/50 转速模块可使用 3500 框架组态软件进行编程，可将它组态成下列四种不同类型：①转速监测、设置点报警和速度报警；②转速监测、设置点报警和零转速指示；③转速监测、设置点报警和转子加速度报警；④转速监测、设置点报警和反转指示。

11. 3500/92 通信网关

3500/92 通信网关具有广泛的通信能力，可通过以太网 TCP/IP 和串行（RS232/RS422/RS485）通信协议将所有框架的监测数据和状态与过程控制和其他自动化系统集成。它也支持与 3500 框架组态软件和数据采集软件的以太网通信。3500/92 通信网关支持的协议包括：

（1）Modicon Modbus（通过串行通信）。

（2）Modbus/TCP（用于 TCP/IP 以太网通信的串行 Modbus 的另一种形式）。

（3）部分本特利·内华达协议（与 3500 框架组态和数据采集软件包通信）。

（4）3500/92 通信网关通过 RJ45 与 10BASE-T 星型拓扑以太网络连接。

（5）3500/92 通信网关具有与 3500/90（上一代通信网关）相同的通信接口、通信协议及其他特点，不同的是 3500/92 通信网关具有可组态的 Modbus 寄存器功能，具有与初始值寄存器一样的功能。

二、飞利浦 MMS6000 系统

（一）概述

MMS6000 系统与 RMS700（上一代汽轮机监视仪表系统）相比，可靠性、安全性、准确性、灵活性有很大提高。MMS6000 系统特别适合拥有众多设备，尤其是使用现场总线系统的大机组。柜内配线时，电源和输出公共线与其他信号线有不同的颜色；模件的备用通道必须按使用通道的要求配线，输入输出线（配有显著的线方头）直接接入空端子。

系统接地电阻小于 5Ω 且可与 DCS 接地网连接。系统和模件的平均故障间隔时间（mean time between failure，MTBF）不小于 10 万小时。

（二）结构特点

和 RMS700 系统相比，MMS6000 系统具有如下明显特点：

（1）双通道，内置微处理器。

（2）模块具有数据采集功能，通过 RS485/232 接口与外部通信。

（3）具有扩展的自检功能，便于查找故障。

（4）通过软件进行组态，准确、方便。

（5）除 MMS6418 外，其他监测模块都具有相同的机械安装尺寸。

（三）模块

模块具有回路故障检测、报警、危险等功能，0～10V 和 4～20mA 输出功能；模块均能带电插拔，不会造成系统误动。

1. MMS6110 双通道轴振测量模块

双通道轴振动测量模块用于监测轴的径向相对振动。可在运行中更换，可单独使用，冗余电源输入。扩展的自检功能，内置传感器自检功能，口令保护操作级。该测量模块使用涡流传感器 PR642. /.. 系列加前置器 CONOX1 进行组合测量轴振。RS232/485 端口用于现场组态及通信，可读出测量值。内置线性化处理器。记录和存储最近一次启/停机的测量数据。

MMS6110双通道轴振测量模块使用涡流传感器的输出测量轴径向的相对振动，每个通道可独立使用，该模块可以和其他模块一起组成涡轮机械保护系统，并将输出作为模块输入提供给分析诊断系统、现场总线系统、分散控制系统、电厂/主计算机等系统或设备使用。模块的输入代表传感器前端到轴表面的间隙。

振动信号由一个与静态间隙成正比的静态分量和一个与轴振动成正比的动态分量叠加而成。模块将每个通道的信号的两个分量分离，再根据组态中设置的工作模式将其转换成标准信号输出。模块的其他部分提供报警、传感器供电、模块供电、通道和传感器的检测以及信号滤波等功能。内置微处理器可以通过现场便携机或远程通信总线设置工作方式和参数、读取所有测量值、进行频谱分析。最后一次启/停机的测量数据将存储在模块中，可以通过计算机显示。

2. MMS6120双通道瓦振测量模块

双通道瓦振测量模块用于监测轴承振动，可在运行中更换，可单独使用，冗余电源输入。扩展的自检功能，内置传感器自检功能，口令保护操作级。该测量模块使用涡流传感器PR9266/... 和PR9268/... 或者压电式传感器测量瓦振。RS232/485端口用于现场组态及通信，可读出测量值。内置线性化处理器。记录和存储最近一次启/停机的测量数据。

该模块可以和其他模块一起组成涡轮机械保护系统，并将输出作为输入提供给分析诊断系统、现场总线系统、分散控制系统、电厂/主计算机等系统或设备使用。

MMS6120为双通道轴承振动测量模块，可以用电动式速度传感器测量轴承振动（瓦振）来监测和保护各种类型的涡轮机械，安装在轴瓦上的传感器的输出信号与轴瓦的绝对振动成正比。MMS6120将两个通道的传感器输入信号分别转换成标准信号输出。模块的其他部分提供报警、传感器供电、模块供电、通道和传感器的检测及信号滤波等功能。

MMS6120内置微处理器，可以通过现场便携机或远程通信总线设置工作方式和参数，读取所有测量值并进行频谱分析。最后一次启/停机的测量数据将存储在模块中，可以通过计算机显示。

3. MMS6210双通道轴位移测量模块

双通道轴位移测量模块用于监测轴向位移、胀差。可在运行中更换，可单独使用，冗余电源输入。扩展的自检功能，内置传感器自检功能，口令保护操作级。该测量模块使用涡流传感器PR642./.. 系列加前置器CONOX1组合测量轴位移。RS232/485端口用于现场组态及通信，可读出测量值。内置线性化处理器。记录和存储最近一次启/停机的测量数据。

MMS6210双通道轴位移测量模块用于测量轴的移动，如轴向位移、胀差、热膨胀、径向轴位置，该模块的信号取自涡流位移传感器。该模块可以和其他模块一起组成涡轮机械保护系统，并将输出作为输入提供给分析诊断系统、现场总线系统、分散控制系统、电厂/主计算机等系统或设备使用。

MMS6210可以用涡流位移传感器测量轴向移动来监测和保护各种类型的涡轮机械。传感器的输出，即模块的输入代表传感器前端到被测物表面的间隙。信号经过MMS6210处理并根据设置的量程转换成标准信号输出。模块的其他部分提供报警、传感器供电、模块供电、通道和传感器的检测及信号滤波等功能。

内置微处理器可以通过现场便携机或远程通信总线设置工作方式和参数、读取所有测量值。最后一次启/停机的测量数据将存储在模块中，可以通过计算机显示。

4. MMS6220 双通道轴偏心测量模块

双通道轴偏心测量模块用于监测轴的偏心，内置微处理器。扩展的自检功能，内置传感器自检功能，口令保护操作级。可在运行中更换，可单独使用，冗余电源输入。该测量模块使用涡流传感器 PR642./.. 系列加前置器 CONOX1 组合测量轴偏心。RS232/485 端口用于现场组态及通信，可读出测量值记录和存储最近一次启/停机的测量数据。

MMS6220 双通道轴偏心测量模块使用涡流传感器测量相对径向轴偏心信号，可测量以下数值：①偏心峰—峰值；②传感器与被测物之间最大/最小距离。

该模块可以和其他模块一起组成涡轮机械保护系统，并将输出作为输入提供给分析诊断系统、现场总线系统、分散控制系统、电厂/主计算机等系统或设备使用。

通过便携机（连接模块前面板 RS232 端口）可以对模块的运行方式进行组态或调整，还可以读出和显示测量值以及最近一次启机或停机的数据。

5. MMS6312 双通道转速测量模块

双通道转速测量模块用于监测轴的旋转速度。可在运行中更换，可单独使用，冗余电源输入。扩展的自检功能，内置传感器自检功能，口令保护操作级。适用涡流传感器 PR642./.. 系列加前置器 CONOX1，或者 PR9376/.. 传感器。电隔离的电流输出。RS232/485 端口用于现场组态及通信，可读出测量值。

双通道转速测量模块 MMS6312 使用触发齿轮及脉冲传感器产生的输出来测量轴的转速。

两个通道可以独立使用，可用于测量：①两个轴的转速；②两个轴的零转速；③两个轴的键相脉冲信号，每个轴一个键相触发标识，用以描述相位；④在使用多齿触发齿轮时，按每转输出一个脉冲的模式（与相位无关）得到两个轴的键相脉冲信号。

两个通道可以结合起来使用，可用于：①监测一个轴的旋转方向；②监测两个轴的速度差值；③作为多通道或冗余系统的一部分。

该模块可以和其他模块一起组成涡轮机械保护系统，并将输出作为输入提供给分析诊断系统、现场总线系统、分散控制系统、电厂/主计算机等系统或设备使用。

6. MMS6410 双通道缸胀测量模块

双通道缸胀测量模块用于监测缸体的热膨胀。适用于电感式位移传感器 PR935./.. 系列。测量频率可达 100Hz。零点的调整和移动独立于测量范围的选择。两个通道可以结合使用，可将测量值相加或相减。扩展的自检功能，内置传感器自检功能，口令保护操作级。RS232/485 端口用于现场组态及通信，可读出测量值。

MMS6410 双通道缸胀测量模块测量缸体的热膨胀，输入信号来自半电桥或全电桥结构的电感式传感器的输出。每个通道可以独立使用；两个通道也可以结合使用，将测量值相加或相减。模块可以对位移、角度、力、扭振等参数进行动态和静态的测量。

该模块可以和其他模块一起组成涡轮机械保护系统，并将输出作为输入提供给分析诊断系统、现场总线系统、分散控制系统、电厂/主计算机等系统或设备使用。

7. MMS6418 双通道绝对/相对胀差测量模块

MMS6418 的两个通道测量内容不同，通道 1 测量绝对膨胀，使用 PR9350 传感器；通道 2 测量相对胀差，使用 PR6418 传感器。信号频率范围：通道 1 最高为 100Hz；通道 2 最高为 10Hz。零位校正和零位改变可通过计算机实现。RS232/485 端口用于现场组态及通信，可读出测量值，内置线性化处理器。MMS6418 双通道绝对/相对胀差测量模块借助电感式传感器测量胀差。每个通道可以单独运行，通道 1 既可以测量静态量，也可以测量动态量，如位移、角度、力、扭曲；通道 2 只能测量静态量相对胀差。

该模块可以与其他模块一起组成涡轮机械保护系统。

思考题

1. 什么是汽轮机安全监视系统？

2. 数字式 TSI 装置由哪几部分组成？

3. 以哈尔滨汽轮机厂 600MW 机组为例，画出其测点示意图。

4. TSI 的组态一般包括哪些内容？

5. 什么是胀差？

6. 简述 300MW 以上机组的基本配置。

7. 瓦振测量中某一点的测量值发生突变，但同位置轴振测量值变化不大，造成这种现象的主要原因是什么？

8. 简述 3500 系列 TSI 系统的系统组成。

9. 和 RMS700 系统相比，MMS6000 系统具有哪些明显特点？

10. 3500/50 转速模块可使用 3500 框架组态软件进行编程，可将它组态成哪四种不同类型？

第七章

模拟量控制系统

模拟量控制系统就是利用调节控制技术来控制锅炉的压力、温度和机组负荷等参数。模拟量控制系统的主要功能有：

（1）在不同的负荷要求下保证提供给锅炉正确的燃料量和风量。

（2）在极限和设备紧急事件时提供稳定和安全的操作。

（3）在不同控制方式切换时能实现无扰切换。

模拟量控制系统包含协调控制系统、给水控制系统、燃烧控制系统、汽温控制系统和其他辅助控制系统。对于单元制的燃煤发电机组而言，锅炉侧的燃烧控制系统、给水控制系统是机组协调控制的基础，直接接受机组协调指令的锅炉侧子系统，与协调控制汽轮机侧的子系统相配合，共同完成机组的负荷控制及维持主蒸汽压力的稳定。燃烧控制系统、给水控制系统调节品质的优劣直接影响协调控制系统的水平。

协调控制系统主要通过调节锅炉燃烧率和汽轮机调节汽门来调节机组负荷和主蒸汽压力。机组负荷应能快速跟随负荷指令，并保持主蒸汽压力在允许的范围。主蒸汽压力是机、炉之间能量平衡和机组安全、稳定的重要标志，所以主蒸汽压力是协调控制系统首先要保证的。大型燃煤发电机组的负荷控制一般由协调控制系统完成。

燃烧控制系统的任务是接受协调控制系统发出的锅炉主控指令，调整锅炉的燃料量、送风量，使锅炉产生的燃烧热能与锅炉的蒸汽负荷需求相适应，保证锅炉燃烧过程安全、经济地进行。

给水控制系统的主要任务是维持机组工质的平衡，保持给水量与锅炉的蒸发量（蒸汽流量）一致。对于直流锅炉和汽包锅炉因汽水系统结构上的差异导致其给水控制的要求和手段有很大的不同。直流锅炉的给水调节的任务是使给水流量与燃烧率相适应，始终保证合适的水煤比，维持汽水温度。

汽温控制系统包括过热汽温控制系统和再热汽温控制系统。过热汽温控制的主要任务是维持过热器出口温度在允许的范围之内，并保护过热器，使其管壁温度不超过允许的工作温度。再热汽温控制系统的任务是保持再热器出口汽温为给定值，对再热汽温的控制多以烟气分配挡板、摆动燃烧器喷嘴为主要手段，事故状态下喷水减温控制。

超临界锅炉的启动旁路系统是超临界机组的重要组成部分，由于超临界锅炉没有固定的汽水分离点，在锅炉启动或低负荷运行时，给水流量可能小于炉膛保护及维持流动所需的最小流量，因此必须在炉膛内维持一定的工质流量来保护水冷壁不致超温。启动旁路系统在锅炉启动、停炉及低负荷运行过程中，建立并维持炉膛内的最小流量，以保护炉膛水冷壁及满足机组启动和低负荷运行的要求。

第一节　协调控制系统

协调控制系统（coordinated control system，CCS）就是将单元机组的锅炉和汽轮机看作一个整体进行控制的系统。协调控制系统在保证机组安全的前提下尽快地响应调度的负荷变化要求，并使机组经济和稳定地运行。

协调控制系统由机组主控、机炉主控制器和机炉子控制系统组成。机组主控包括目标负荷设定、负荷变化率设定、频率偏差补偿和负荷上下限设定等内容；机炉主控制器根据机组主控系统产生的负荷控制指令，使发电机功率达到要求。机炉子控制系统包括控制方式选择、安全联锁操作和负荷增减闭锁操作。

一、协调控制系统的任务

单元机组的输出电功率与负荷要求是否一致反映了机组与外部电网之间能量供求的平衡关系，而主蒸汽压力表征机组内部锅炉和汽轮发电机之间能量供求的平衡关系。协调控制系统就是为完成这两种平衡关系而设置的。协调控制系统使机组对外保证有较快的负荷响应和一定的调频能力，对内保证主要运行参数（主蒸汽压力）稳定。它将单元机组的锅炉和汽轮机作为一个整体进行控制，协调地控制锅炉燃料量、送风量、给水量等，以及汽轮机调节汽门开度，使机组既能适应电网负荷指令的要求，又能保证单元机组在额定参数下安全经济运行。

机组协调控制系统的功能如下：

（1）机组在不同的工作状态下具有不同的控制方式。即协调方式、手动方式、机跟炉方式和炉跟机方式，以适应不同的需要，并能无扰地自动进行控制方式切换。

（2）系统的联锁保护功能。当机组发生局部故障时，可使机组在限定范围内运行，不致造成机组停机。

二、协调控制系统对象动态特性

在单元机组中，锅炉和汽轮机是两个相对独立的设备。但从机组负荷控制方面看，单元机组是一个存在相互关联的多变量控制对象，经适当假设，可以看成一个具有三输入三输出的相关的被控对象。协调控制系统对象的输入量有燃料量 M(%)、汽轮机调节汽门开度 μ_T(%)、给水流量 W(%)，输出量为机前压力 p_T(MPa)、机组负荷 p_E(MW)、分离器出口蒸汽温度 θ(℃) 或焓值 h(kJ/kg)，其相互间的耦合关系如图 7-1 所示。燃料量增大，负荷、压力、温度均增大；调节汽门开度增大，负荷增大，压力、温度降低；给水流量增大，负荷、压力增大，温度降低。

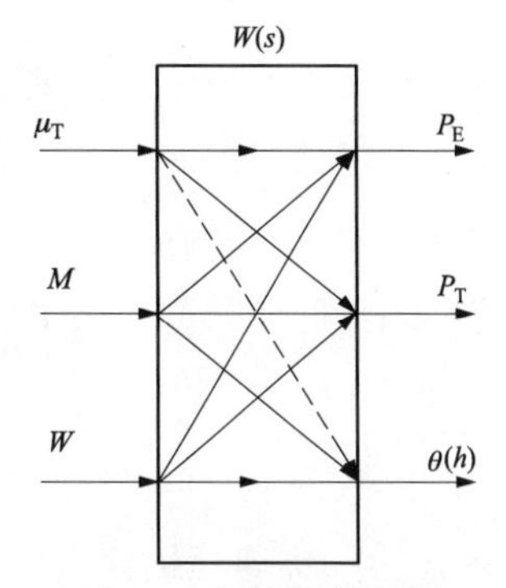

图 7-1　协调控制系统对象动态特性

图 7-1 中实线为强相关关系，虚线为弱相关关系，在调节系统构建与参数配置时，弱相关关系将予以忽略，而通过对各

强相关分量的不同系数配比，可实现不同的协调控制策略。调节系统的时域指令模型可由下式表述：

汽轮机指令 $\mu_T = f_1(P_D) + G_{PI}(k_1\Delta P_E - k_2\Delta P_T)$ (7-1)

燃料指令 $M = f_2(P_D) + f_3[G_{PID}(k_3\Delta P_E + k_4\Delta P_T)] + \lambda G_{PI}(\Delta\theta)$ (7-2)

给水指令 $W = f_4(P_D) + f_5[G_{PID}(k_3\Delta P_E + k_4\Delta P_T)] + \lambda' G_{PI}(\Delta H)$ (7-3)

式中 P_D——负荷指令；

G_{PI}、G_{PID}——调节器算法；

$k_1 \sim k_4$——负荷—汽压分量的配比系数；

$f_1(x)$——汽轮机前馈函数；

$f_2(x)$、$f_4(x)$——超前指令函数；

$f_3(x)$、$f_5(x)$——煤水分配函数；

λ、λ'——焓温选择系数。

以锅炉跟随为基础的协调控制系统，量纲等效换算后 $k_1 > k_2$，$k_3 < k_4$；以汽轮机跟随为基础的协调控制系统，换算后 $k_1 < k_2$，$k_3 > k_4$；采用焓水控制策略的系统，$\lambda = 0$，$\lambda' = 1$；采用分离器出口温度（过热度）控制策略的系统，$\lambda = 1$，$\lambda' = 0$。

三、协调控制系统控制方式及其选择

协调控制系统广义上应包括机组所有的调节，狭义上就只指以锅炉指令和汽轮机指令为调节量、以负荷和主蒸汽压力为被调量组成的联合控制系统。单元机组协调控制是根据机组运行工况形成适合锅炉和汽轮机要求的需求指令，再根据需求指令间的关系形成不同控制方式。

协调控制系统主要有协调方式、汽轮机跟随方式、锅炉跟随方式和手动方式四种控制方式，并能在控制方式之间无扰地切换，以适应机组不同工作状态。各控制方式间切换选择逻辑如图 7-2 所示。

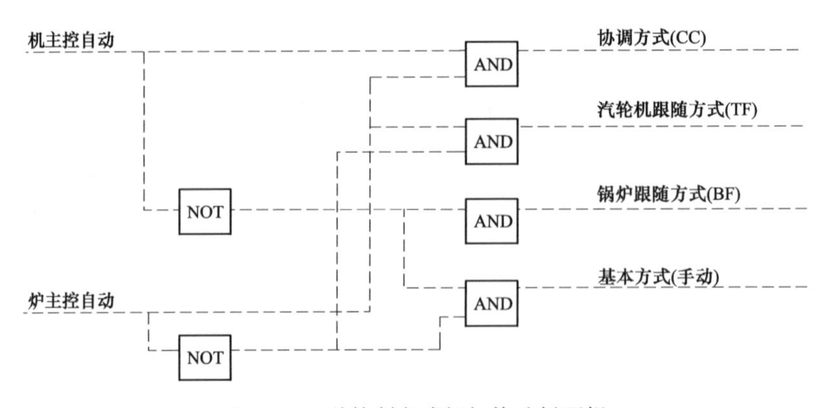

图 7-2 四种控制方式间切换选择逻辑

（一）协调控制方式

协调控制方式（CCS Mode，CC）下，汽轮机指令和锅炉指令随负荷指令协同变化，使机组具有较好的负荷响应性能，并保证主蒸汽压力在允许的安全范围内，负荷和主蒸汽压力调节品质介于机跟炉和炉跟机两种方式之间。协调控制方式又可以分为锅炉为基础汽轮机跟随和汽轮机为基础锅炉跟随的协调控制方式。协调控制方式原理框图如图 7-3 所示。

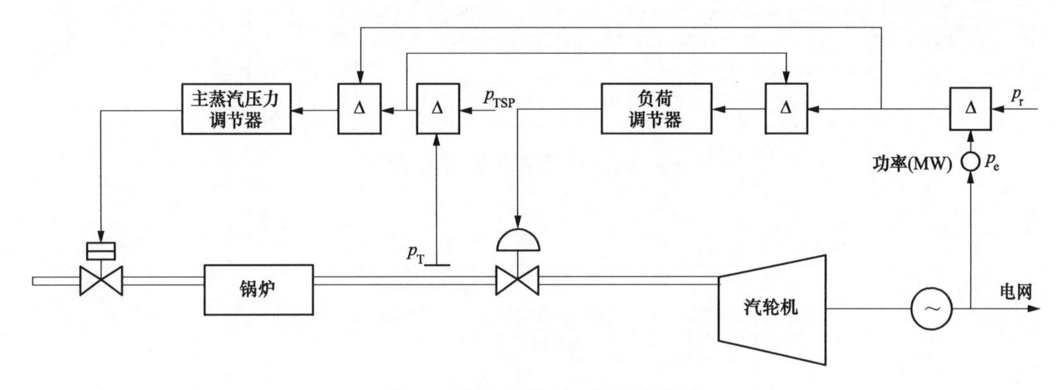

图 7-3　协调控制方式原理框图

(1) 锅炉为基础汽轮机跟随的协调控制方式。锅炉主控利用给水流量直接控制负荷，汽压参数将不会产生明显偏离，调节过程较平衡，汽轮机调节汽门幅度小，利于系统稳定；缺点是负荷对给水的响应仍存在短暂延迟，负荷的初始响应存在死区。

(2) 汽轮机为基础锅炉跟随的协调控制方式。由汽轮机调节汽门控制机组负荷，负荷的初始暂态响应较快，适合于自动发电控制系统（automatic gain control，AGC）的指令要求；但负荷维持时间较短，汽压初始偏离较大，稳态运行时，锅炉侧对负荷的响应滞后，克服负荷扰动的稳定周期较长。

协调控制方式是机组正常运行方式。把机组负荷需求指令（就是功率需求）送给锅炉或汽轮机，汽轮发电机控制将直接跟随功率（MW）需求指令，锅炉输入控制将跟随经主蒸汽压力偏差修正的功率需求指令。以便使输入给锅炉的能量能与汽轮机的输出能量相匹配。期望在这种方式下能稳定运行，因为汽轮机调速器的阀门能快速响应功率需求指令，因此也会快速改变锅炉负荷。这种控制方式可以极大地满足电网的需求。为了投入协调控制（CCS）运行方式，不仅要把锅炉输入控制和汽轮机主控投入运行，而且还要把所有的主要控制回路投入运行，诸如给水量、燃料量、风量和炉膛压力控制，这些控制回路都应处于自动方式。

（二）锅炉跟随控制方式

锅炉跟随控制方式（boiler follow mode，BF）原理框图如图 7-4 所示，也称为炉跟机控制方式。主蒸汽压力由锅炉指令（燃烧率）调节、机组负荷由汽轮机指令（调节汽门）调节。这种方式下，机组负荷的调节品质比较好，由于锅炉的惯性和迟延，主蒸汽压力调节性能差，因此主蒸汽压力的波动大，这对电网有利，但不利于机组的安全、稳定运行。

（三）汽轮机跟随控制方式

汽轮机跟随控制方式（turbine follow mode，TF）原理框图如图 7-5 所示，也称为机跟炉控制方式。在这种运行方式下，主蒸汽压力由汽轮机指令（调节汽门）调节，机组负

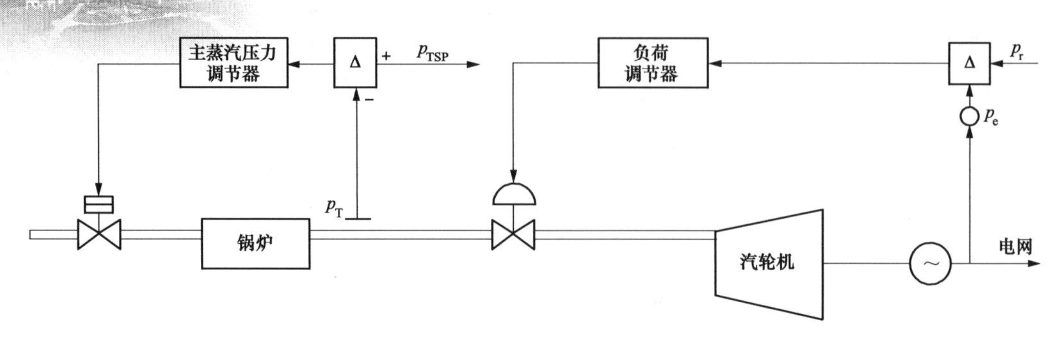

图 7-4　锅炉跟随控制方式原理框图

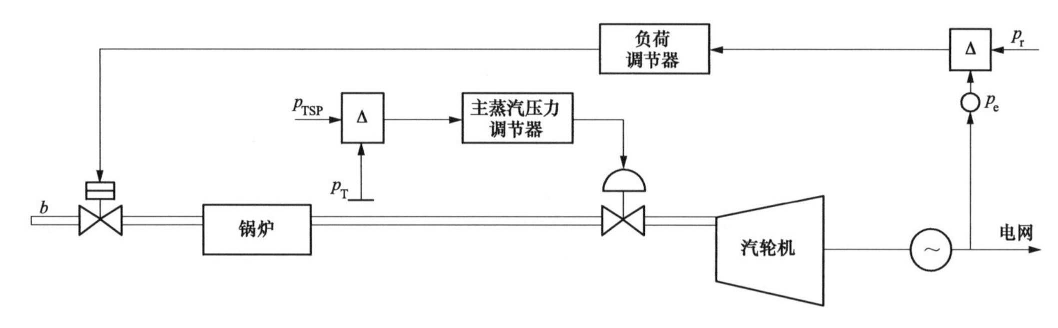

图 7-5　汽轮机跟随控制方式原理框图

荷由锅炉指令（燃烧率）调节。随锅炉输入热量的加大或减小，主蒸汽压力就会变化，此时主蒸汽压力调节器将不断改变汽门开度以维持主汽压稳定，而调节汽门的开度意味着机组负荷的变化。这种方式下，主蒸汽压力的调节品质比较好，但负荷调节性能差，负荷的响应延迟大，负荷的波动大。该方式对机组比较有利，但不能满足电网的负荷控制要求。

（四）手动方式

手动方式也称为基本方式（base mode，BM），锅炉侧、汽轮机侧均为手动。在机组启动和停止期间使用这种方式；或当给水控制在干态方式运行期间切换到手动时、燃料量控制在湿态运行期间切换到手动时，也会自动地选择这种方式。在这种运行方式下，机组负荷是不受控的，如果汽轮机主控处于自动方式，则汽轮机调速器将控制主蒸汽压力。

四、机组主控制器

在允许的负荷范围和负荷变化率的限制下，机组主控制器（简称机组主控）接收功率需求信号，功率需求信号分别来自电网调度中心的要求负荷指令，或根据机组和控制系统本身需要所设的内部负荷指令。也就是说，机组主控接受负荷调度命令（DPC 自动）或机组侧设定命令（DPC 手动），产生输出指令信号（MWD），使汽轮机、锅炉协调达到负荷要求或按预定负荷变化率改变负荷。机组主控包括四个部分：目标负荷设定、负荷变化率设定、频率偏差补偿和负荷上限及下限设定。

（一）目标负荷设定

在正常操作（机组正常运行工况下或协调控制方式下）时，目标负荷由负荷调度命令设定（DPC 自动）或操作员在 CRT 上设定（DPC 手动，也称 ALR）。在非协调方式下时，实际的功率信号跟踪负荷目标值。若在 ALR 方式下，就可在操作站上进行负荷目标的设定，此时调度指令跟踪操作员指令。

（1）当下列条件都满足时，ADS 允许投入，逻辑图如图 7-6 所示。

1）协调方式下，无 RB、RD 和 RU 动作且无网调指令坏质量。

2）ADS 指令无偏差或已在 ADS 控制。

（2）在以下任一条件出现时，负荷指令信号将跟踪发电机实发功率或锅炉主控输出：

1）手动方式。

2）主燃料跳闸（MFT）。

3）快速减负荷（RB）。

4）TM 手动且湿态或负荷指令大于 95%。

（3）在以下任一条件出现时，负荷指令信号将跟踪锅炉主控输出（BID）：

1）功率信号故障。

2）BM 手动且旁路未退出。

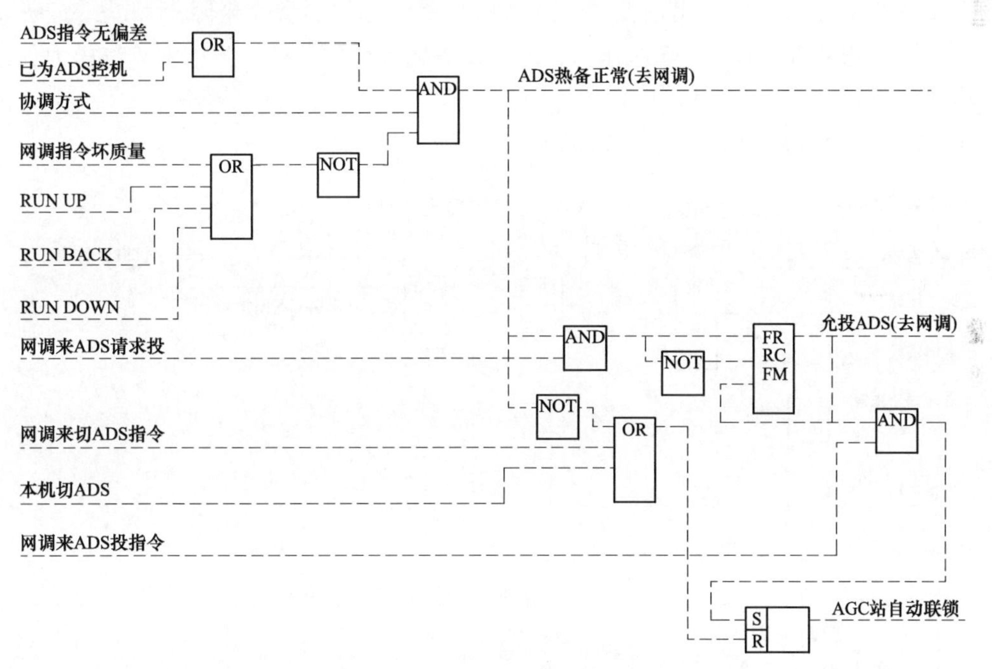

图 7-6　ADS 指令逻辑图

（二）负荷变化率设定

负荷变化率设定是对 DPC 指令或运行人员手动指令改变负荷时的速率进行限制。负荷变化率可手动设定，或当运行人员选择自动设定时，根据启动方式和机组给定负荷给出负荷变化率。但在以下情况下将禁止负荷变化率的变化，并将负荷变化率强切为 0：

（1）负荷增加闭锁操作时，负荷变化率增加设为 0%/min。

（2）负荷减少闭锁操作时，负荷变化率减少设为 0%/min。

（3）保持命令 ON 时，负荷变化率设为 0%/min。

当以上条件都没有出现时，负荷变化率将按照预设值进行增减。

机组指令闭锁加逻辑图如图 7-7 所示。

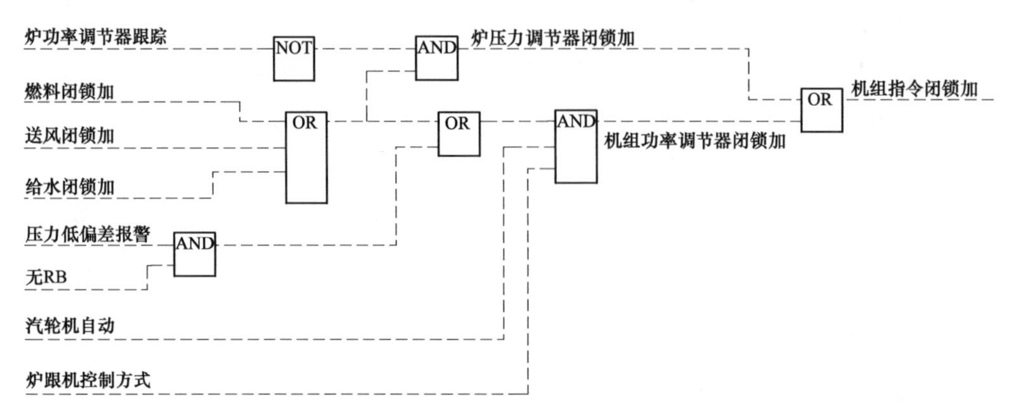

图 7-7　机组指令闭锁加逻辑图

在协调控制方式时，汽轮机系统和锅炉系统的不正常是产生控制偏差的因素。当锅炉系统不正常时，主蒸汽压力出现偏差，此时就需要通过控制动作来阻止偏差的进一步扩大；在汽轮机跟随方式时，主蒸汽压力升高，锅炉输入增加闭锁，防止主蒸汽压力偏差进一步扩大。

机组指令闭锁减逻辑图如图 7-8 所示。

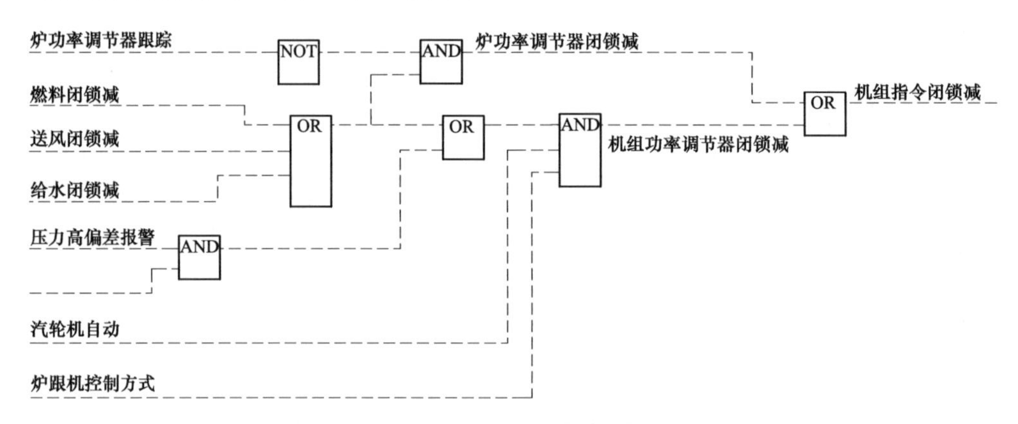

图 7-8　机组指令闭锁减逻辑图

（三）频率偏差补偿

当频率偏离 50Hz 时（频率偏差超规定值），将根据频率偏差计算得到的相应负荷修正信号加到功率指令（MWD）来稳定电功率系统。频率偏差信号加到负荷给定回路，另外加入了主蒸汽压力，对机组参与一次调频的能力进行修正。为了防止频率偏差信号对负荷指令的影响并保证机组在安全范围内运行，频率偏差回路设计了最大、最小限制回路和速率限制功能。当频率增加时，EHG 根据速度调节控制调节阀位置来控制功率。在 APC 中，功率的偏差必须为零，是通过把功率的变化加到 MWD 实现的。另外，MWD 的变化速率与自动频率控制指令相对应。

在以下任一情况时将切除一次调频功能，逻辑图如图 7-9 所示。

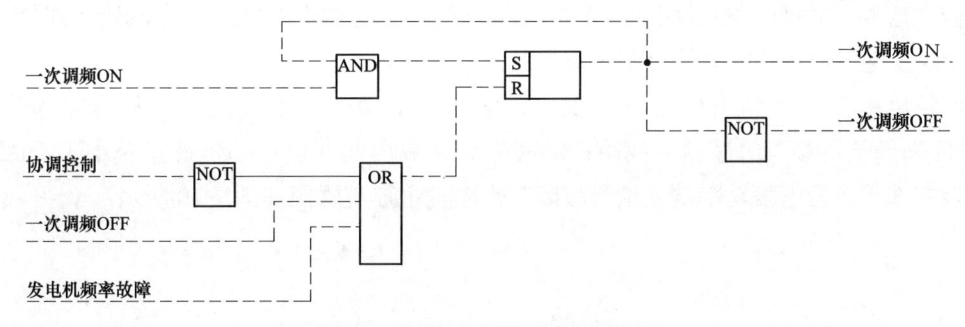

图 7-9　切除一次调频功能逻辑图

(1) 非协调控制方式；

(2) 一次调频切除；

(3) 发电机频率故障。

频率偏差产生的负荷需求信号，是用于适应汽轮机调节汽门完成一次调频自动调节功能后，补充调节汽门动作后能量的需求。根据电网频率波动的范围，汽轮机调节汽门将调整输出功率。如果锅炉不补偿控制，功率将自动恢复，由汽轮机调节汽门完成的固定偏差控制也将被抵消。因此，将符合固定偏差设定值的频率偏置加在负荷需求信号上，以维持汽轮机调节汽门的固定偏差控制功能。需要特别指出的是，频率偏置只在协调控制方式下起作用。

(四) 负荷上限和下限设定

由运行人员根据机组的实际操作状态，如能操作的主要辅机数量、外围设备的状态等条件，通过设定器手动给出机组最大、最小负荷，实现限制机组最大负荷及最小负荷的目的。负荷上限和下限设定点在机组主控进行。负荷上、下限限制只能在协调控制方式下使用，负荷上、下限限制动作时发出报警。

负荷上限和下限设定联锁要求如下：

(1) 当在负荷跟踪方式时，负荷上限或下限动作，负荷上限和下限跟踪目标负荷指令。

(2) 当 DPC/ALR 目标负荷增加时，负荷上限动作，负荷增加闭锁。

(3) 当负荷上限小于目标负荷时，负荷上限减小操作闭锁，目标负荷增加操作禁止。

(4) 当 DPC/ALR 目标负荷增加时，负荷下限动作，负荷减少闭锁。

(5) 当负荷下限大于目标负荷时，负荷下限增大操作闭锁，目标负荷减小操作禁止。

协调指令加上一次调频的负荷要求，经过高低限制的负荷需求信号转换为实际的负荷需求信号，送到机组主控制器，作用到机组。

五、汽轮机、锅炉主控制器

汽轮机、锅炉主控制器根据机组主控系统产生控制指令，使发电功率达到要求。同时，负荷与主蒸汽压力设定信号产生一个完整的控制，锅炉输入（给水、燃料、风等）作为锅炉输入指令信号（BID），使主蒸汽压力维持在设定值。

(一) 汽轮机主控制器

在协调控制方式下，汽轮机主控将跟随机组实际负荷指令与实际负荷，使实际功率与功率需求信号（MWD）相匹配，而主蒸汽压力控制由锅炉主控完成。在汽轮机跟随方式下或 RB 发生时，汽轮机主控控制主蒸汽压力。

汽轮机主控在下列条件之一出现时，强制切手动：①主蒸汽压力信号输入故障；②DEH 来的负荷参考信号输入故障；③高压旁路减压阀开启；④负荷指令小于 50MW；⑤协调方式下，发电机功率输入信号故障。汽轮机主控逻辑图如图 7-10 所示。

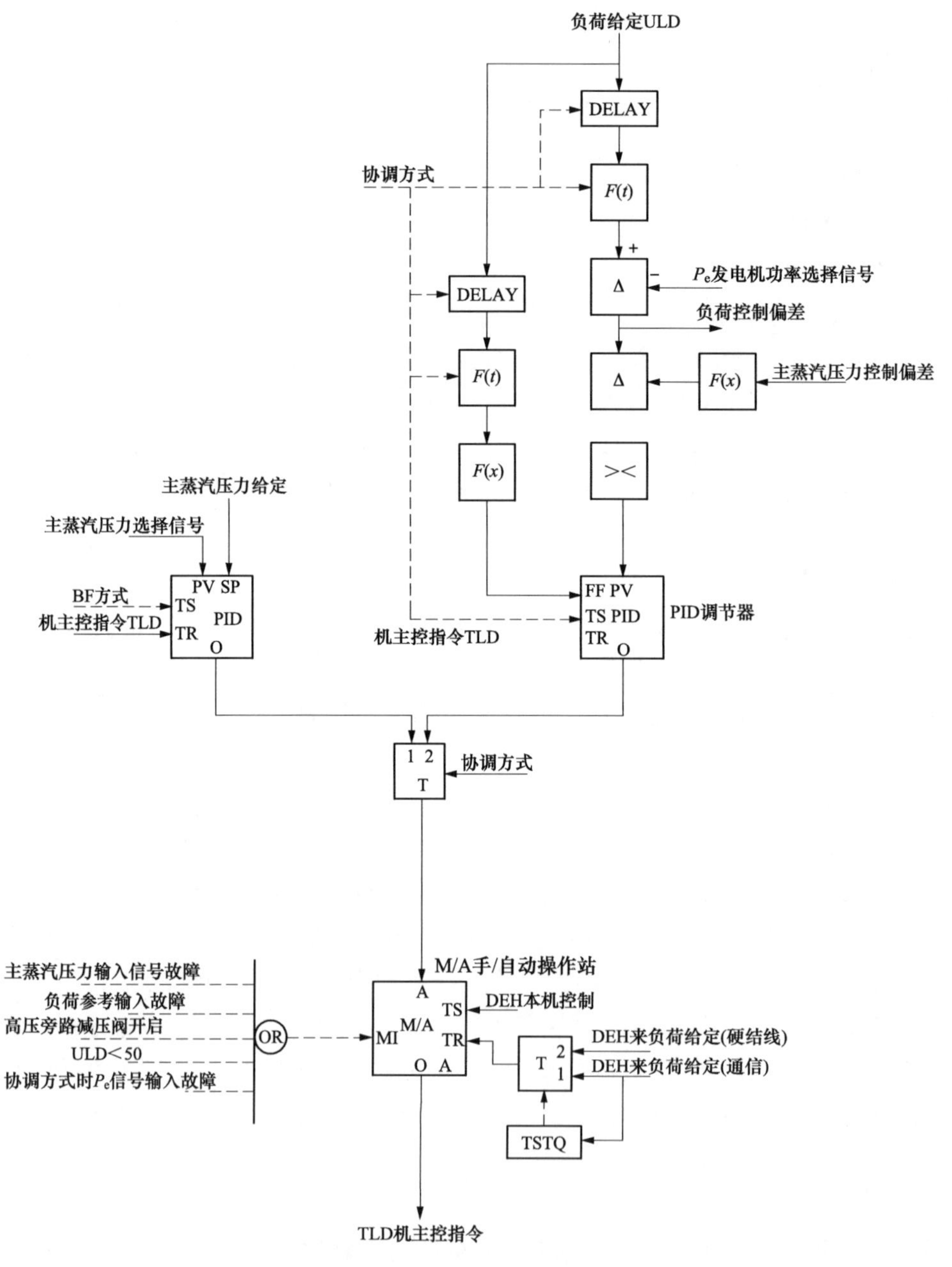

图 7-10　汽轮机主控逻辑图

对图 7-10 说明如下，本章后述各逻辑框图中与此同。

SP：PID 设定值。

PV：PID 测量值。

FF：PID 前馈输入值。

TR：PID 跟踪输入值。

TS：当 TS 信号为 1 时，为 PID 输出跟踪 TR 值；当 TS 信号为 0 时，为 PID 计算输出值。

A：手/自动操作站的自动输入值。

O：手/自动操作站的输出值。

TR：手/自动操作站的跟踪输入值。

AX：当 AX 信号为 1 时，手/自动操作站投自动模式，输出值为 A，当 AX 信号为 0 时，为手/自动操作站模式保持。

MI：当 MI 信号为 1 时，手/自动操作站切至手动模式，输出值为手动输入值；当 MI 信号为 0 时，为手/自动操作站模式保持。

TS：当 TS 信号为 1 时，手/自动操作站切至跟踪输入模式，输出值为 TR 输入值，该信号优先级最高；当 TS 信号为 0 时，为手/自动操作站输出值保持原方式输出。

1. 主蒸汽压力设定补偿

在变压运行时，功率控制的值很低，汽轮机主汽门很小的变化都会影响主蒸汽压力，所以在主蒸汽压力设定值上再加上修正值。

2. 主蒸汽压力上限/下限操作

在协调控制方式下负荷变化时，基于功率偏差仅仅控制功率，锅炉输入和输出（汽轮机输入）平衡在负荷快速改变时被破坏，致使锅炉主蒸汽压力偏差增大，锅炉/汽轮机产生振荡，偏离稳定操作。因此，主蒸汽压力控制要先于发电机功率控制，汽轮机主汽门完成超驰控制，在主蒸汽压力偏差最大/最小时锅炉和汽轮机要协调动作。这种超驰控制也叫做汽轮机主汽门边际压力控制，是在协调控制方式下汽轮机主汽门的限制因素。

3. 汽轮机主汽门控制指令

由于燃煤锅炉的磨煤机响应较慢，若在锅炉和汽轮机间没有协调控制，会使压力和温度的变化加大，因此对汽轮机主汽门控制功率指令加了延迟。

（二）锅炉主控制器

1. 锅炉主控指令

锅炉主控制器的输出包括协调控制方式下的锅炉主控指令、锅炉跟随方式下的主控指令。锅炉主控逻辑图如图 7-11 所示。

在协调控制方式下，炉主控指令（BID）信号由实际负荷指令信号（ULD）和主蒸汽压力偏差产生的修正信号组成。压力偏差的修正有两个部分组成，一个是由压力偏差直接产生，另一个是负荷偏差（机组目标负荷与发电机实际功率偏差），并将负荷给定作为前馈信号引入。

在锅炉跟随方式下，BID 由实际功率和主蒸汽压力修正信号组成。

在汽轮机跟随方式下，锅炉输入需求指令可由操作人员设足。当发生了 RB 工况时，锅炉输入需求指令根据预先设定的 RB 目标负荷和负荷变化率产生。

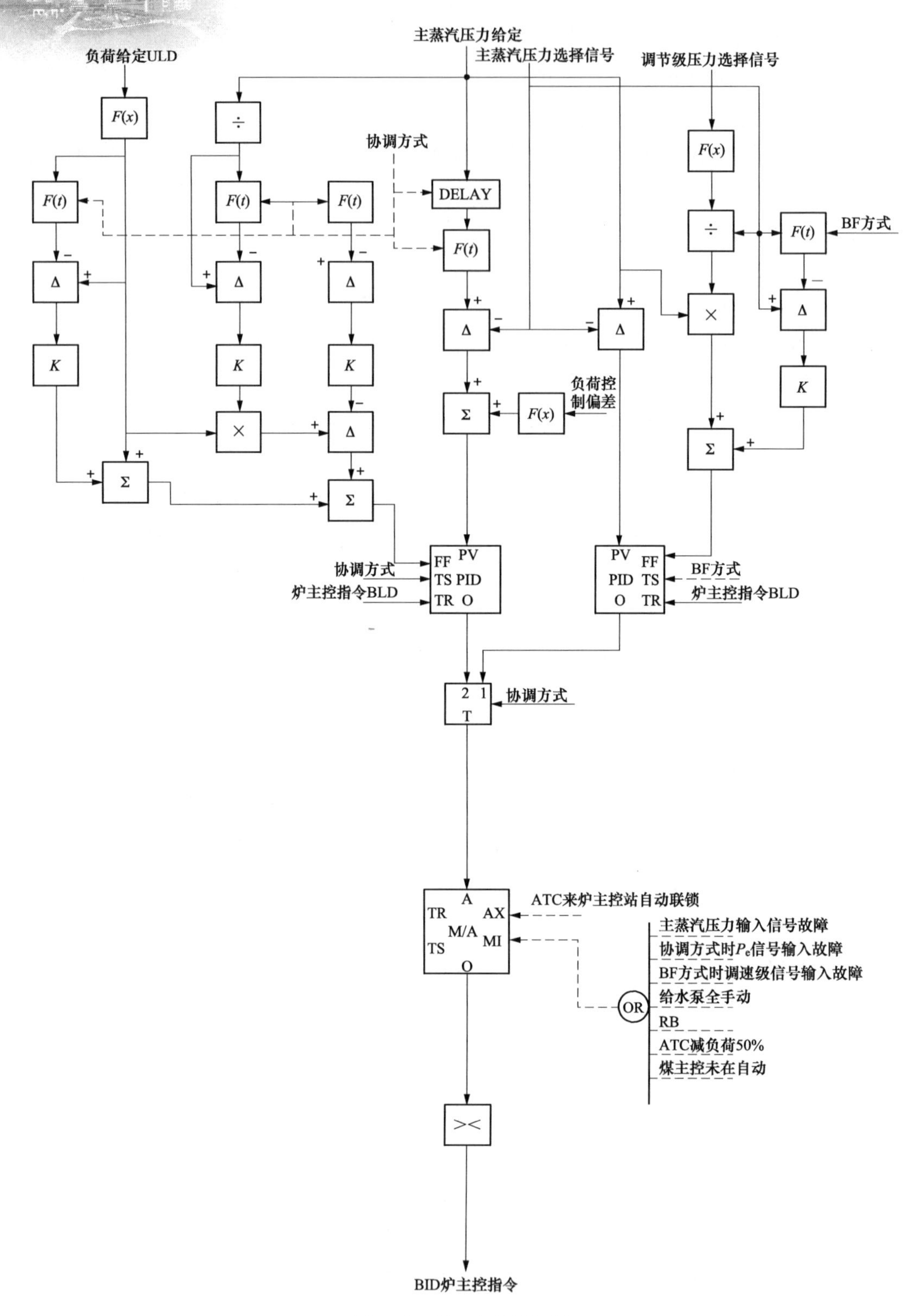

图 7-11　锅炉主控逻辑图

在锅炉手动方式下，锅炉输入需求指令在干态运行时靠给水流量（MW 偏置）产生，而在湿态运行时靠实际功率产生。

当出现下列条件之一时，锅炉主控切为手动：

(1) 主蒸汽压力信号输入故障；

(2) CC 方式时，发电机功率信号故障；

(3) BF 方式时，调速级压力信号输入故障；

(4) 给水泵全手动；

(5) RB 出现；

(6) ATC 减负荷至 50%；

(7) 煤主控未在自动。

2. 主蒸汽压力控制

主蒸汽压力稳定与否决定了汽轮发电机能否安全运行。影响主蒸汽压力变化的是锅炉的产汽量和蒸汽流量，稳定主蒸汽压力值变化的是燃料量，因此，主蒸汽压力调节实际是根据主蒸汽压力即主蒸汽流量的变化来控制给粉量和送风量的。

(1) 主蒸汽压力设定值。主蒸汽压力设定值是基于负荷指令或锅炉主控输出产生的。当锅炉主控自动时，主蒸汽压力设定值由负荷指令产生，否则由 BID 产生。

主蒸汽压力设定值在机组投入滑压运行时，根据实际负荷指令（CC 方式）或锅炉输入指令（BF 方式）按滑压曲线产生；在不投滑压时，由运行人员根据机组情况手动设定。

在滑压运行负荷变化时，压力设定值随负荷的增加/减少而增加/减少，但由于锅炉时间常数的滞后，将产生主蒸汽压力偏差对控制系统的扰动。为了降低该情况的影响，在主蒸汽压力设定值出口设计了一个惯性环节，使压力设定值以一定迟延作用到锅炉上，其时间常数根据负荷调整。如果不考虑这些，就有可能造成汽轮机调速器超驰控制，限制机组负荷。在 RB、MFT 动作时，限制条件将会进行如下改变：

1) 在 RB 减负荷时，只有延迟有效，速率限制无效。

2) 在 MFT 时，只有速率限制有效（0.02MPa/s），延迟无效。

(2) 主蒸汽压力设定值的变化率。启动初期给水不连续，在没有省煤器再循环或未打开的情况下，可能出现汽化现象。由于省煤器管为水平布置，因此一旦出现汽化，就会形成汽水分层，造成管壁受热不均，使管子过热而损坏，同时还会出现气塞，引起管子振动，同样损伤设备，即省煤器沸腾，需要增加给水流量来降低省煤器流体温度。一般设计防止省煤器汽化保护的逻辑：省煤器出口水压信号正常、省煤器出口温度信号正常、锅炉运行、机组已经并网的情况下，给水温度高于饱和温度 5℃，则认为省煤器蒸汽保护动作，此时，主蒸汽压力设定值的变化率为 0，否则设为 1.5MPa/min。

机组 RB 时，设定值的惯性环节时间为 0，即压力定值直接输出。

六、快速减负荷（RB）操作

当锅炉或汽轮机的辅机事故跳闸时，锅炉输入指令根据预先设定的变化率迅速减少，直到机组负荷达到余下的辅机设备出力的水平，这种功能称为快速减负荷（RB）。辅机跳闸时，锅炉输入指令小于预定值，不需要快速减负荷。

（一）RB 所需条件

(1) 为了产生一个迅速减少的锅炉输入需求指令，锅炉侧各子控制回路（给水控制、燃料和风的供给控制和炉膛压力控制）应处于自动运行方式。

（2）为了达到快速稳定压力控制，以防止由于锅炉输入变化造成主蒸汽压力波动，还需要使汽轮机主控处于自动运行方式。

（3）根据 RB 的内容，在锅炉输入方式下，以预先设定的目标值和变化率来减少锅炉的输入需求指令，切除协调控制方式到 RB 动作，由协调控制切至汽轮机跟随模式。

（二）RB 信号逻辑

选择送风机、引风机、一次风机、空气预热器、电动给水泵和汽动给水泵作为辅机监视项目。当这些设备之一出现跳闸时，产生 RB 信号，同时发出 RB 目标负荷值和降负荷速率。RB 目标值和 RB 变化率生成逻辑如图 7-12 所示。

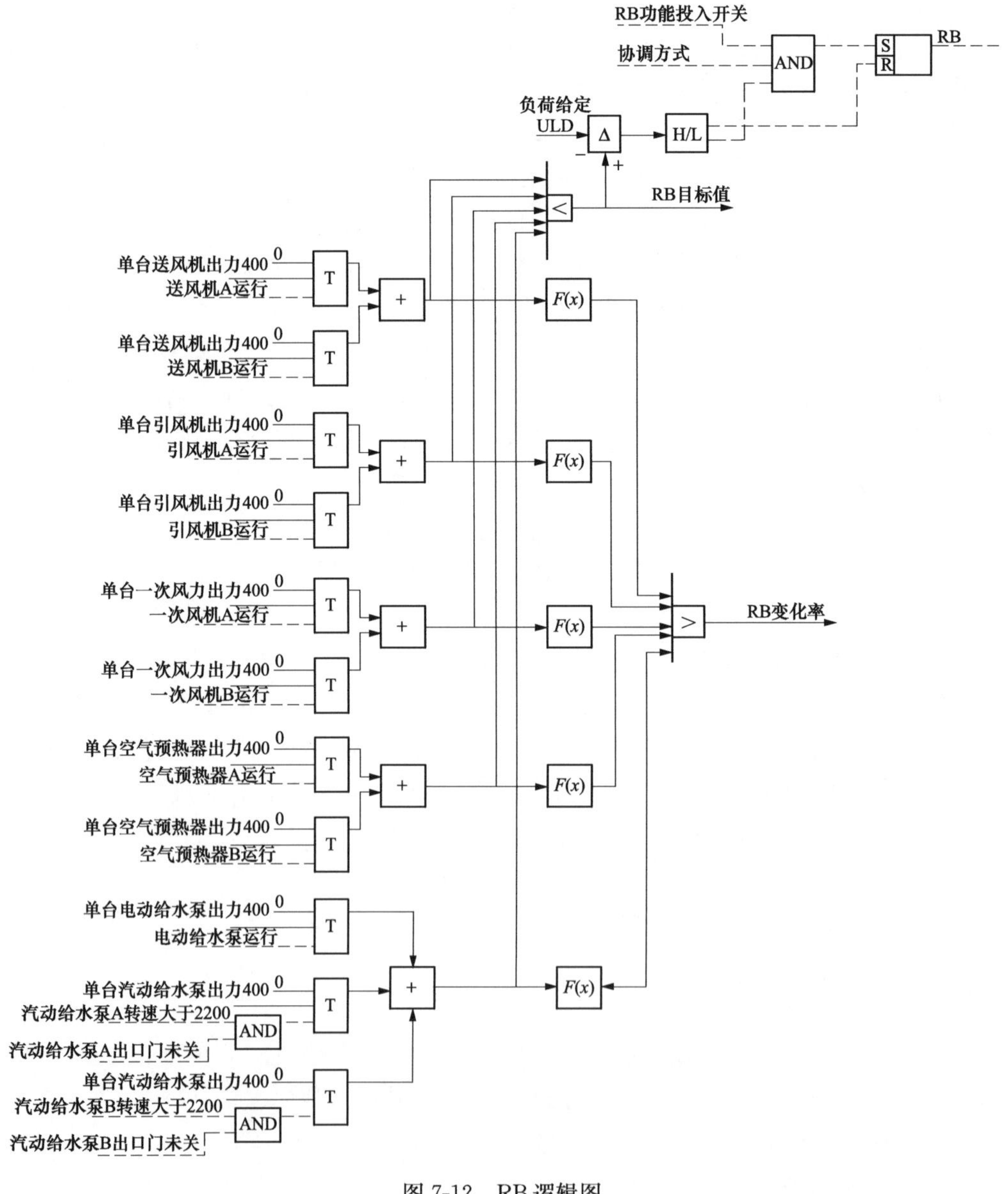

图 7-12　RB 逻辑图

（三）RB保护功能

（1）给水泵快速减负荷，主蒸汽压力必须迅速减少，因为一台给水泵难以维持高压力来跟随目标给水流量下降，因此设定值的延迟时间设定为0。

（2）利用水燃料比控制水冷壁出口温度和一级过热器出口温度的变化率，由正常设定为无穷大。

（3）为防止给水流量的减少造成过热度非正常增加，给水流量指令需要一个迟延时间。

（4）增加水燃料比控制水冷壁出口温度的比例增益，以消除过热度的非正常增加，约为正常值的2.5倍。

（5）降低水燃料比低限值，消除过热度的增加。

（6）RB发生时，跳闸磨煤机热风挡板快速联关。

七、交叉控制

水燃料比、风燃料比的平衡是锅炉稳定运行不可缺少的，否则将可能引起蒸汽温度的大幅度变化或燃烧不稳定。为了保证燃料－给水和风－燃料之间的平衡，在其控制回路中增加了交叉限制，在诸如给水、燃料和风量的每个流量指令信号上加上一些限制，以确保这些参数之间的不平衡在任何工况下都不会超过允许的限值范围。在锅炉稳定负荷恒定，给水、燃料和风量在自动方式期间，每个锅炉输入量对应于锅炉输入指令（BID），并保持它们之间相互平衡。

上述稳定情况下，相互关联的给水和燃料或者燃料和风量之间，由于某种原因超出所允许的限值范围，强制使水、燃料、风流量指令工作至安全值，并且每个锅炉输入（给水、燃料、风）在所允许的限值范围内调整，这就是交叉限制功能。

如果交叉限制功能起到好的作用，则更大程度的锅炉输入不平衡就会避免。然而，已经发生的锅炉输入不平衡是不能取消的。运行人员应监视锅炉运行工况，并采取必要的措施，如负荷指令保持、改变从CC的控制模式到BI的控制模式等，去消除剩余锅炉输入不平衡。

（一）交叉限制内容

1. 燃料和给水之间的交叉限制功能

因为直流锅炉是通过水燃料比来控制蒸汽温度的，燃料和给水之间采取下列措施以避免水燃料比出现大的差异，从而保证蒸汽温度的稳定性，交叉限制示意图如图7-13所示。

（1）燃料量对给水指令减少的交叉限制功能，为了避免蒸汽温度不正常升高，增加给水流量指令。

（2）燃料量对给水指令增加的交叉限制功能，为了避免蒸汽温度不正常降低，减少给水流量指令。

（3）给水流量对燃烧指令的交叉限制功能，为了避免蒸汽温度不正常升高，增加燃烧指令（燃料和风）。

2. 燃料和风之间的交叉限制功能

燃料和风之间采取下列措施，以避免由于缺氧造成不完全燃烧（过剩空气比率低）：

（1）燃料量对风指令增加交叉限制功能，为了避免缺氧，增加风量指令。

（2）风量对燃料指令减少交叉限制功能，为了避免缺氧，减少燃料量指令。

需要注意的是，燃料和风之间并不提供下列交叉限制：

（1）燃料增加交叉限制，因为这会使锅炉出现危险的现象。

（2）风量减少交叉限制，因为这会使锅炉燃烧不稳定。

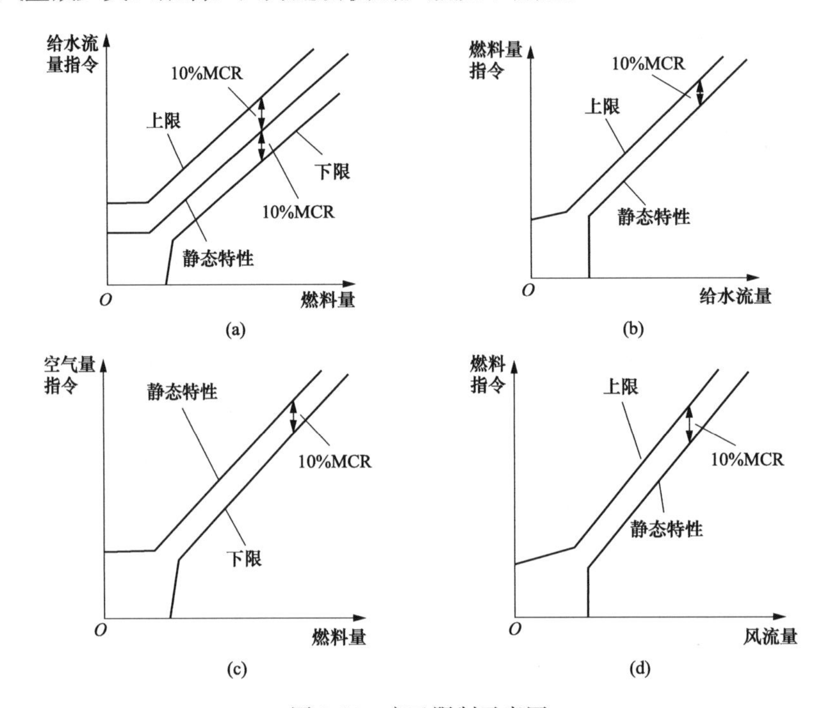

图 7-13　交叉限制示意图

（a）燃料量与给水流量增减交叉限制；（b）给水流量与燃料指令减交叉限制；

（c）燃料量与空气量指令交叉限制；（d）风流量与燃料指令减交叉限制

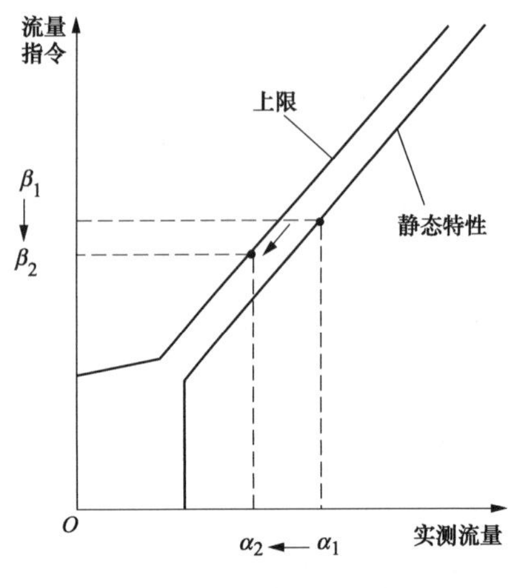

图 7-14　交叉限制说明

（二）交叉限制允许限值

通常给出的交叉限制允许的上限和下限值为10%，如图 7-14 所示。在上述燃料和给水之间的交叉限制情况下，还要考虑 5%的偏置，这是由于在负荷变化期间，允许通过锅炉输入加速（BIR）指令而产生的瞬间不平衡。对于燃料和风之间的交叉限制情况，不扩大上下限，以保护燃烧条件。上述情况也需在调试期间最终确定。

如图 7-14 所示，当被测流量（给水、燃料或风）从 α_1 变到 α_2 时，如果 β 流量指令超过所允许的限制，则可借助函数发生器 $F(X)$ 通过低值选择器选择所提供的交叉限制减少信号，而不是β指令。于是，交叉限制的β指令被强制从β_1切换到β_2。

（三）交叉限制功能的允许条件

当下列条件都成立时，可以将交叉限制功能投入运行：

(1) MWD（负荷指令）≥30%（瞬间）；

(2) 相关的控制回路处于自动运行方式；

(3) 所有 BID、给水流量、燃料量和风量信号正常；

(4) 无 RB、无 FCB（如果使用），频率偏差不高；

(5) 交叉限制按钮按下。

如果上述任何一个条件失去，则交叉限制功能将被解除。

第二节　锅炉燃烧控制系统

锅炉燃烧过程实际上是能量转换的过程，将燃料的化学能转变为热能，以蒸汽形式向负荷设备提供热能。燃烧过程控制的基本任务就是使锅炉燃烧提供的热量适应蒸汽负荷的需要，同时还要保证锅炉的安全经济运行。

超临界变压运行的直流锅炉的燃烧控制更为复杂。在实际运行过程中，受煤质变化、负荷变化、配风量、给水温度变化等各种因素影响，要精确保证水煤比很困难。但如果水煤比失调，将严重影响机组的安全运行。

一、概述

燃烧控制系统接受来自主控制系统发出的锅炉负荷指令，并将该指令分别送往燃料、送风调节系统，使燃料和风量按预先设置好的静态配合按比例同时动作，保证合适的风煤比，同时通过燃料控制和风量控制的交叉限制作用，满足加负荷时先增风、减负荷时先减燃料的生产工艺要求，以保证锅炉安全经济运行。送风调节机构的位置指令作为炉膛压力控制系统的前馈信号，实现送风机和引风机的协调动作，以减小炉膛压力波动。因此，在外界负荷需求变化时，燃料、送风和炉膛压力三个子系统同时成比例地动作，共同适应外界负荷的需求。

由于直吹式制粉系统的单元机组在基建投资和运行费用上都要比中间储仓式制粉系统经济，所以目前机组大多采用直吹式制粉系统。直吹式制粉系统在工艺结构上的不同，在控制方面也采取了相应的对策：

(1) 采用直吹式制粉系统的锅炉制粉设备和锅炉本体联系成一个整体，因此在直吹式制粉设备的锅炉运行中，制粉系统也成为燃烧过程自动控制不可分割的组成部分。

(2) 直吹式锅炉中，改变燃料调节机构位置（给煤机转速）后，还需经过磨煤制粉过程，才能使进入炉膛的煤粉量发生变化。因此，直吹式锅炉在适应负荷变化或消除燃料内扰方面反应均较慢，从而引起汽压较大的变化。因此，在锅炉负荷变化时，锅炉燃烧控制系统如何快速改变进入炉膛的煤粉量，以及当锅炉负荷不变时，控制系统如何及早地发现原煤量的扰动，是直吹式锅炉燃烧控制系统中需要特别考虑的问题。

(3) 直吹式锅炉中，单独改变给煤量不能快速地使煤粉量发生变化。因为磨煤机有较大的延迟和惯性，但改变一次风量却能迅速改变进入炉膛的煤粉量。为提高直吹式锅炉的负荷响应能力，在改变给煤量的同时改变一次风量。

(4) 为及早消除燃料量的自发性扰动，首先要及时地发现进入磨煤机中的原煤量的变化，即要快速正确地测量出磨煤机中的煤量。进入磨煤机中煤量的测量方法因磨煤机类别的差异而不同。

二、燃料（量）控制系统

（一）总燃料量指令

燃烧控制的目的就是控制总燃料量以满足当前锅炉输入指令，总燃料量由煤和燃油两种燃料流量组成。总燃料流量指令主要由以下四部分组成：

(1) 根据不同的启动方式所要求的锅炉输入指令。当负荷大于 30%或 MFT 时，按锅炉输入指令 BID 信号与对应的煤量给出煤量指令，其他运行方式下要根据试验决定。

(2) 机组 BIR 前馈指令，在燃烧投自动后加入燃烧调节系统。

(3) 水燃料比指令计算出的燃料量指令。主燃料煤的实际发热值可能会改变，而锅炉的吸热状态取决于燃料的种类和投入燃烧器所在层位置。为了对这种情况进行补偿，把水燃料比偏置（WFR）指令加在总燃料流量指令上。

(4) 考虑交叉限制功能和再热器保护功能的燃料量指令。交叉限制功能确保不平衡始终不超出规定限值，总给水量不足和总风量不足都将使燃料量指令减少。

当进入再热器的蒸汽还没建立时，将有一高限限值加在燃料量指令上使燃料量指令只能低于该限制值（根据设计而不同），具有再热器保护功能。

（二）给煤量控制系统

给煤量控制系统由煤量主控制回路和各给煤机煤量控制回路组成。

1. 煤量主控制回路

总煤量指令是由总燃料量指令减去实际燃油流量得出的。煤量主控制回路逻辑图如图 7-15 所示，控制系统为单回路控制系统。

将炉主控指令（折算为当前炉工况要求煤量）与总风量（氧量校正后的总风量）进行小值选择，作为煤量主控的设定值（SP）。小值选择的目的是保证在加负荷时先加风后加煤和减负荷时先减煤后减风的风煤交叉限制功能。

校正后的燃料量作为控制回路的实际测量值（PV）。校正后的燃料量是由当前投入的总燃油量折算成相应煤量，再和 6 台磨煤机的总煤量相加，从而得出当前炉实际校正总燃料量。

要求煤量（SP）与实际燃料量（PV）求得偏差后，经煤主控 PID 运算，求得系统要求总燃料量，扣除当前油枪燃油作用折算煤量，即得到作为煤主控指令的要求总煤量。

当出现下列情况之一时，煤主控制操作站强制切至手动控制方式：①给煤机少于 2 台在自动；②总燃料量调节故障报警；③任一磨煤量坏质量；④送风机全手动；⑤一次风机全手动；⑥炉 MFT。

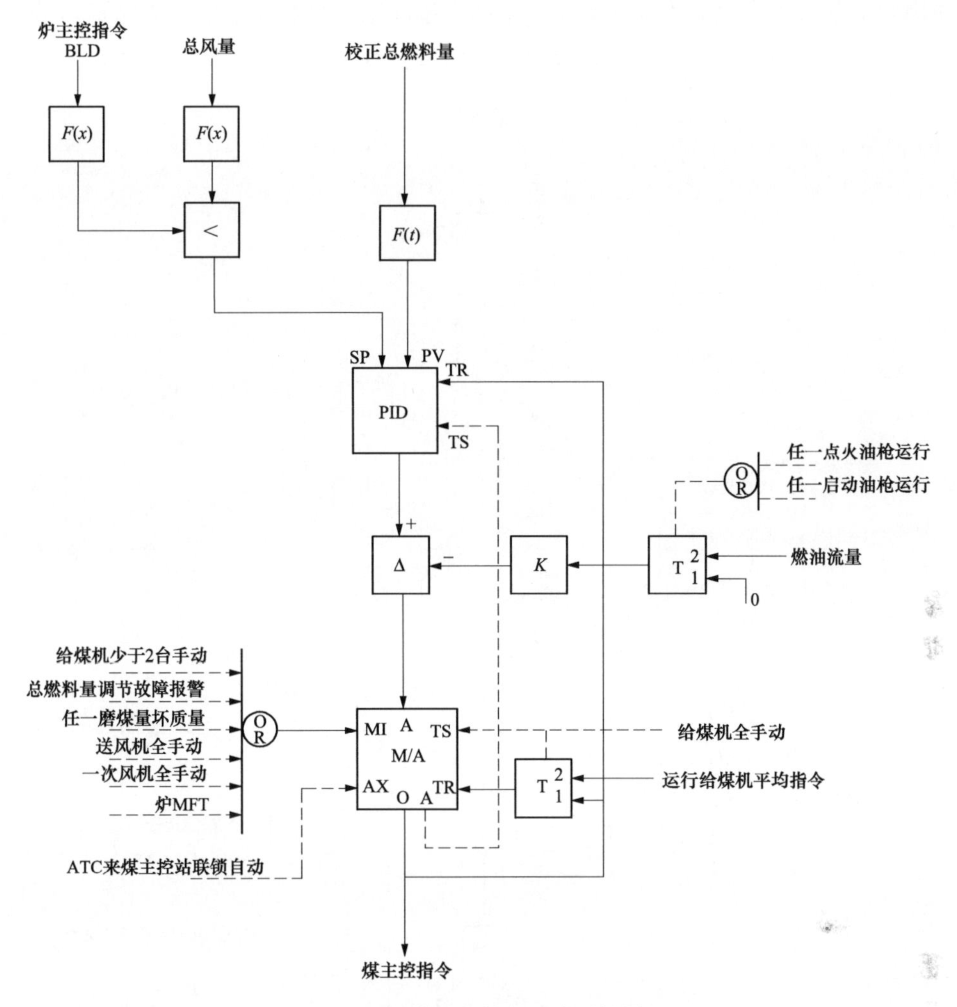

图 7-15　煤量主控制回路逻辑图

当煤主控制操作站切至手动方式时，可对投入自动的给煤机转速进行手动增减操作，起到同步操作的功能。这时煤量主控 PID 调节器跟踪煤主控制站的输出，实现手动至自动切换时的无扰切换。

由于燃煤中所含水分的不同或者煤种的不同，单位质量的燃煤发热值变化很大。由于水燃料比是锅炉控制的一个主要过程变量，它的输出直接影响总燃料量指令，所以小范围的燃煤发热量变化会通过给水燃料比得到校正。然而当燃煤发热值变化很大时，将会导致给水燃料比偏离它的静态特性，从而使对主蒸汽温度或主蒸汽压力控制的余量范围变窄。所以，如果给水燃料比在稳定工况下偏离它的期望值，则应手动修正燃煤的发热值。

2. 给煤机煤量控制回路

机组一般配置 6 台给煤机，各给煤机煤量控制均在煤主控输出指令的统一控制下，各给煤机煤量控制站按运行设定的偏置量，输出各给煤机煤量控制信号。控制系统通过调节给煤机的转速来实现燃料控制，各台给煤机控制方案相同，图 7-16 即为给煤机 A 转速控制回路逻辑图。按“加负荷时先加一次风，后加煤；减负荷时先减煤，后减一次风”的风煤交叉限制原则，各给煤机煤量控制站输出的煤量控制信号和相应磨一次风风量确定的适配煤量信号，经小值选择，输出各给煤机煤量控制指令。

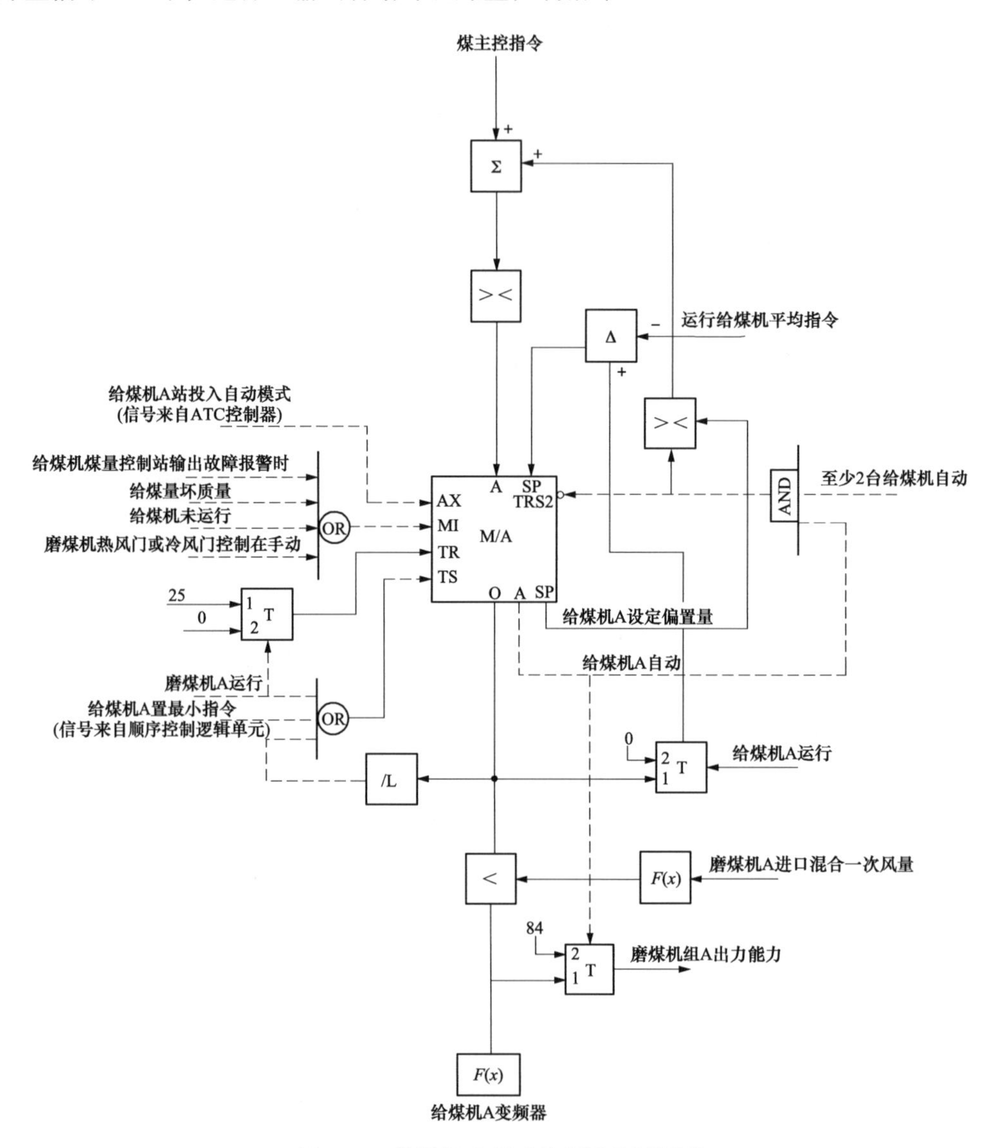

图 7-16 给煤机 A 转速控制回路逻辑图

给煤机 A/M 操作站处于自动状态时，每台给煤机的转速控制指令来自煤主控的输出。运行人员还可以在此指令基础上手动设定偏置，以平衡每台给煤机的实际运行负荷。当给煤机的转速控制在手动方式时，偏置值自动跟踪给煤机的转速指令与煤主控指令的差值，以实现无平衡、无扰动切换。

给煤机转速控制指令受到速度的限制，可以确保任何工况下给煤机的转速控制指令均不会超出运行要求的范围。在给煤机的速度控制操作站后，经过小值选择器，磨煤机一次风量经 $F(x)$ 与来自操作站的输出指令进行小选，以保证给煤速度不会超出磨煤机一次风量允许的最大给煤量，防止给粉管路堵塞。

当出现下列情况之一时，给煤机转速操作站强制切至手动方式：①给煤机煤量控制站输出故障报警；②给煤量坏质量；③给煤机未运行；④磨煤机热风门或冷风门控制在手动。手动方式下时，给煤机转速由运行人员手动调节给出。

当出现下列情况之一时，给煤机操作站处于跟踪状态：①磨煤机未运行时，给煤机煤量控制站输出按设定速率跟踪置 0；②磨煤机已运行时，得到“给煤机置最小输出”（顺序控制来）时，或煤量控制站输出有小于 25%的输出趋势时，给煤机煤量控制站输出按设定速率跟踪置 25%。

给煤机煤量控制站无强制手动条件发生，自动启动顺序控制发出给煤机煤量控制站投入自动指令时，给煤机煤量控制站将联动投入自动。

（三）燃油控制系统

燃油不作为锅炉燃烧的主要燃料，只是在启动期间和低负荷运行时使用。燃油流量指令由总燃料量减去总煤量得出。

为避免不稳定的连续运行和锅炉跳闸，需保持燃油母管压力在稳定燃烧的水平上。燃油压力控制由控制供油压力调节阀来控制供油母管压力，以保证其在设定值范围变化，采用单回路 PID 控制系统。图 7-17 为燃油压力控制回路逻辑图。

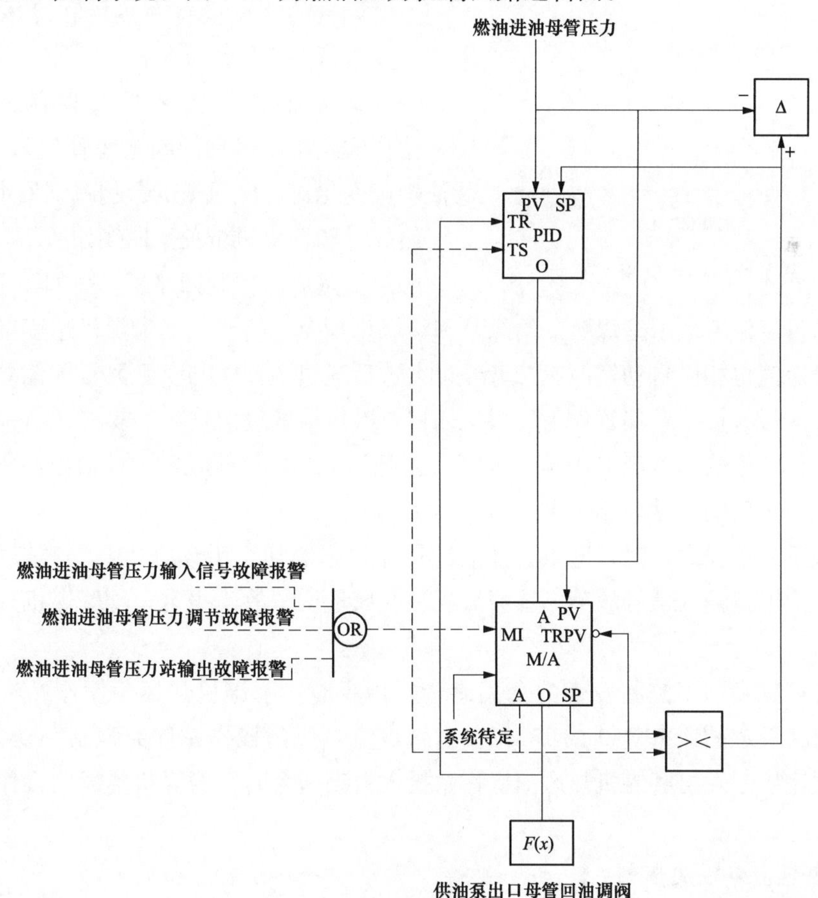

图 7-17　燃油压力控制回路逻辑图

(四)磨煤机控制系统

机组的锅炉配有6台给煤机(A~F)、6台磨煤机(A~F),其中有5台正常运行、1台备用就可以保证机组带满负荷。各台磨煤机的控制系统结构和原理完全相同,其组成和原理介绍如下。

磨煤机控制系统包括磨煤机一次风量控制、磨煤机的出口温度控制和磨煤机旋风分离器速度控制三个系统。磨煤机运行时,磨煤机入口冷风门、热风门用于调整磨煤机入口的一次风量和出口温度,旋风分离器速度通过给煤量进行调节。

1. 磨煤机一次风量控制

为了将磨制好的煤粉输送至炉膛,维持每个煤粉燃烧器都有各自适当的风煤比,并且煤粉管道中的煤粉和空气混合物的速度还应保持在一定范围内,每台磨煤机都要进行一次风量控制。磨煤机一次风量控制采用热风挡板来控制,是因为热风的风量比冷风的风量大。

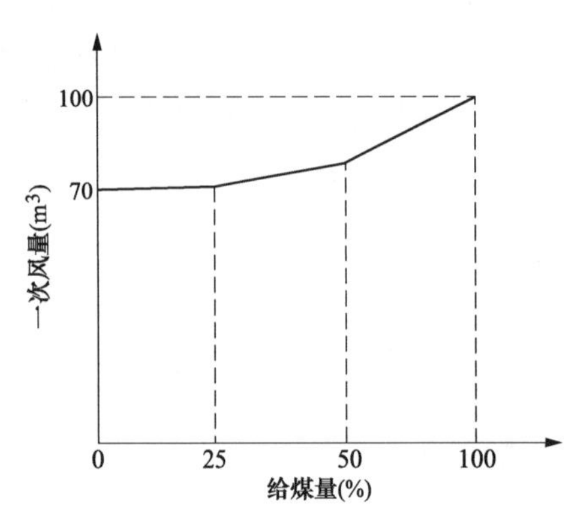

图7-18 给煤量与一次风量关系曲线

磨煤机的一次风量的设定值是由送入磨煤机的给煤量经函数发生器给出的,同时运行人员提供可对其进行偏置设置。

一次风量的测点设置在热风和冷风混合点的下游,并进行一次风温度补偿。

一次风量的控制需要反馈控制的原因是:①补偿从磨煤机出口到炉膛之间管道阻力的变化;②使炉膛变化对一次风量的影响减到最小。

给煤量和一次风量关系曲线如图7-18所示。

磨煤机热风门控制回路逻辑图如图7-19所示。一次风量的设定值考虑了磨煤机的给煤量和给煤量指令,这样,当给煤机速度增减时,一次风量的设定值也相应自动增减。二者经过大选后通过 $F(x)$ 与实际风量求偏差后,经过速度限制和运行人员手动偏置作为磨煤机入口一次风量的设定值。磨煤机入口一次风量实际测量值和设定值的偏差经PID调节器后,再叠加上燃料量扰动的前馈信号,作为磨煤机入口热风挡板开度的自动控制指令。

当出现下列情况之一时,磨煤机热风门操作站强制切至手动方式:①磨煤机未运行;②磨煤机一次风量输入信号故障;③磨煤机一次风量调节故障报警;④磨煤机热风门输出故障报警。

当系统接收到顺序控制发来的全关或全开指令时,磨煤机热风门操作站将进入跟踪态,其输出将设定的速率置0或100%。当磨煤机热风门操作站并无强制手动条件发生,自动启动顺序控制发出磨煤机热风门操作站投入自动指令时,磨煤机热风门操作站将联动投入自动。

2. 磨煤机出口温度控制

为了维持磨煤机出口温度为设定值,每台磨煤机都设计有出口温度控制系统。磨煤机出口温度太低,煤和煤粉得不到足够的干燥,造成制粉困难,甚至造成堵塞,影响煤粉的

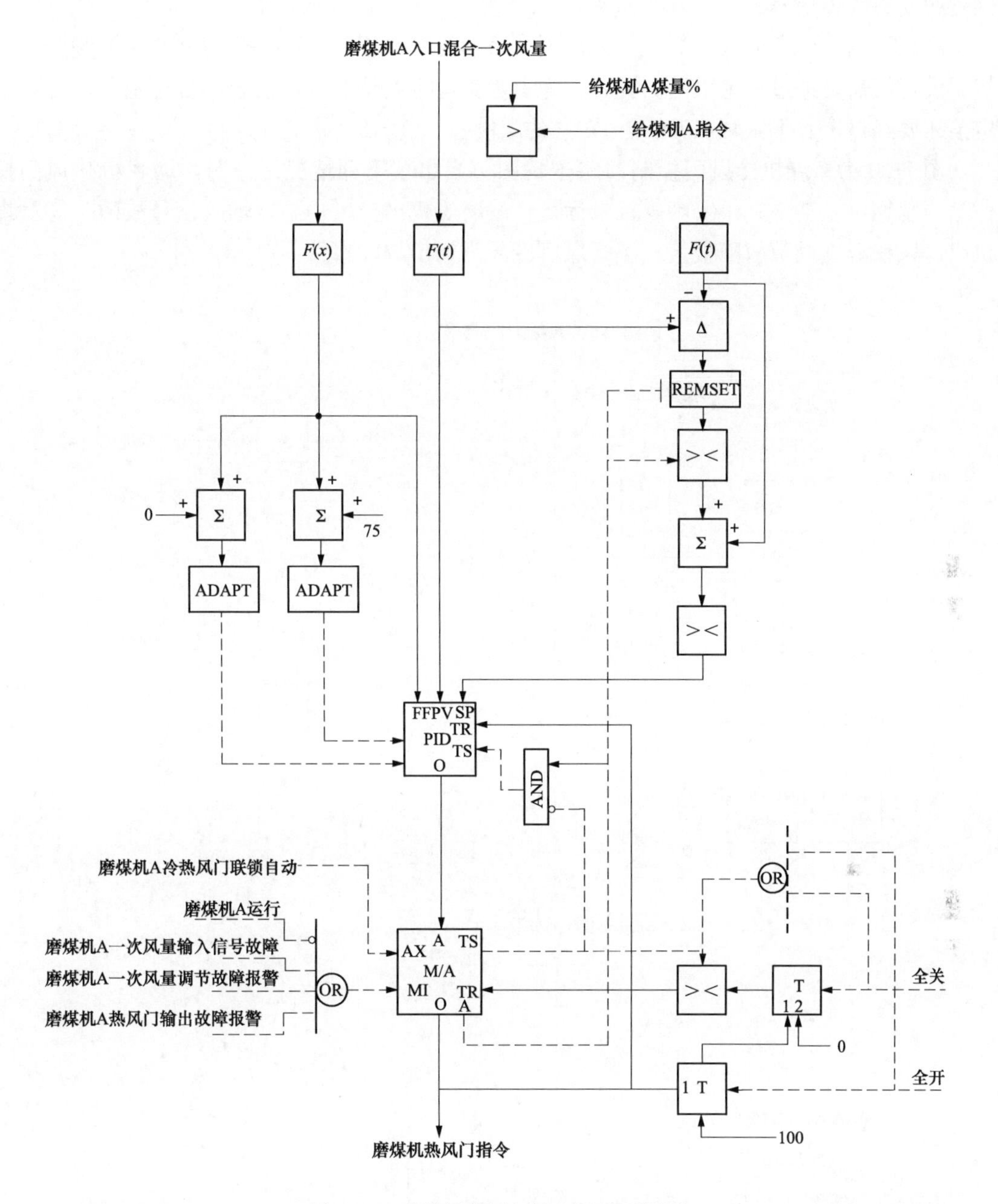

图 7-19　磨煤机热风门控制回路逻辑图

输送；温度太高，可能会引起制粉系统某些地点着火，造成事故。可以采用冷风挡板来控制磨煤机的出口温度。

温度调节的惯性较大，还需将热风挡板的控制指令送给冷风挡板控制回路作为前馈信号。当出现磨煤机的出口温度大于设定值时，冷风挡板将开大，而热风挡板将关小，这样可以减少磨煤机出口温度的动态偏差。由于风量调节的响应较快，同时也为了避免风量和温度调节回路间来回交叉影响，热风挡板的控制指令并不像通常的设计那样送到冷风挡板控制回路作为前馈信号。同时为了减小调节的滞后，引入了磨煤机 A 给煤指令作为控制回路的动态补偿信号。

磨煤机出口设定值（80℃）由运行人员手动给出，为防止设定值的突变对控制产生干扰，设定值需要经过速率限制。同时，为了避免运行人员的设定值超出合理范围之外，设定值还要经过上、下限幅（90℃、0℃）的限制。

图 7-20 为磨煤机冷风门控制回路逻辑图。当出现下列情况之一时，磨煤机热风门操作站强制切至手动方式：①磨煤机未运行；②磨煤机出口风粉温度输入信号故障；③磨煤机出口风粉温度调节故障报警；④磨煤机冷风门输出故障报警。

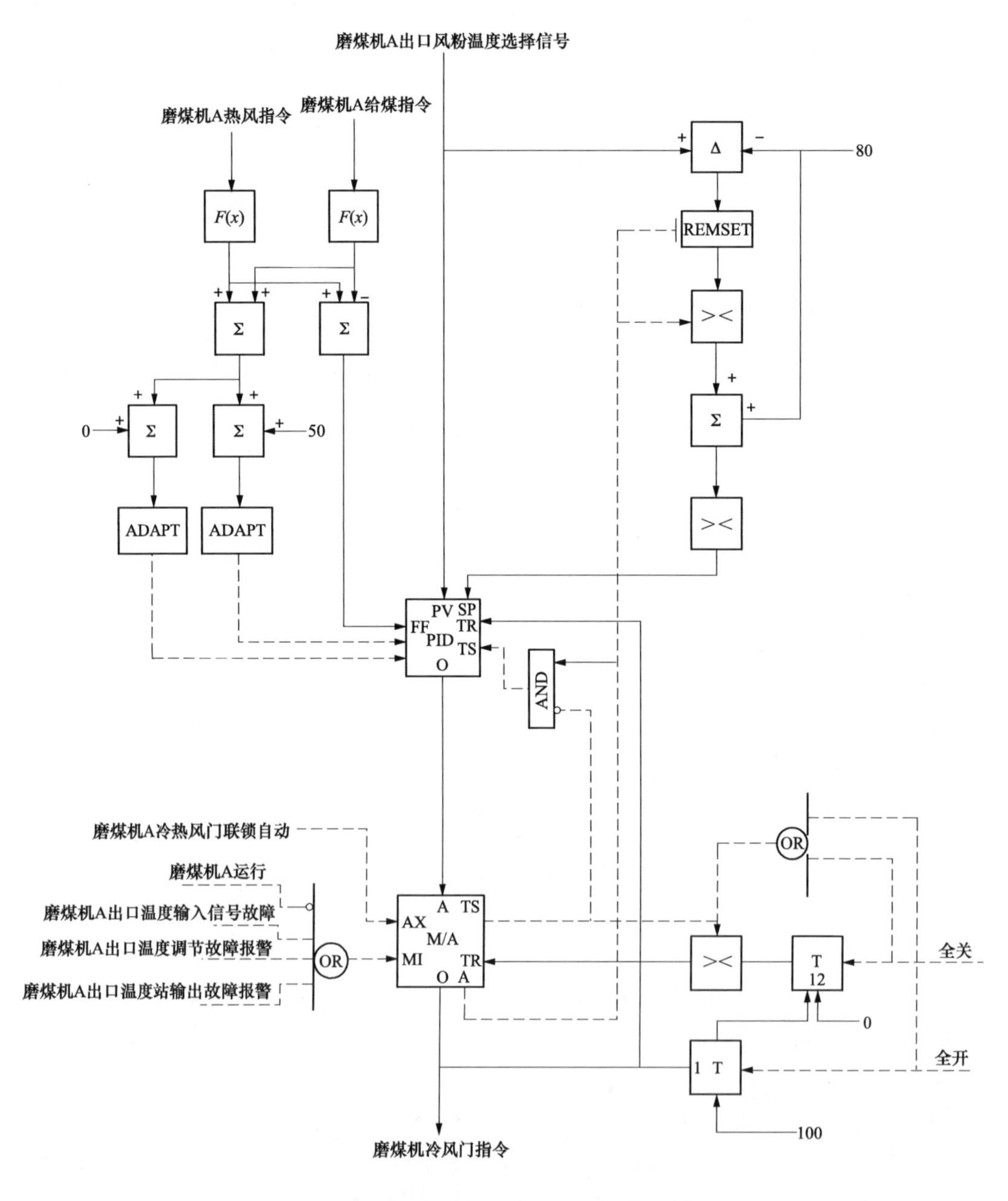

图 7-20　磨煤机冷风门控制回路逻辑图

当系统接收到顺序控制发来的全关或全开指令时，磨煤机冷风门操作站将进入跟踪状态，其输出将设定的速率置 0 或 100%。当磨煤机冷风门操作站并无强制手动条件发生，自动启动顺序控制发出磨煤机冷风门操作站投入自动指令时，磨煤机冷风门操作站将联动投入自动。

（五）风量控制系统

风量控制系统包括风量控制、层燃烧器二次风挡板控制、燃尽风挡板控制。

1. 风量控制

机组配备了 2 台送风机，共同保证锅炉对二次风量的要求。风量控制回路是根据锅炉主控制器发出的风量请求，维持燃烧稳定及保证合适的风煤比。送风调节回路是串级双阀门控制系统，氧量校正调节器是主调，风量调节器是副调，最终以调整送风机入动叶开度为手段，控制锅炉总风量为设定值。

(1) 烟气含氧量校正和总风量计算。送风调节的任务在于保证燃烧的经济性，就是说要保证燃烧过程中有合适的燃料与风量比例。但锅炉在不同负荷时，燃料量和送风量的最佳配比是不同的，因此以烟气中的含氧量作为检查燃料量和风量是否配合适当的指标。通常炉膛出口过剩空气系数 a 也是衡量锅炉安全、经济运行的一个重要指标。过剩空气系数 a 和烟气含氧量 $C_{O_2}\%$（通常以百分数表示）之间的关系为

$$a=\frac{21}{21-C_{O_2}\%} \tag{7-4}$$

当过剩空气系数 a 过大时，火焰中心上移，引起过热器结焦和超温，并且炉内温度降低，燃烧恶化。同时排烟带走的热量损失增加，致使锅炉效率降低。反之，当过剩空气系数 a 过小时，由于空气扩散，风和煤粉混合接触机会降低，不完全燃烧损失增加，锅炉效率降低。因此，锅炉内过剩空气系数 a 也应该保持在合适值。

烟气含氧量校正是送风控制系统的主调，以省煤器出口和低温再热器出口烟气含氧量信号的平均值作为被调量，完成对锅炉过剩空气系数的控制。系统按设定要求的最佳助燃过剩空气系数，适时地对锅炉主控指令和校正总燃料量的大值折算的要求总风量进行修正，向系统风量副调适时地输出最佳总风量设定值。这一运算原则保证了静态最佳需求风量的供应，又满足了变负荷动态过程中“加负荷时先加风，后加燃料；减负荷时先减燃料，后减风”的运行调整原则。

氧量校正及总风量控制回路逻辑图如图 7-21 所示。按照锅炉不同工况下主控指令折算的理论要求含氧量作为烟气含氧量的设定值。运行人员可以根据煤种、煤量等燃烧情况手动设定修正系数，为防止修正值阶跃变化对系统造成扰动，设定值要经过速率限制。同时为了防止运行人员将设定值操作至合理范围之外，设定值还要符合上、下限幅的限制(上限值 6%、下限值 3%)。

当下列情况之一出现时，氧量校正站强制为手动：① 2 台送风机均为手动；②炉主控指令坏质量；③氧量校正故障报警；④低温再热器 A 侧出口氧量输入信号故障；⑤低温再热器 B 侧出口氧量输入信号故障；⑥省煤器出口 A 侧氧量输入信号故障；⑦省煤器出口 B 侧氧量输入信号故障。

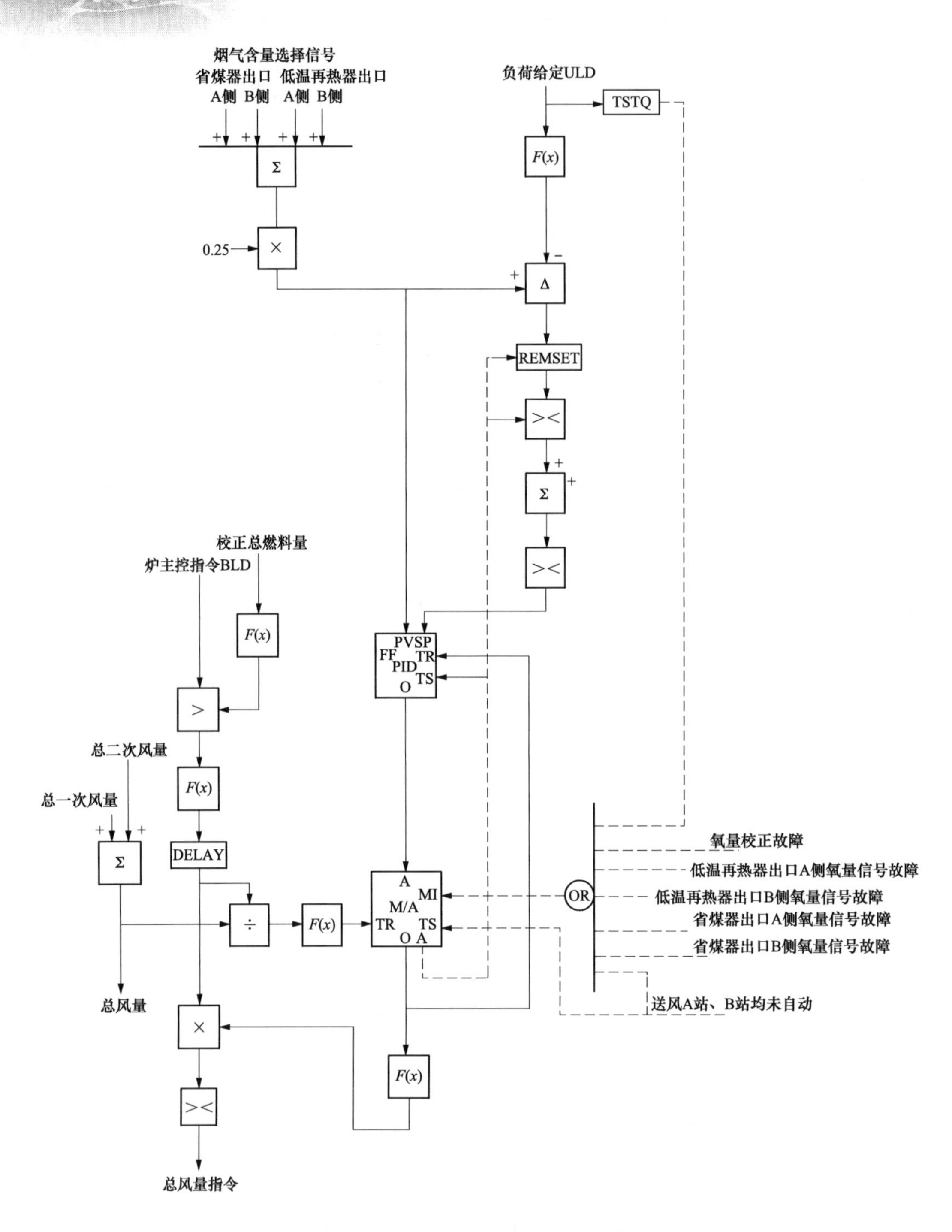

图 7-21　氧量校正及总风量控制回路逻辑图

氧量操作站切到手动方式后，氧量校正 PID 调节器的输出跟踪氧量操作站的手动输出信号，同时氧量偏置信号跟踪氧量实际测量值和氧量给定值的偏差。当送风控制切至手动方式后，氧量操作站输出跳跃函数块的输出。

（2）送风机入口动叶控制。机组一般配备 2 台轴流式送风机，每台分别能够带

50%负荷，通过控制其入口动叶开度大小来满足入炉风量要求。送风机入口动叶控制（即风量控制系统）是送风控制系统的副调，它的实际测量值为总风量信号（一次风、二次风之和的总风量），给定值为经氧量校正后的总风量。当测量值与给定值出现偏差时，经风量调节器计算输出后作为 2 台送风机入口动叶开度指令。送风机动叶控制回路如图 7-22 所示。

为使系统尽快满足负荷变化的要求，系统将总风量指令作为前馈信号引入，同时还可以保持炉膛压力稳定。

由于单台送风机自动与两台送风机均自动时系统特性存在差异，在系统副调输出配置了不同的比例系数，以改善调节品质。

当系统接收到顺序控制发来的全关或全开（请求自然通风）送风机入口动叶指令时，送风控制站将进入跟踪状态，其输出按设定速率置 0 或 100%。

当出现下列任一情况时，送风控制站强制切为手动：①送风机停运；②总风量信号坏质量；③总风量指令坏质量；④接收到顺序控制发来的全关或全开送风机入口动叶指令；⑤风量调节故障；⑥送风控制站输出故障报警。

送风控制站没有强制自动条件发生，自动启动顺序控制发出送风控制站投入自动指令时，送风控制站将联动投入自动。

送风 A、B 操作站输出设置有炉膛压力高闭锁加和炉膛压力低闭锁减保护功能。当炉膛压力出现异常时，通过两组大选块和小选块及切换选择逻辑的限制功能来闭锁送风机动叶开度指令。

送风控制站在自动状态时，当炉发生 MFT 时，送风机入口动叶在 30s 内暂时保持开度不变。

2. 层燃烧器二次风挡板控制

一般锅炉配备有 6 层，分前、后墙侧布置共 12 台燃烧器，层燃烧器二次风量控制系统设计为各自独立、结构完全相同的 6 套单回路 PID 调节系统。它们均是以一个层站指令，对称控制同层前、后墙 2 个二次风调节挡板开度，使该层二次风流量为要求值。图 7-23 为二次风挡板控制回路逻辑图。

3. 前墙/后墙燃尽风挡板控制

前墙/后墙燃尽风挡板控制回路与层燃烧器二次风量控制系统结构完全相同，以单回路 PID 调节为手段，以一个墙控制站指令，对称控制同墙 A/B 侧两个燃尽风挡板开度，使该墙燃尽风流量为要求值。其中，不同之处在于，前墙/后墙燃尽挡板控制的设定值为炉主控指令折算而成燃尽风设定值。前墙/后墙燃尽风挡板控制回路逻辑图如图 7-24 所示。

（六）压力控制

燃烧控制系统的压力控制包括炉膛压力控制和磨煤机入口热风压力控制，分别由引风机和一次风机叶片斜度来完成压力控制。

1. 炉膛压力控制

炉膛压力控制系统的主要任务是维持炉膛压力在一定范围内的变化。锅炉运行时，机

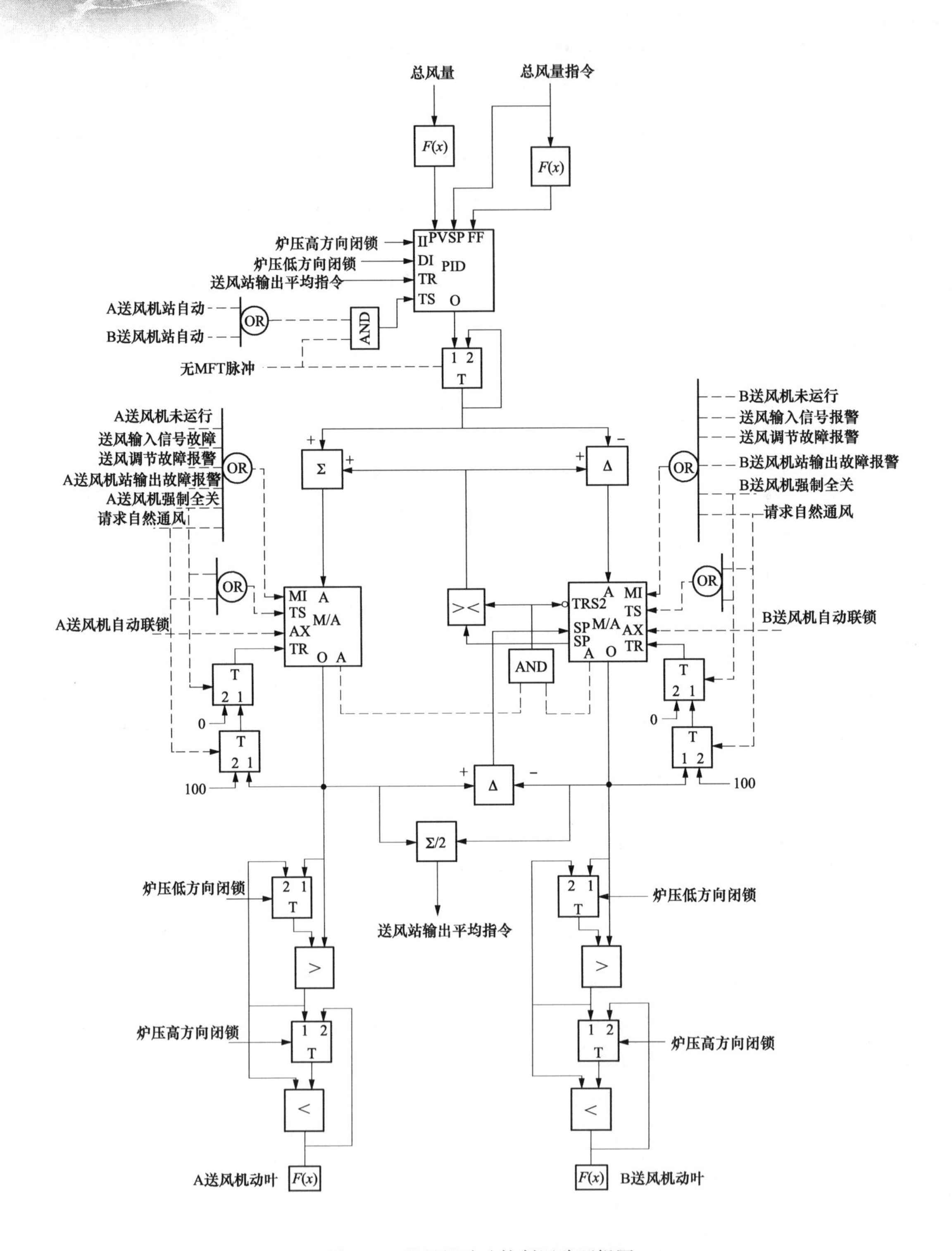

图 7-22　送风机动叶控制回路逻辑图

组要求的负荷指令改变，刚进入炉膛的燃料量、送风量都将改变，燃料在炉膛中燃烧后产生的烟气量也将随之改变，这时，为维持炉膛内保持正常压力，必须对引风量进行相应调

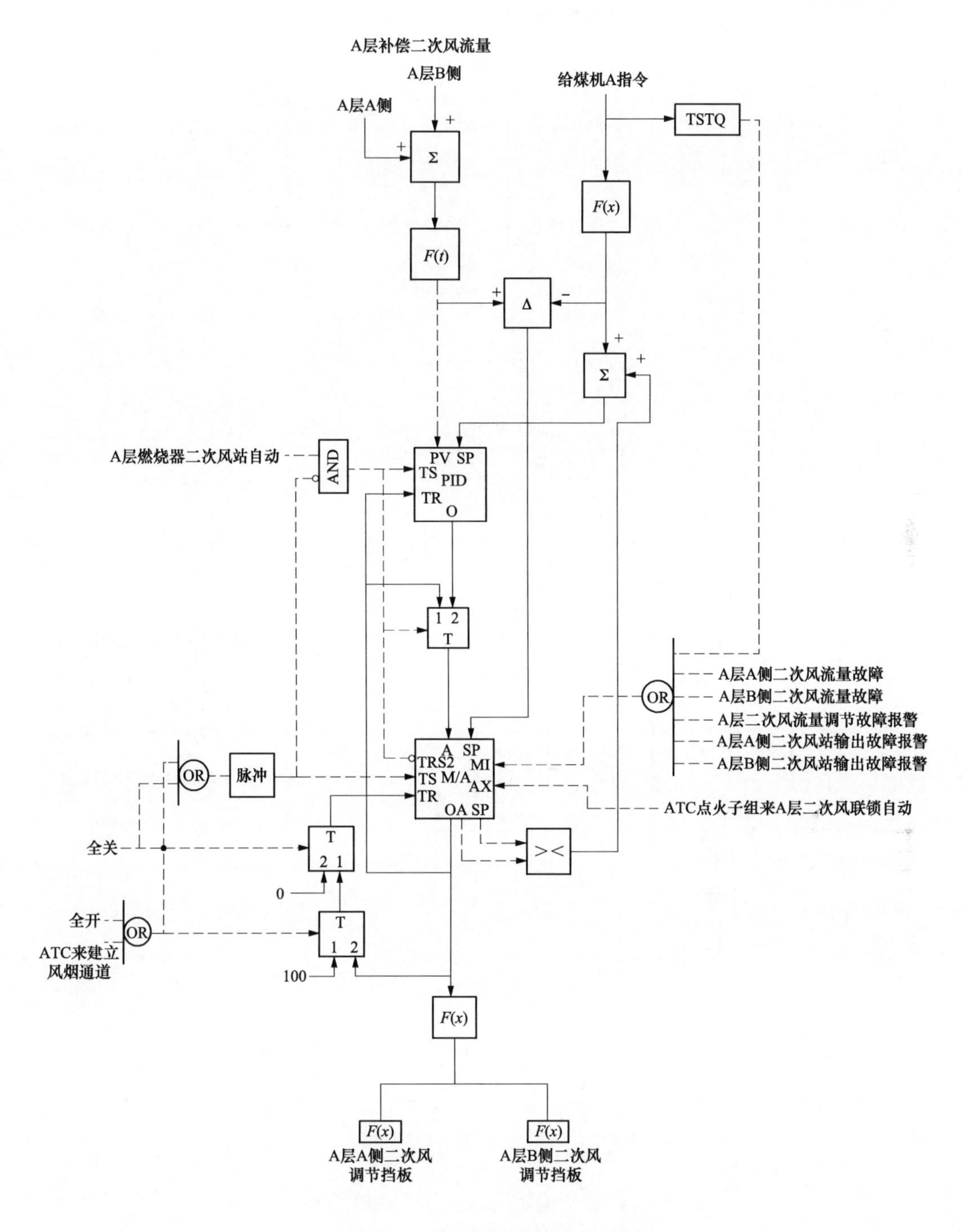

图 7-23　二次风挡板控制回路逻辑图

节。实践表明，锅炉一旦燃烧系统发生故障，首先反映的就是炉膛压力的变化，然后才是其他参数。炉膛压力过高，炉膛内火焰和高温烟气就会向外泄漏，影响锅炉的安全运行；炉膛压力过低，炉膛和烟道内的漏风量将增大，可能使燃烧恶化，燃烧损失增大，甚至会燃烧不稳定或灭火。因此，炉膛压力必须维持在一定的允许范围内。

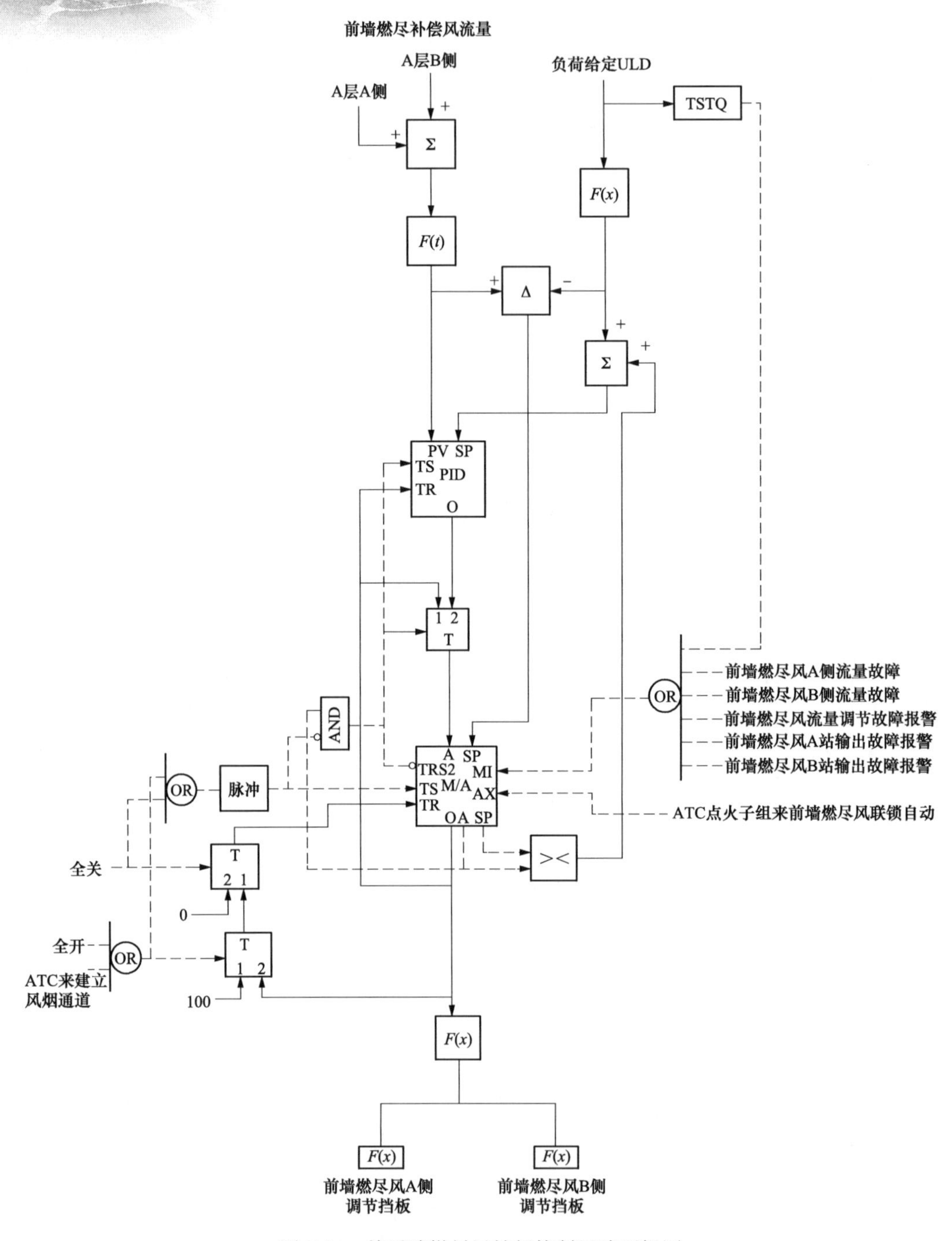

图 7-24　前后墙燃尽风挡板控制回路逻辑图

炉膛压力是通过调节两台引风机动叶角度来控制的，控制回路逻辑图如图 7-25 所示。根据压力偏差和送风前馈信号，形成对引风机动叶角度的控制输出。送风机动叶指令作为前馈信号以提高负荷变化时的响应性。

如果出现炉膛压力波动很大的工况，系统就会自动地采取适当的超驰控制。

若发生 MFT，通过炉膛压力控制高限限制回路迫使引风机动叶指令减到最小，会根

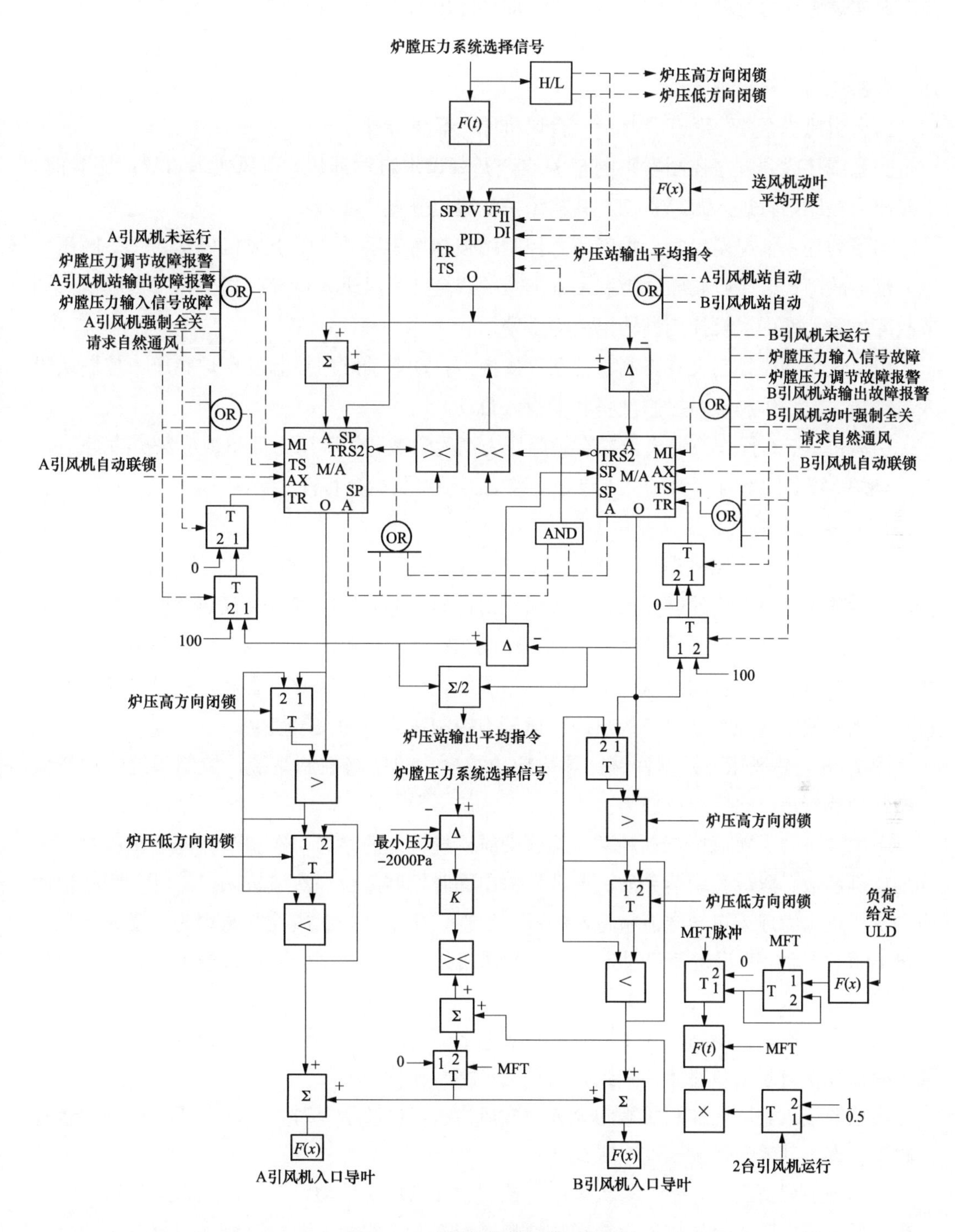

图 7-25　引风机控制回路逻辑图

据 MFT 前机组负荷的大小自动减少一定值（锅炉厂设置为 20%，需调试后确定），以防止由于炉膛风量的突然减少和燃料量的失去可能导致的炉膛内爆。

去引风机导叶的指令通过方向闭锁回路后送出，方向闭锁回路是为了防止引风机动叶指令向使炉膛压力过度恶化的方向变化。即炉膛压力高指令禁止减，压力低禁止开。

当喘振闭锁功能检测到引风机将发生喘振时，方向闭锁功能还防止引风机指令的增加，以避免引风机出现喘振。

两台引风机全停，联开导叶；一台风机停，联关导叶。

当系统接收到顺序控制发来的全关或全开（请求自然通风）引风机入口导叶指令时，炉膛压力控制站将进入跟踪状态，其输出按设定速率置0或100%。

当下列任一情况发生时，炉膛压力控制站强制切为手动：①引风机停运；②炉膛压力输入信号故障；③接收到顺序控制发来的全关或全开引风机入口导叶指令；④炉膛压力调节故障报警；⑤引风机控制站输出故障报警。

引风压力顺序控制没有强制手动条件发生，自动启动顺序控制发出炉膛压力控制站投入自动指令时，炉膛压力控制站将联动投入自动。

引风机A、B操作站输出设置有炉膛压力高闭锁减和炉膛压力低闭锁加保护功能。

当炉MFT发生时，引风机入口导叶控制为动态关微分特性。

2. 磨煤机入口热风压力控制

一次风是由一次风机提供给磨煤机的，用来将磨煤机里的煤粉送到炉膛里并干燥煤粉，同时作为喷燃器里的燃烧风。一次风机出口的一部分风经过空气预热器变成热风，另一部分风经过旁路预热器是冷风，热风和冷风在每台磨煤机的入口混合。送到每台磨煤机的一次风量由热风挡板和冷风挡板调节，为了使一次风量控制效果更好，通过调整一次风机入口挡板使空气预热器出口的热一次风压力控制在适当的设定值上。

图7-26为热风压力控制回路。热风压力控制为单回路控制系统，控制系统的测量值为空气预热器出口热一次风压力。

考虑到单台一次风机自动和两台均自动时系统特性的差异，在调节器的输出配置了不同的比例系数，以改善调节品质。调节器输出同时控制2台一次风机入口导叶，为补偿两台一次风机出力或入口导叶流量特性的不一致性，在2台一次风控制站均为自动时，在一次风B操作站的SP设定值可设定2台一次风机入口导叶开度偏置，以校正2台一次风机出口风量为一致。

当2台一次风控制站均为手动时，系统调节器输出跟踪2台一次风控制站输出的平均值，确保系统自手动状态始终一致，实现无平衡、无扰切换。

当系统接收到顺序控制发来的全关一次风机入口导叶指令时，一次风压力控制站将进入跟踪状态，其输出按设定速率置0。

当出现下列情况之一时，一次风压力控制站强制切为手动：①一次风机未运行；②热一次风母管压力输入信号故障；③接收到顺序控制发来的全关一次风机入口导叶指令；④一次风调节故障报警；⑤一次风控制站输出故障报警；⑥炉MFT。

一次风压力控制站没有强制手动条件发生时，自动启动顺序控制发出一次风压力控制站投入自动指令时，一次风压力控制站将联动投入自动。

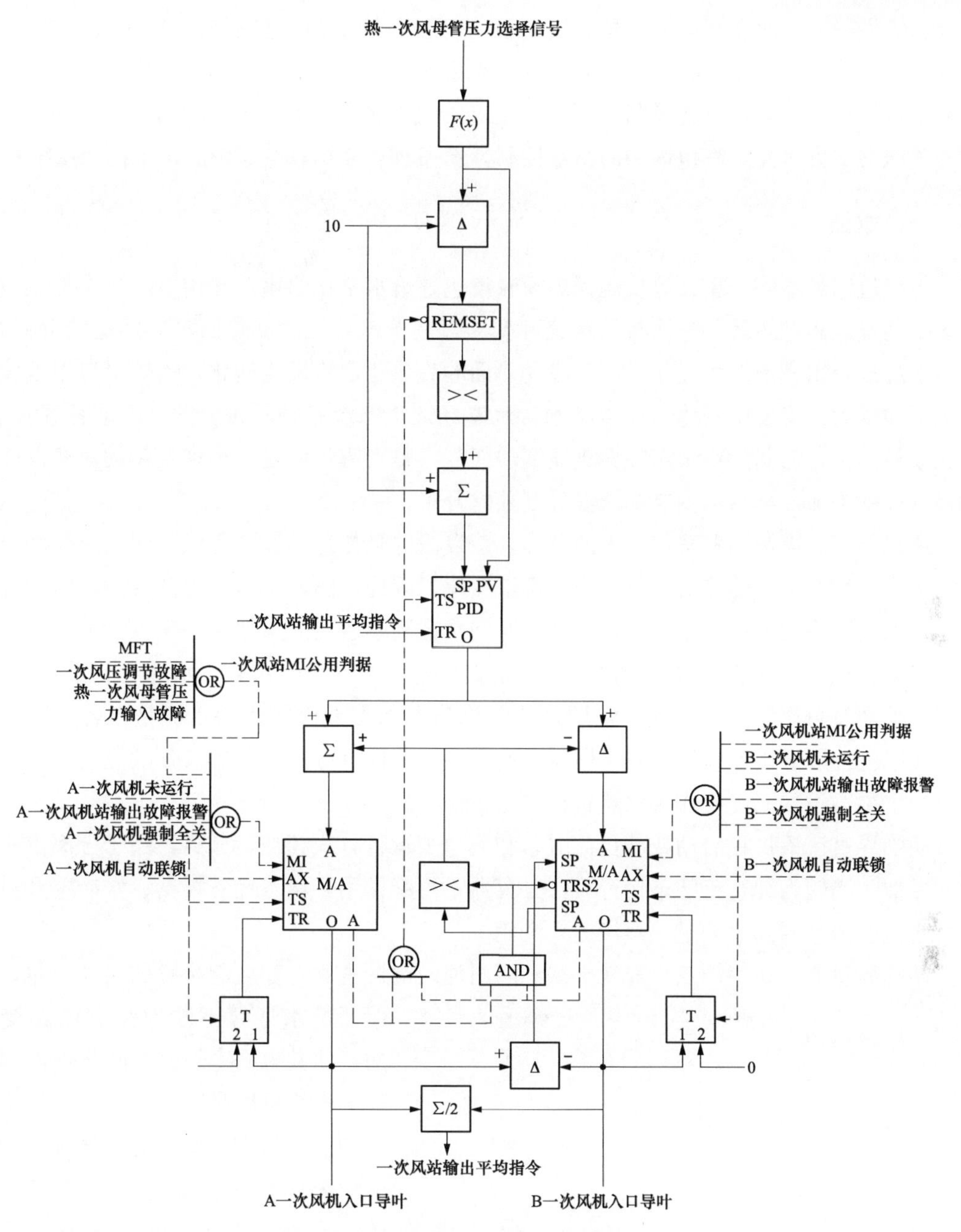

图 7-26　热风压力控制回路逻辑图

第三节　给水控制系统

大多数锅炉分为汽包锅炉和直流锅炉两种，超临界机组采用的都是直流锅炉。直流锅炉和汽包锅炉的给水控制任务有些不同。汽包锅炉给水控制系统的主要任务是产生用户所要求的蒸汽量，同时保证汽包水位在规定的范围内。由于汽包的存在，使锅炉的蒸发段与过热段有明确的分界线，锅炉的蒸发量主要取决于燃烧率，所以汽包锅炉的给水控制系统、汽温控制系统及燃烧控制系统相对独立，由燃烧率调节负荷，实现燃料量与蒸汽热量之间的能量平衡。而在直流锅炉里，由于没有汽包，给水到过热蒸汽一次完成，加热段、蒸发段和过热段之间没有明确的分界，每一个输入量的扰动都会引起各输出量的变化，各个系统之间相互关联，也使控制过程更加复杂，控制系统结构与汽包锅炉有很大的区别。在相关图书中大多介绍汽包锅炉的给水控制，本书重点介绍直流锅炉的给水控制系统。

一、概述

与汽包锅炉不同，超临界直流锅炉没有汽包，给水是在给水泵作用下，一次性通过加热区、蒸发区和过热区，一次将给水全部变为过热蒸汽，三段受热面没有固定的分界线。当给水流量及燃烧率发生变化时，三段受热面的吸热比率将发生变化，锅炉出口温度及蒸汽流量和压力都将发生变化，所以给水、汽温和燃烧系统是密不可分的，不能独立控制，应视作整体进行控制。对于超临界直流锅炉而言，整台锅炉就是一个多变量的对象，而不能像汽包锅炉那样把给水控制和汽温控制独立开来。

超临界直流锅炉随着蒸汽压力的升高，蒸发段的吸热比例逐渐降低，而加热段和过热段的吸热比例增加；受热面管径变小，管壁变厚。因此，随着蒸汽压力的升高，锅炉分离器出口汽温和锅炉出口汽温的惯性增加，时间常数和延迟时间增加。

水燃料比（给水和燃料量的比例）是超临界直流炉的重要参数，水燃料比是否合适，直接反映在过热汽温上。因此，常用过热蒸汽汽温的偏差来校正给水流量与燃烧率的比例，实际上一般采用能较快反映水燃料比的汽水过渡区（分离器）出口处的温度（中间点温度，也称微过热温度）作为水燃料比的修正信号。

超临界直流锅炉在启动或低负荷时，和汽包炉运行方式相似，分离器用于分离汽水和汽包相似。当转为纯直流状态运行后，分离器不再起作用，给水经省煤器、水冷壁和过热器，直接变成高温高压的过热蒸汽进入汽轮机。

超临界直流炉在锅炉点火前就必须不间断地向锅炉进水，建立起足够的启动流量，以保证给水连续不断地强制流经受热面，使其得到冷却。为防止低温蒸汽进入汽轮机后凝结，造成对汽轮机的水冲击，超临界直流锅炉设置专门的启动旁路系统排除这些不合格的工质。另外，还有最低给水流量的要求，在低负荷时，如锅炉指令有较大幅度变化时，容易引起省煤器入口流量低而导致锅炉 MFT，因此直流炉机组的锅炉省煤器入口流量保护值设计为 486t/h，而汽包炉根本没有该保护。

超临界直流锅炉的汽水流程示意如图 7-27 所示。

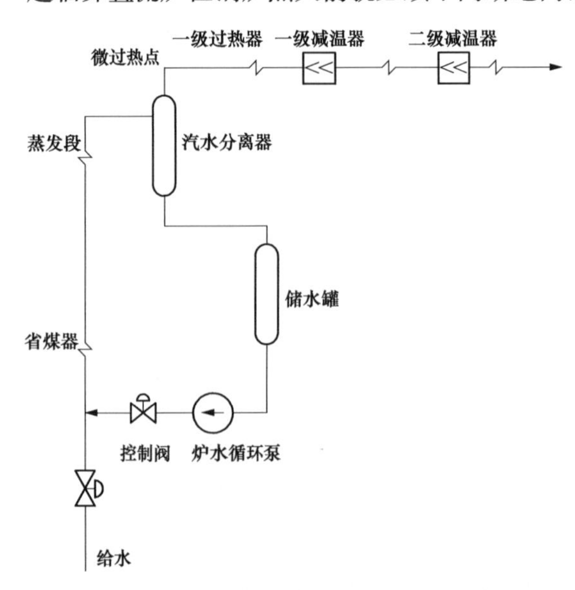

图 7-27　超临界直流锅炉汽水流程示意图

二、给水控制系统控制方案

超临界机组的锅炉给水系统均配置了1台电动给水泵和2台汽动给水泵，电动给水泵的容量为35%，汽动给水泵的容量为50%，给水管路上配有1个给水旁路调节阀（30%容量）和电动截止阀（100%容量）。锅炉启动系统配有4只汽水分离器，1个储水箱和锅炉再循环泵。

（一）水冷壁出口联箱给水温度设定值形成

水煤比是直流锅炉运行的重要控制参数，不同工况下炉的燃烧是受炉主控指令控制实施的。在炉一定的燃烧强度下，给水流量直接影响汽水分离器入口的汽水温度。一般来讲，汽水分离器入口汽水参数是工作于饱和状态（低负荷阶段）或微过热状态，因此可以用一定压力状态下的汽水分离器入口温度适时地表征运行锅炉当前水煤比的适配状态。这样，给水调节确定相应工况下给水流量问题就转变成为确定相应工况下一定压力状态的汽水分离器入口要求温度。

选取汽水分离器储水罐出口汽侧压力来表征汽水分离器入口压力。从可靠性和安全性出发，当储水罐出口汽侧压力大于主蒸汽压力信号5MPa时，认为汽水分离器储水罐出口汽侧压力失真，运算则选用主蒸汽压力来表征汽水分离器入口压力。参照锅炉厂家设计资料，按选定的汽水分离器入口压力，折算出合理过热度要求的汽水分离器入口温度。当炉负荷大于55MW后，考虑到给水流量与减温水量的合理比率，汽水分离器入口温度折算设定值还需引入机组减温水量补正值的修正。水冷壁出口联箱给水温度设定值回路逻辑图如图7-28所示。

水冷壁出口联箱给水温度设定包括以下两部分：

(1) 汽水分离器储水罐压力或主蒸汽压力比较选择后，经函数发生器后给出水冷壁出口联箱给水温度设定值的近似值。

(2) 在上述近似值基础上再加上喷水减温水流量、给水流量的修正信号，这个修正信号由负荷给定比较后选择确定。

（二）给水泵公用指令

给水主控是控制总给水流量，使总给水流量满足当前锅炉输入的指令。总给水流量在省煤器入口处测量。

机组配备了1台电动给水泵和2台汽动给水泵，它们的给水流量同时受给水主控制指令的控制。

给水主控控制回路为一串级控制系统。主调的被调量为汽水分离器入口温度，它的设定值由上述温度设定回路计算得到。主调回路的前馈能够使锅炉的水煤比协调，主要考虑了以下三种前馈作用：

(1) 汽水分离器入口温度在不同负荷下的微分前馈作用。

(2) 锅炉主控指令前馈作用。锅炉主控指令经 $F(t)$、$F(x)$ 功能块计算后得出。目的是补偿燃料量和给水量对水冷壁出口联箱给水温度的动态特性差异，给水量对水冷壁出口联箱给水温度的影响比燃料量要快得多。

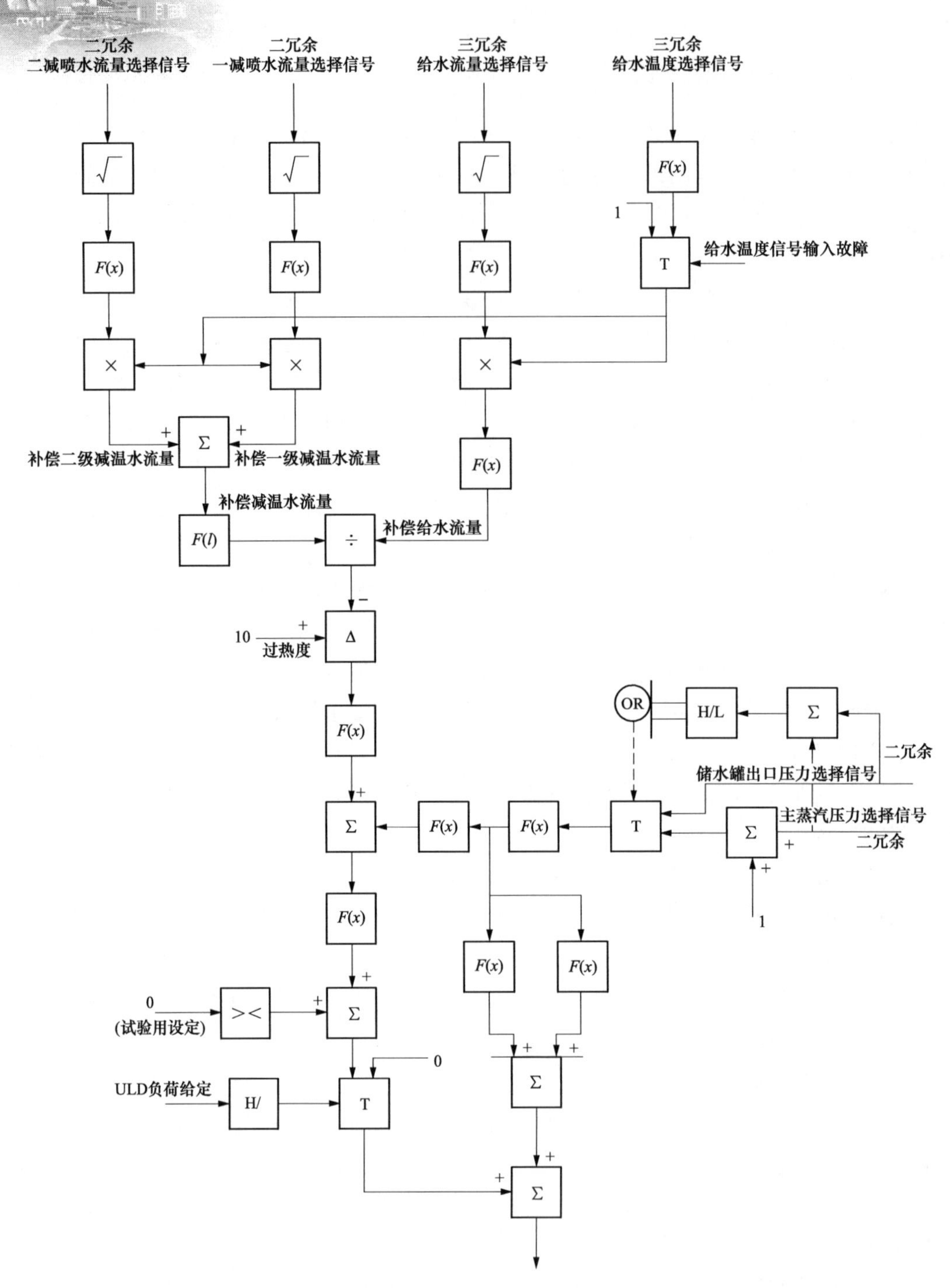

图 7-28　水冷壁出口联箱给水温度设定值回路逻辑图

（3）炉发生 MFT 时或机组并网初带初负荷时，汽水分离器储水罐虚假水位补正前馈作用。

主调节器的输出为给水流量的给定值，即副调的给定值，该给定值和实际给水流量进行偏差比较计算后，副调的输出最终生成给水控制指令，即给水泵公用指令，并且考虑了单台给水泵自动与至少两台泵自动时系统特性差异的比例系数校正。给水泵公用指令回路逻辑图如图 7-29 所示。

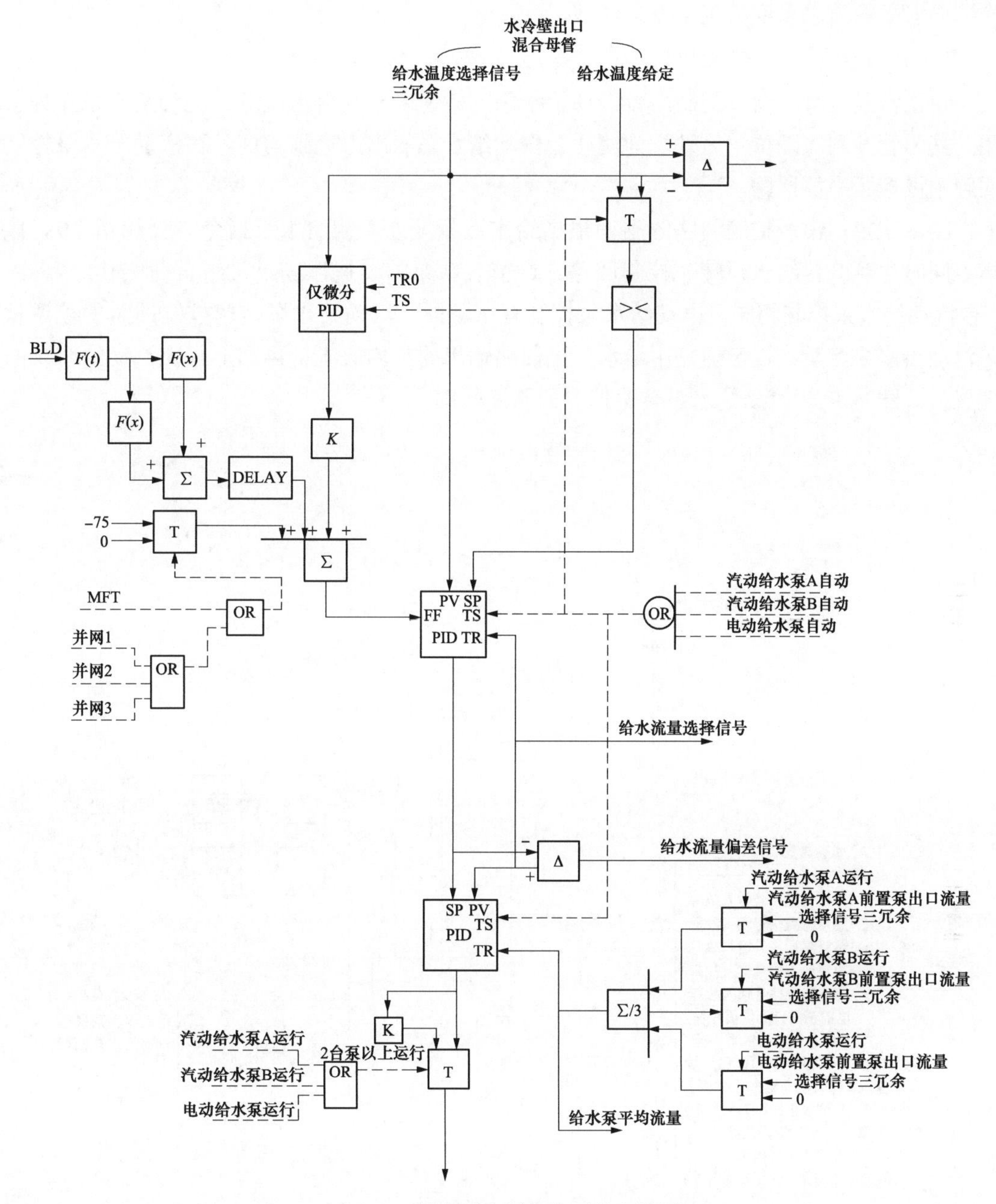

图 7-29　给水泵公用指令回路逻辑图

当系统在手动状态时（汽动给水泵和电动给水泵均为手动），系统主调输出跟踪给水流量测量值；系统副调输出跟踪汽动给水泵和电动给水泵的实际平均流量。因此，系统自手动状态始终一致，从而保证无扰动地自/手动状态切换。

为确保机组在最小流量以上运行，需加进一个最小给水流量的补偿，这个补偿是在锅炉湿态运行期间由过热器总喷水流量经函数计算给出。该函数的作用就是为给水流量提供补偿偏置，以便在过热器喷水流量大大增加时，确保流过炉膛的最小给水流量不至于使炉膛过热（因为过热器喷水管道是从锅炉省煤器出口出来的）。最小给水流量补偿设定在水冷壁出口联箱给水温度给定中设定体现。

（三）汽动给水泵转速控制回路

在正常运行时，通过控制两台汽动给水泵的转速来控制给水流量，电动给水泵作为备用，其勺管开到跟踪位。另外，为使两台汽动给水泵的出力达到均衡，在汽动给水泵控制回路中设置了平衡回路。

给水主控的串级控制回路的副调根据给水流量偏差控制给水泵指令（公用指令），该指令同时送到 3 台给水泵转速控制回路，调节各台泵的转速以满足机组负荷变化的需要。2 台汽动给水泵控制相同，电动给水泵控制有所不同。汽动给水泵转速控制回路的被调量是汽动给水泵流量，设定值是由给水主控回路输出的泵均值流量再加上相应汽动给水泵的偏置值。图 7-30 为汽动给水泵转速控制回路逻辑图。

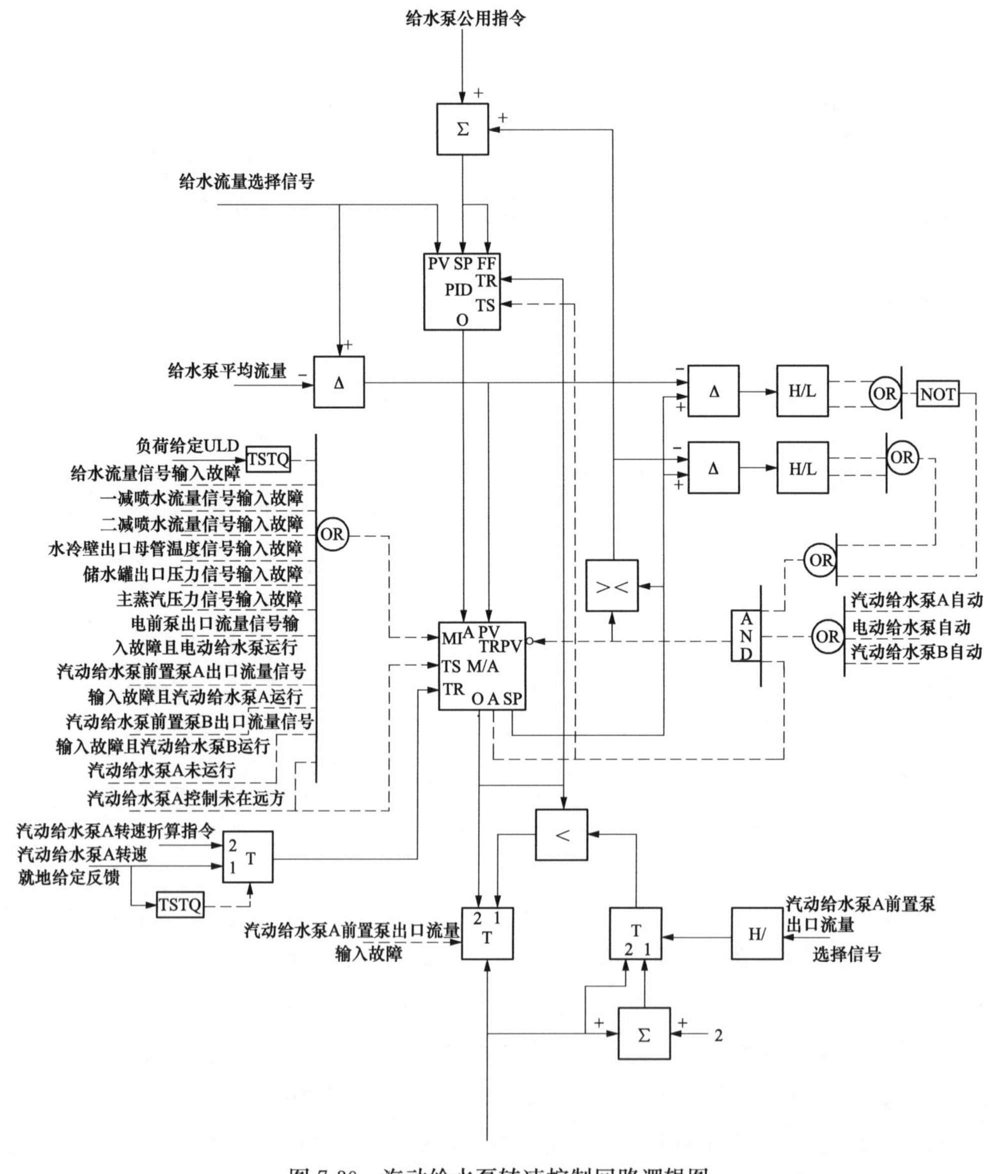

图 7-30　汽动给水泵转速控制回路逻辑图

当汽动给水泵控制站为手动时，汽动给水泵控制回路输出跟踪汽动给水泵控制站指令。为防止汽动给水泵过负荷，汽动给水泵前置泵出口流量大于其最大额定流量时，汽动给泵控制站输出指令闭锁增。

若汽动给水泵控制为给水泵汽轮机 DEH 就地状态时，汽动水泵控制站输出跟踪给水泵汽轮机 DEH 的转速给定值；同时出现给水泵汽轮机 DEH 的转速给定坏质量时，汽动给水泵控制站输出转而跟踪汽动给水泵转速折算指令。

当出现下列任一情况时，汽动给水泵控制站强制为手动：①汽动给水泵未运行；②汽动给水泵控制为给水泵汽轮机 DEH 就地时；③汽动给水泵调节故障报警；④给水泵站手动联锁公共判据条件。

（四）给水旁路调节阀控制

为保证给水泵的运行安全，系统设计有给水旁路调节阀控制回路逻辑图，如图 7-31

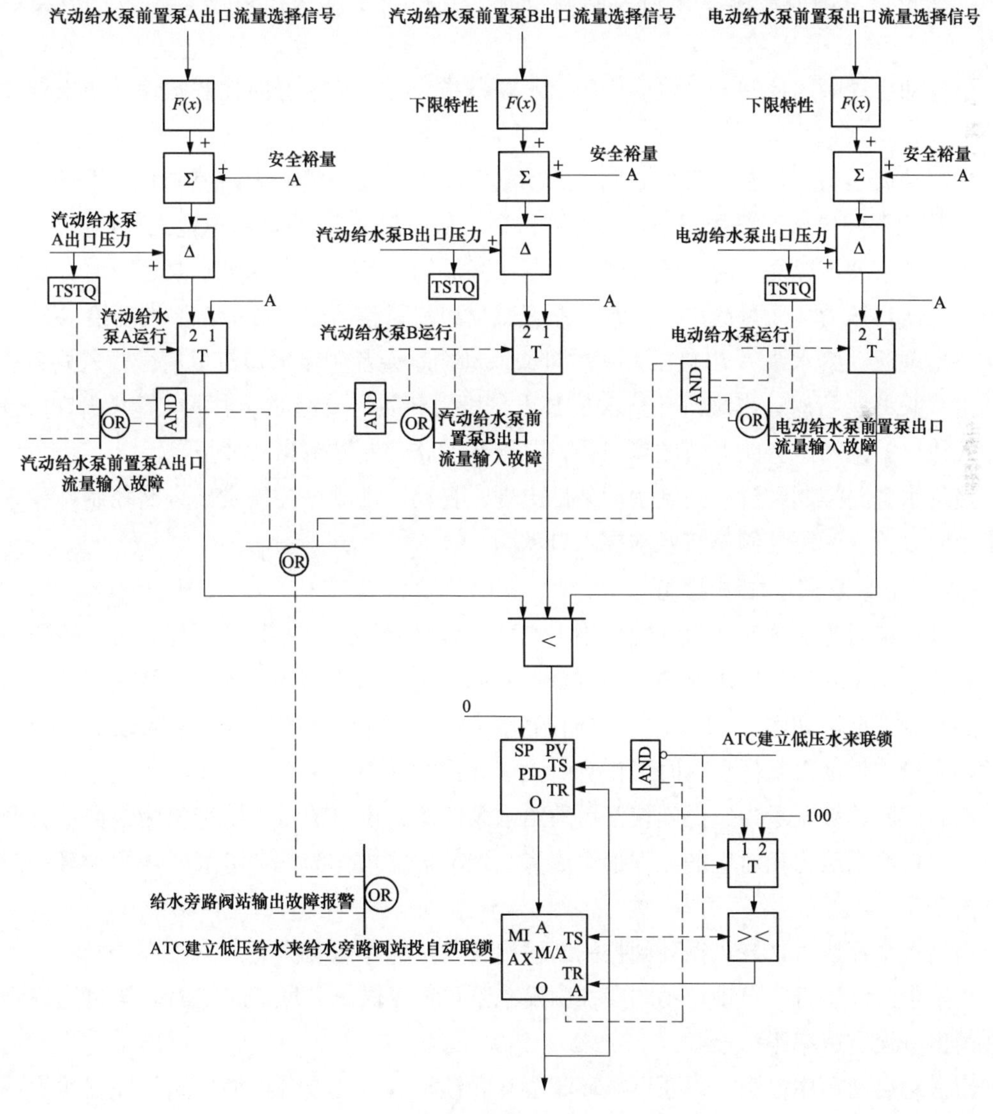

图 7-31　给水旁路调节控制回路逻辑图

所示。它是根据运行给水泵的安全裕量控制给水旁路调节阀的开度，使所有给水泵运行在允许的工作范围内。

给水旁路调节阀控制为单回路控制系统。通过调节给水流量控制阀门的开度维持给水泵出口母管压力在适当值范围内，防止锅炉给水泵超越其下限特性而发生汽蚀现象。每台给水泵的入口给水流量经函数发生器后得到该泵的下限特性曲线。从给水泵安全运行角度考虑，函数发生器的输出需再叠加上一定的汽蚀裕量（A，可调试给定）得到本台泵最大允许入口流量。如果该泵入口流量小于最大允许值，证明该泵运行在安全区以内，给水泵没有汽蚀危险。相反，如果该泵入口流量等于或稍大于最大允许值，则说明该泵已运行在安全临界区，会出现汽蚀的危险。

当给水泵未运行时，该泵的偏差信号切换到 100%（$A=100$），该泵不参与判断。系统中只有一个给水流量调节阀，3 台给水泵的出口压力偏差信号经小选后作为 PID 调节器的测量值、调节器输出作为控制调节阀的开度，给水泵出口母管压力在适当值范围内。

当自动启动顺序控制发来建立低压给水联锁指令时，给水旁路控制站输出按设定速率跟踪全开。

当自动启动顺序控制发来建立低压给水联锁指令，或当给水旁路控制站为手动时，回路 PID 输出跟踪给水旁路控制站输出控制指令，从而保证手/自动状态地无扰切换。

当出现下列情况之一时，给水旁路控制站强制为手动：①电动给水泵运行时，出现电动给水泵出口压力坏质量或电动给水泵前置泵出口流量信号输入故障；②汽动给水泵 A 运行时，出现汽动给水泵 A 出口压力坏质量或汽动给水泵前置泵出口流量信号输入故障；③汽动给水泵 B 运行时，出现汽动给水泵 B 出口压力坏质量或汽动给水泵前置泵出口流量信号输入故障；④给水旁路调节故障报警；⑤给水旁路控制站输出故障报警。

当给水旁路控制站没有强制手动条件出现，自动启动顺序控制发出旁路控制站投入自动指令时，给水旁路控制站将联动投入自动。

（五）给水泵最小流量控制

在低负荷时为保证给水泵正常工作，需设法控制给水泵工作流量大于允许的最小流量。电动给水泵和汽动给水泵的最小流量控制回路设计为三套各自独立、结构完全相同的单回路控制系统，如图 7-32 所示。它们调整相应泵的再循环阀开度，从而改变相应泵的再循环流量，保证泵在低负荷时工作流量大于允许的最小流量。

控制回路的被调量为经温度校正后的给水泵前置泵出口流量，给定值为根据设备资料给出的出口给水压力相对应的允许最小流量。调节器输出作为汽动给水泵 A 再循环阀门的开度指令。

当给水泵停运时，泵再循环阀控制站输出按设定速率跟踪全关。

当给水泵已运行，自动启动顺序控制发来泵再循环阀全开联锁指令时，泵再循环阀控制站输出按设定速率跟踪全开。

当自动启动顺序控制发来泵再循环阀全开联锁指令时，或泵再循环阀外控制站为手动时，调节器输出跟踪泵再循环控制站输出控制指令，从而保证自/手动状态地无扰切换。

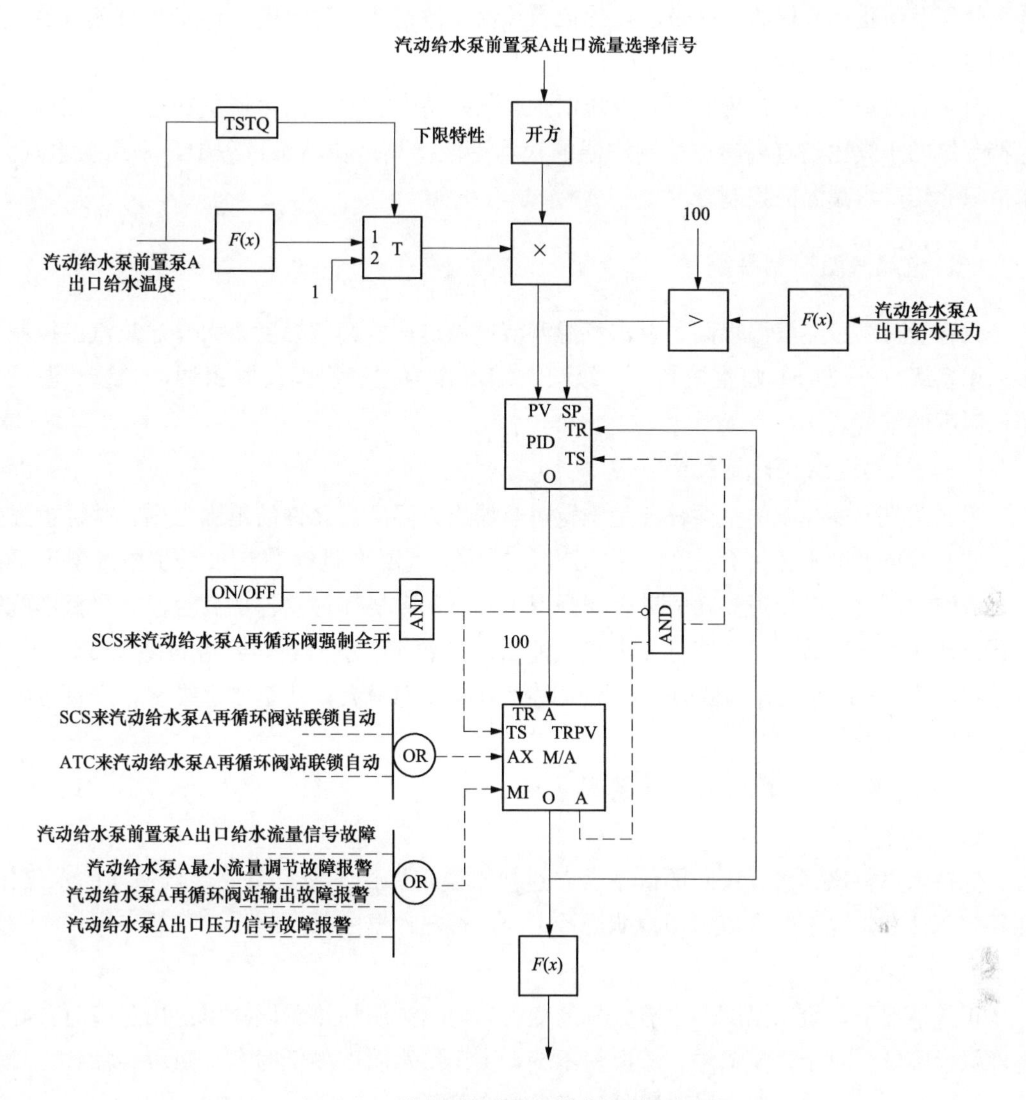

图 7-32　给水泵最小流量控制回路逻辑图

当出现下列情况之一时，泵再循环阀控制站强制切为手动：①泵停运；②给水泵前置泵出口流量信号输入故障；③泵出口给水压力偏常值；④泵出口给水压力坏质量；⑤泵最小流量调节故障报警；⑥泵再循环阀控制站输出故障报警。

当再循环阀控制站没有强制手动条件发生，自动启动顺序控制发出泵再循环阀控制站投入自动指令时，泵再循环阀控制站将联动投入自动。

第四节　汽温控制系统

机组汽温控制系统包括过热汽温控制和再热汽温控制。过热汽温控制的主要任务是维持过热器出口温度在允许的范围之内，并保护过热器，使其管壁温度不超过允许的工作温度。再热汽温控制的任务就是保持再热器出口汽温在给定值范围内波动，以提高机组的循环热效率及防止汽轮机的末级带水，保证再热器不致损坏。机组的主汽温和再热汽温一般控制在（560±5）℃左右。

对于直流炉来讲，在稳态时，直流锅炉必须保持燃烧率与给水流量在适当的比例，即保持一定的水煤比是直流锅炉控制汽温的根本手段。只是在动态过程中，采用喷水减温，本节只介绍喷水减温的控制。

一、过热汽温控制系统

大容量机组过热汽温很高，要求汽温调节反应迅速、调节幅度要大。过热汽温控制大多采用多级（2～3级）喷水控制。一级喷水减温作为主蒸汽温度的粗调，二级减温是主蒸汽温度的细调。

（一）过热汽温控制系统的任务

过热蒸汽温度控制的主要任务是维持过热器出口温度在允许的范围之内，并保护过热器，使其管壁温度不超过允许的工作温度。过热蒸汽温度是锅炉汽水系统中的温度最高点，蒸汽温度过高会使过热器管壁金属强度下降，以致烧坏过热器的高温段，严重影响安全；过热蒸汽温度偏低，会降低发电机组能量转换效率。据分析，汽温每降低5℃，热经济性将下降1%；且汽温偏低会使汽轮机尾部蒸汽湿度增大，甚至使之带水，严重影响汽轮机的安全运行。

（二）影响过热蒸汽温度的主要因素

1. 水燃料比

保持水燃料比（水煤比）的值不变，过热汽温则保持不变。只要保持适当的水煤比，在任何负荷和工况下，直流锅炉都能维持一定的过热汽温。

2. 给水温度

正常情况下，给水温度不会有大幅的变动，但当高压加热器因故障退出运行时，给水温度就会降低。对于直流锅炉，若燃料不变，由于给水温度降低时，加热段会加长，过热段会缩短，因而过热汽温会随之降低，负荷也会降低。

3. 过量空气系数

过量空气系数的变化直接影响锅炉的排烟损失，影响对流受热面与辐射受热面的吸热比例。当过量空气系数增大时，除排烟损失增加、锅炉效率降低外，炉膛水冷壁吸热减少，造成过热器进口温度降低、屏式过热器出口温度降低；虽然对流过热器吸热量有所增加，但在水煤比不变的情况下，末级过热器出口汽温会有所下降。过量空气系数减小时的结果则与过量空气系数增加时工况相反。若要保持过热汽温不变，则需重新调整水煤比。

4. 火焰中心高度

火焰中心高度变化造成的影响与过量空气系数变化的影响相似。在水煤比不变的情况下，火焰中心上移，类似于过量空气系数增加，过热气温略有下降；反之，过热气温略有上升。若要保持过热汽温不变，则需重新调整水煤比。

5. 受热面结渣

水煤比不变的条件下，炉膛水冷壁结渣时，过热汽温会有所降低；过热器结渣或积灰时，过然汽温下降较明显。前者情况发生时，调整水煤比即可；后一种情况发生时，不能随便调整水煤比，必须在保证水冷壁温度不超限的前提下调整水煤比。

对于直流锅炉，在水冷壁温度不超限的条件下，后四种影响过热汽温因素都可以通过调整水煤比来消除；因此，只要控制、调节好水煤比，在相当大的负荷范围内，直流锅炉的过热汽温可保持在额定值。这是汽包锅炉无法比拟的，但水煤比的调整，只有在自动控制状态下才能可靠完成。

（三）一级过热蒸汽喷水减温控制

锅炉汽水分离器后 A/B 侧过热器管路上，分别配备有两台一级混合式喷水减温器。这相当于锅炉主汽温控制的粗调，保证相应侧屏式过热器出口温度为设定值。

一级喷水减温控制系统采用串级、级联前馈的控制方案。由于超临界直流锅炉的蒸汽温度控制惯性时间较长，采用常规的控制方法难以保证其控制质量，尤其是在负荷变化大的情况下。因此，串级控制系统中主调采用 SMITH 预估器的形式。机组采用的 DCS 中多数具有史密斯预估器算法。它是利用一个带死区的一阶惯性动态模型，预测由控制输出引起的过程变量的未来变化，对系统完成预测性的控制。而控制系统的副调仍采用常规 PID 控制。一级喷水减温控制系统分为 A、B 两侧，控制系统结构完全相同，因此仅以一侧（A 侧）为例，控制回路逻辑图如图 7-33 所示。

主调的被调量即屏式过热器出口温度，而设定值由两部分组成：一部分是主机组给定负荷信号经函数发生器后形成的基本设定值，另一部分是以一级减温水出口温度的偏差经计算而得的级联前馈修正信号，前馈信号加强了两级喷水减温之间的动态联系，有助于改善主蒸汽高温段二级喷水减温的调节的品质。两部分叠加形成了主调 SMTITH 预估器的设定值。主调的控制消除了屏式过热器出口蒸汽温度的稳态偏差。

主调的输出再加上两个微分前馈信号后作为副调的设定值。这两个前馈信号一个是由机组给定负荷经惯性环节和函数发生器后给出的负荷前馈（以给出一级减温器出口蒸汽温度随负荷不同的改变量，同时模拟制粉、燃烧和传热过程的时间滞后），另一个前馈信号是给水流量偏差的前馈（以补偿水煤比的变化）。此外，副调的给定值还考虑了过热度的下限限制（调试时可改变，一般设计为不低于 10℃）。

系统引入了负荷给定和给水流量控制偏差的微分前馈，当一级减温控制站为手动时，系统主调 SMITH 预测器输出跟踪一级减温器出口汽温与这两个前馈量之差；系统副调输出跟踪一级减温控制站输出指令，保证自手动状态始终一致，从而实现无平衡、无扰动的手/自动切换。

发生锅炉 MFT 时，一级减温控制站输出控制指令按设定速率跟踪强置为 0。

当出现下列情况之一时，一级减温控制站强制为手动：①屏式过热器出口温度坏质量或偏离常值；②炉主控指令坏质量；③ 给水流量偏差信号坏质量；④一级减温器出口汽温输入信号故障；⑤高温过热器出口汽压输入信号故障；⑥一级减温主调故障报警；⑦一级减温控制站输出故障报警；⑧锅炉 MFT。

一级减温控制站没有强制手动条件发生，自动启动顺序控制发出一级减温控制站投入自动指令时，一级减温控制站将联动投入自动。

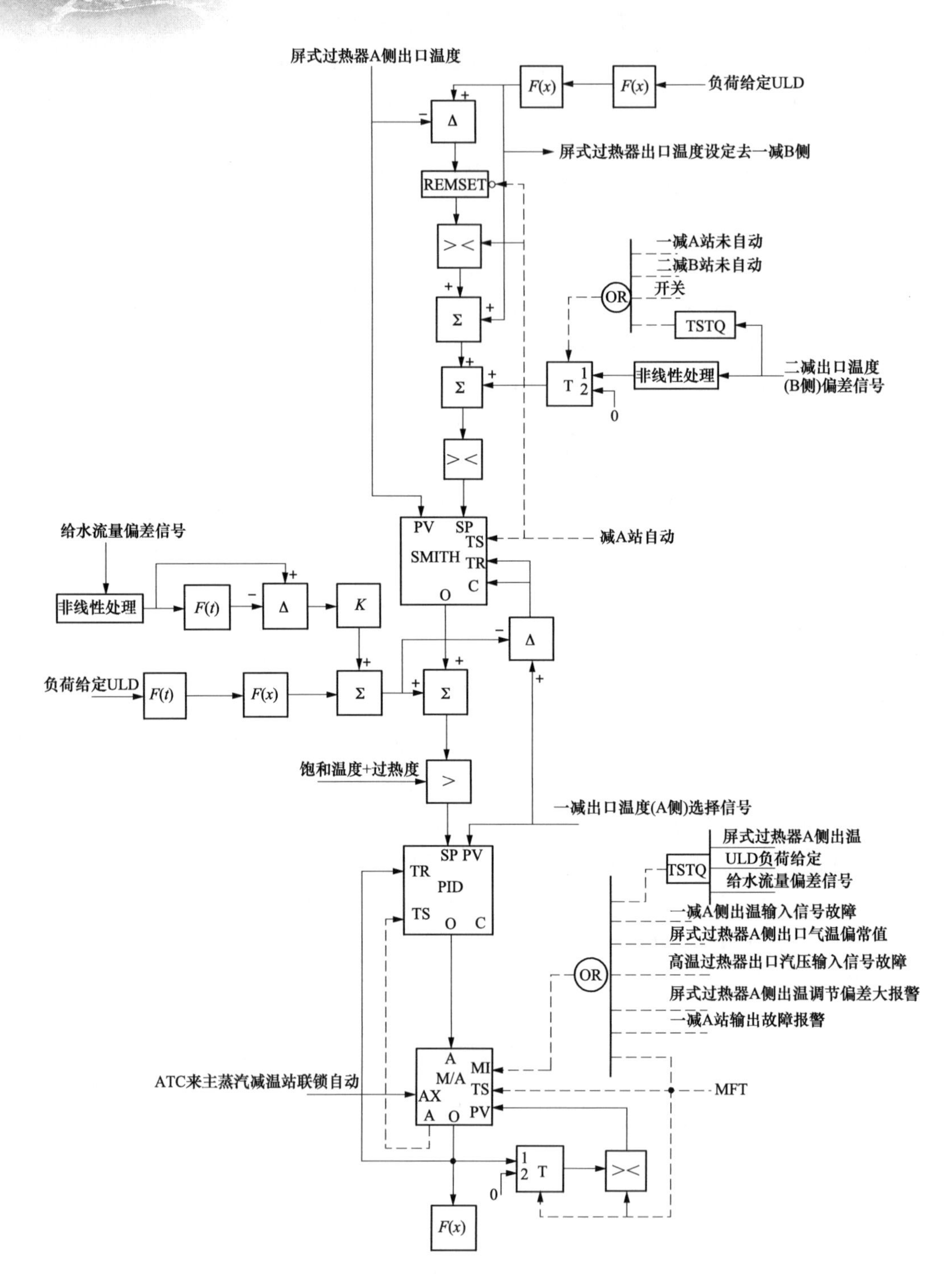

图 7-33　一级喷水减温控制回路逻辑图

（四）二级过热蒸汽喷水减温控制

二级减温控制通常也设计为串级控制系统，作为主蒸汽温度的细调，维持高温过热器出口蒸汽温度（即主蒸汽温度）在允许范围内变化。二级过热喷水控制也分为 A、B 两侧，两侧系统结构完全相同，仅以 A 侧为例说明。二级过热蒸汽喷水减温控制回路逻辑图如图 7-34 所示。

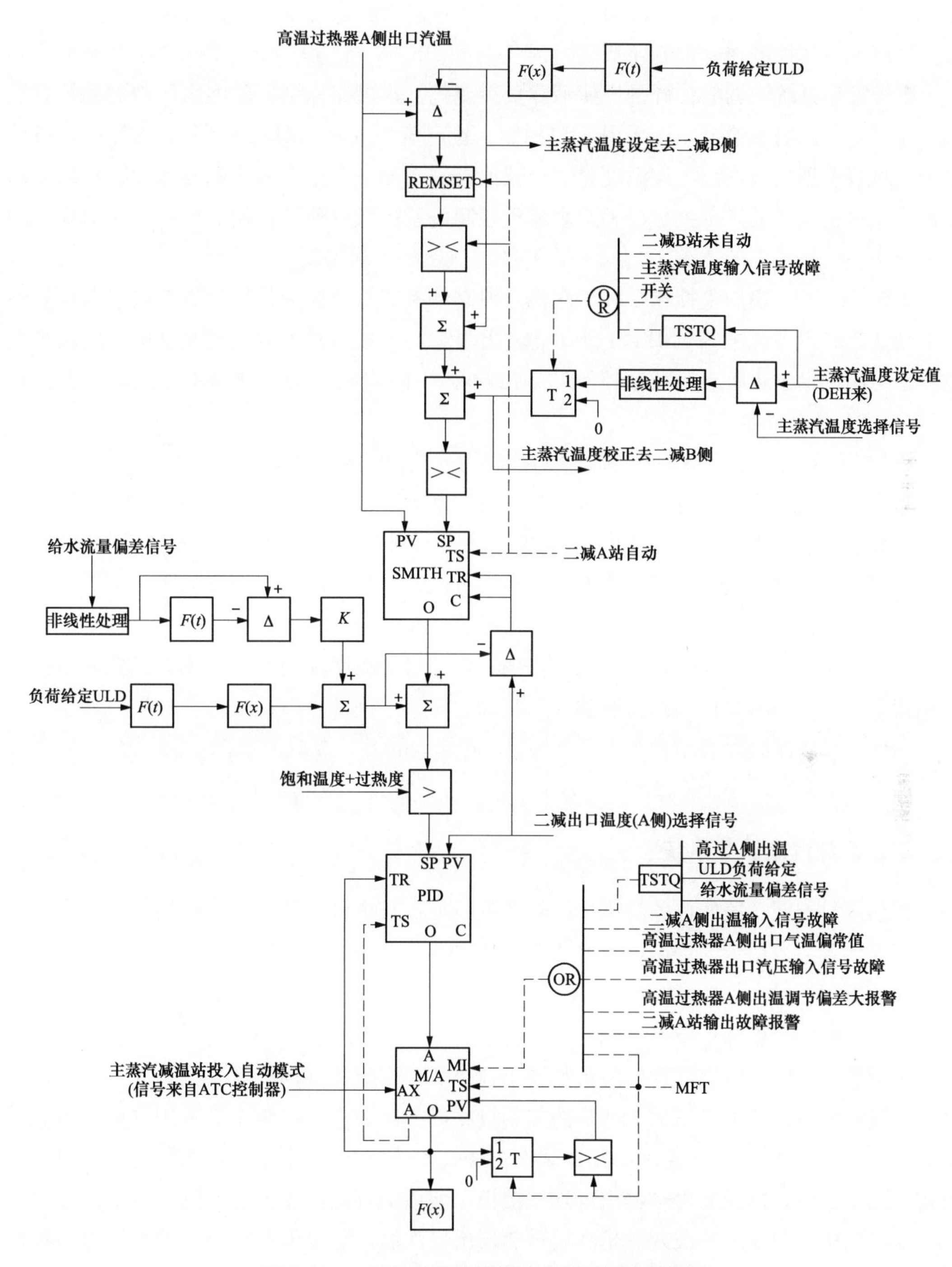

图 7-34　二级过热蒸汽喷水减温控制回路逻辑图

二级过热喷水减温的主调仍然采用 SMITH 预估器，被调量为高温过热器出口主蒸汽温度，设定值是按锅炉主控指令经函数发生器折算得到的高温过热器出口主蒸汽温度的理论要求值，并在二级减温主调的设定值中引入了机前主汽温设定值与测量值的偏差前馈，这样在二级减温设备许可范围内，通过高温过热器出口汽温的可控性变化，改善汽温调节品质。主调的主要任务是消除高温过热器出口蒸汽温度的稳态偏差，最终校正锅炉出口主蒸汽温度，使其控制在允许变化范围之内。

串级控制系统副调的任务是快速消除负荷变化、水煤比失调、减温水压力波动等方面的扰动对主汽温的影响。副调采用 PID 控制，设定值为主调 SMITH 预估器的输出，被调量为二级减温器出口汽温，该温度为二级减温控制系统设定温度的中间参考点。在副调的设定值中也引入了锅炉主控指令和给水流量控制偏差的微分前馈作用。此外，系统副调的设定值中还设计了不低于 10℃（可整定）的过热度的下限限制。

系统中引入了锅炉主控指令和给水流量控制偏差的微分前馈作用，当二级减温控制站在手动状态时，系统主调 SMITH 预估器输出跟踪二级减温器出口汽温与这两个前馈量之差；系统副调输出跟踪二级减温控制站输出指令。手/自动状态始终保持一致，从而保证了手/自动的无扰切换。

锅炉 MFT 时，二级减温控制上输出控制指令按设定速率跟踪强置为 0。

当出现下列情况之一时，二级减温控制站强制为手动：①高温过热器出口温度点坏质量；②高温过热器出口温度偏常值；③锅炉主控指令坏质量；④给水流量偏差信号坏质量；⑤二级减温器出口汽温输入信号故障；⑥高温过热器出口汽压输入信号故障；⑦二级减温主调故障报警；⑧二级减温控制站输出故障报警；⑨锅炉 MFT。

二级减温控制站没有强制手动条件发生，自动启动顺序控制发出二级减温控制站投入自动指令时，二级减温控制站将联动投入自动。

当任一二级减温控制站指令大于 2%时，将自动联开二级减温水截止阀；当 A/B 侧二级减温控制站指令均小于 0.5%时，延时 10s，自动联关二级减温水截止阀。

二、再热汽温调节系统

再热汽温控制系统的任务是维持再热蒸汽温度在某个设定值上。常用控制方法有控制烟气挡板位置、采用烟气再循环或改变摆动燃烧器角度来控制再热汽温，并采用喷水调节作为辅助控制手段。

（一）再热汽温烟气挡板控制

大型锅炉一般在省煤器和低温再热器出口 A、B 侧配备有四组烟气挡板。省煤器出口烟气挡板和低温再热器出口烟气挡板的控制按相反方向动作。控制系统采用单回路控制系统，以 A 侧为例烟气挡板控制回路逻辑图如图 7-35 所示。一个烟气挡板控制站，对称相反控制同侧的省煤器低温再热器出口烟气挡板，使该侧再热汽温为要求值。

烟气挡板控制回路的被调量是高温再热器出口汽温，给定值是锅炉主控指令经函数发生器折算的理论要求值。系统在非自动状态下，给定值与测量实际值不一定相等，其差值由处于跟踪状态的 REMSET 远方设定单元记忆。当该侧挡板控制站为自动时，REMSET 单元切换为运行远方设定状态。其值作为再热汽温运行设定偏置量，可在操作界面上设定或修改。

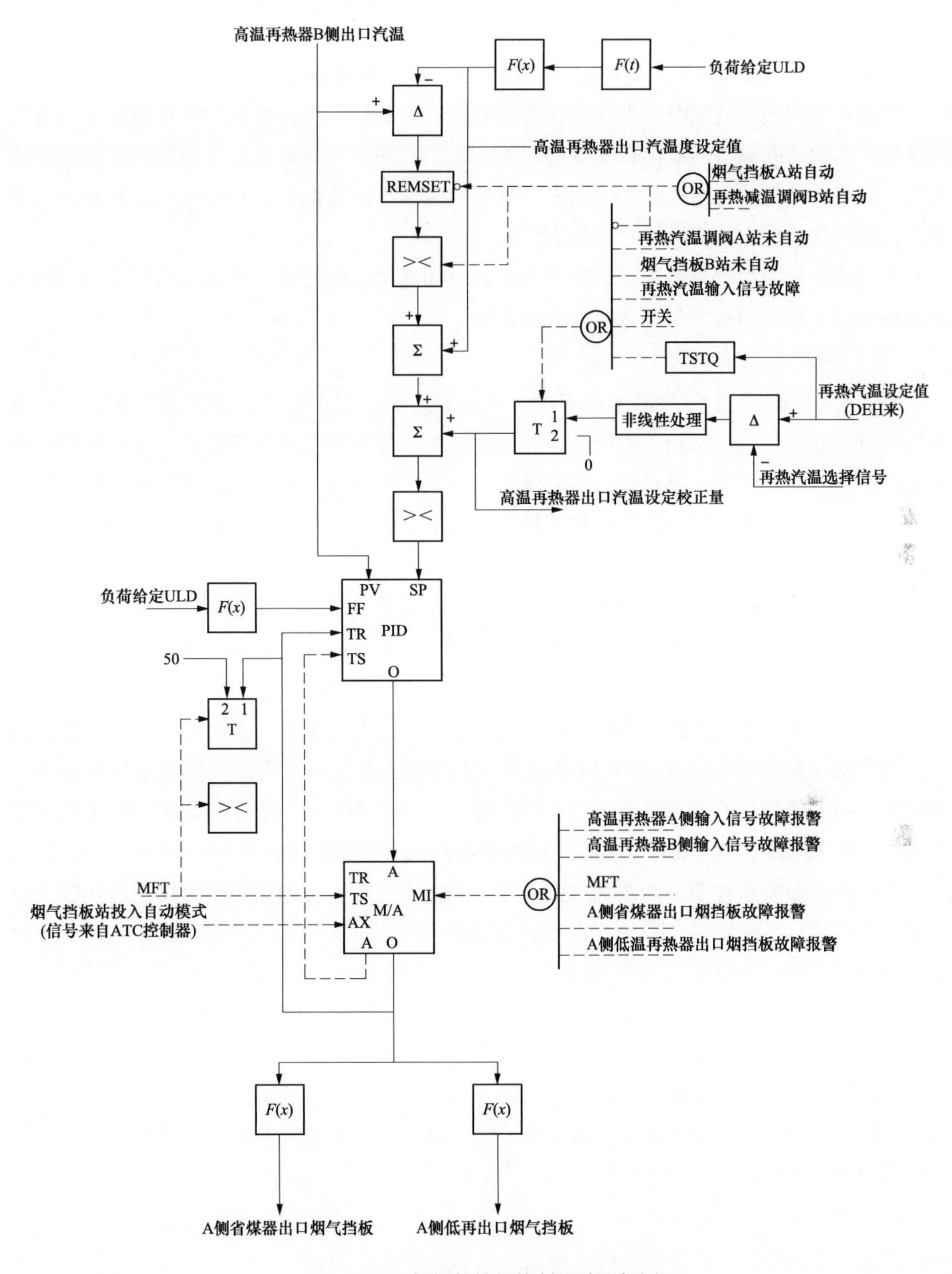

图 7-35 A 侧烟气挡板控制回路逻辑图

在控制回路中，将 DEH 再热汽温设定值与测量值差作为前馈修正引入，这是考虑到再热蒸汽进入汽轮机中、低压缸中做功，将在再热汽温设备许可范围内，以再热汽温的可控变化，改善 DEH 的调节品质。

当烟气挡板控制站为手动状态时，系统 PID 调节的输出跟踪烟气挡板控制站输出指令，使系统自/手动状态始终一致，保证自/手动状态的无扰动切换。

炉 MFT 时，烟气挡板控制站输出控制指令按设定速率跟踪强置为 50%。

当出现下列任一情况时，烟气挡板控制站强制为手动：①相反侧高温再热器出口温度坏质量；②相反高温再热器出口温度偏常值；③炉主控指令坏质量；④烟气挡板调节故障报警；⑤烟气挡板控制站低温再热器出口烟气挡板输出故障报警；⑥烟气挡板控制站省煤器出口烟气挡板输出故障报警；⑦炉 MFT。

烟气挡板控制站没有强制手动条件发生，自动启动顺序控制发出烟气挡板控制站投入自动指令时，烟气挡板控制站将联动投入自动。

（二）再热汽温喷水控制

锅炉再热器高温段 A/B 侧配备有两台喷水减温器，目的是当出现事故工况，再热器入口汽温超允许范围，而烟气挡板已至调整极限时，如再热汽温继续升高，导致出现超温损坏设备。这时，应投入喷水减温器以保护再热器。再热蒸汽紧急事故喷水减温调节只作为再热温的辅助调节手段，控制回路逻辑图如图 7-36 所示。A、B 两侧喷水控制结构完全相同，以 A 侧为例说明。

再热汽温喷水控制系统为串级控制系统。主调采用 SMITH 预估器，被调量为高温再热器出口汽温，设定值与烟气挡板控制系统相同，由烟气挡板控制系统传来，在设定值中引入了烟气挡板控制指令的前馈修正。同时设定值要比烟气挡板控制回路的定值高 3℃，保证在正常情况下再热汽温喷水控制回路不起作用，只有在再热汽温超出预定值（超出烟气挡板控制回路的汽温定值 3℃）时才动作。主调的主要任务是消除再热器出口汽温的稳态偏差。副调的测量值为高温再热器入口汽温，给定值为主调 SMITH 预估器输出的并加上过热度的下限限制（不低于 10℃），使再热蒸汽具有较大的过热度。

当再热汽温喷水控制站为手动时，系统主调 SMITH 预估器输出跟踪高温再热段入口汽温的测量值；系统副调 PID 输出跟踪再热汽温喷水控制站输出指令。因此，系统手/自动状态始终一致，从而保证自/手动状态的无扰动切换。

炉 MFT 时，再热汽温喷水控制站输出控制指令按设定速率跟踪强置为 0。

当出现下列任一情况时，再热汽温喷水控制站强制为手动：①再热高温段出口温度坏质量；②炉主控指令坏质量；③再热高温段入口汽温输入信号故障；④再热蒸汽压力输入信号故障；⑤再热汽温喷水调节故障报警；⑥二级减温副调故障报警；⑦口再热汽温喷水控制站输出故障报警；⑧炉 MFT。

再热汽温喷水控制站没有强制手动条件发生，自动启动顺序控制发出再热汽温喷水控制站投入自动指令时，再热汽温喷水控制站将联动投入自动。

当任一再热汽温喷水控制站指令大于 2%时，将自动联开再热汽温减温水截止阀；当 A/B 侧再热汽温喷水控制站指令均小于 0.5%时，延时 10s，自动联关再热汽温减温水截止阀。

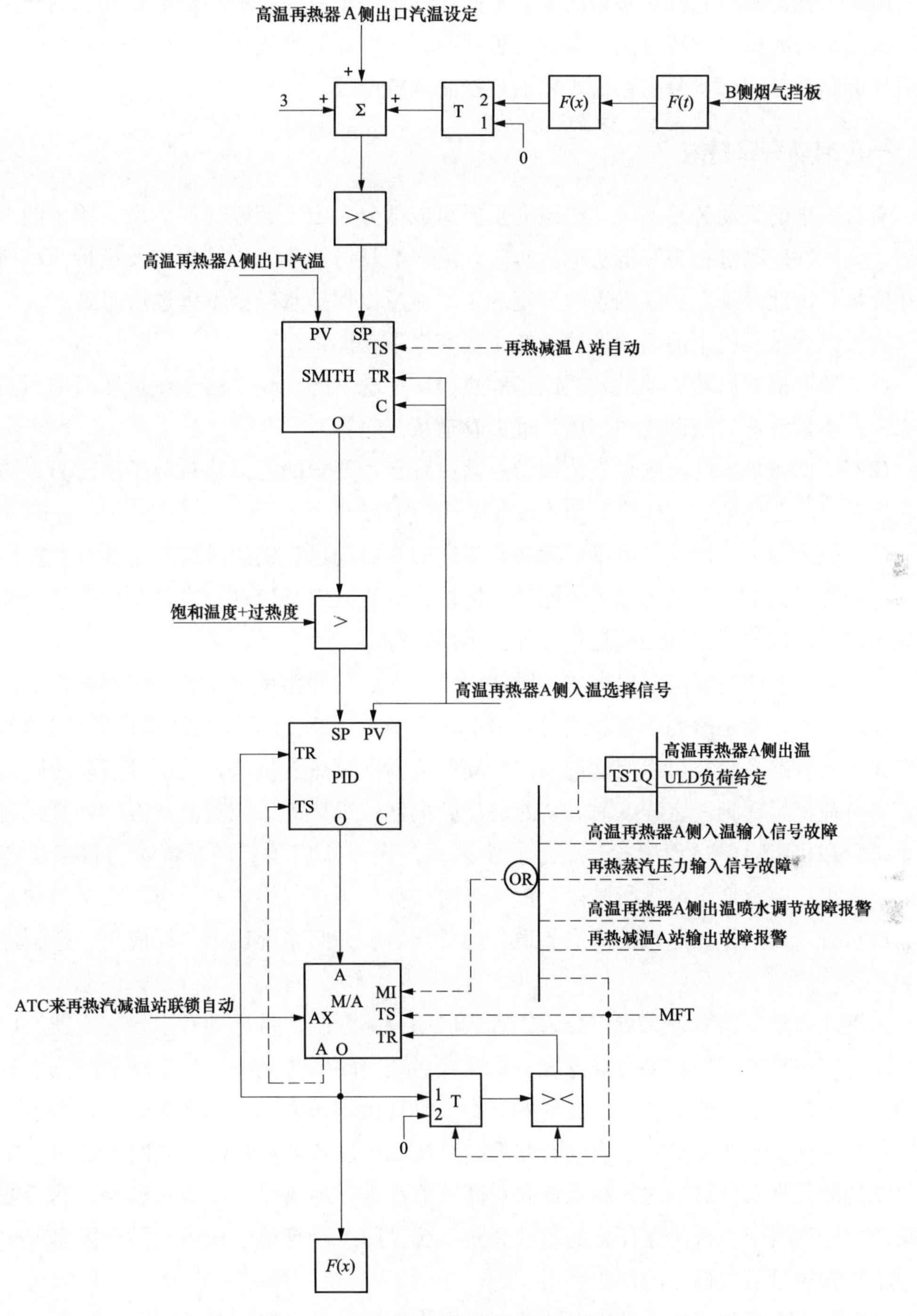

图 7-36　再热减温 A 侧控制回路逻辑图

第五节　启动控制系统

直流锅炉由于没有汽包，启动时间大大缩短。直流锅炉在进行滑压参数启动时，在同一时间内，锅炉和汽轮机对参数的要求不同：锅炉要求有一定的启动流量和启动压力，而汽轮机启动时暖机和冲转对蒸汽参数要求并不高。因此，直流锅炉的启动控制系统由专门的启动旁路系统和汽水分离器储水罐液位控制系统组成。

一、启动旁路系统

直流锅炉的启动旁路系统是机组的重要组成部分，由于超临界锅炉没有固定的汽水分离点，锅炉在启动过程中和低负荷运行时，给水流量可能小于炉膛保护及维持流动所需的最小流量，因此必须在炉膛内维持一定的工质流量以保护水冷壁不致过热超温。

直流锅炉单元机组的启动旁路系统主要有以下功能：

（1）辅助锅炉启动。辅助建立冷态和热循环清洗工况，建立启动流量和启动压力或建立水冷壁质量流速，辅助工质膨胀，辅助管道系统暖管。

（2）协调机炉工况。满足直流锅炉启动过程自身要求的工质流量与工质压力，满足汽轮机启动过程需要的蒸汽压力、蒸汽流量与蒸汽温度。

（3）热量与工质回收。借助启动旁路系统回收启动过程锅炉排放的热量与工质。

（4）安全保护。启动旁路系统能辅助锅炉、汽轮机安全启动。有的旁路系统还能用于汽轮机甩负荷保护、带厂用电运行或停机不停炉等。

启动旁路系统是直流锅发展的关键技术之一。启动旁路系统按其分离器在正常运行时参与系统工作，还是解列于系统之外，分为内置式启动旁路系统和外置式启动旁路系统。外置式启动旁路系统在机组启动前期由启动分离器向过热器供汽，机组带启动旁路系统工作，当负荷机组达到一定程度时，切除启动分离器，锅炉进入纯直流状态。外置式启动旁路系统只在机组启停过程中投运，已较少采用。内置式启动旁路系统参与机组运行全过程，在机组启停及低负荷运行阶段，汽水分离器类似于汽包锅炉的汽包；在机组常运行阶段，汽水分离器是作为蒸汽的流通通道。内置式启动旁路系统现已广泛应用于超临界机组锅炉上。

内置式启动旁路系统又可以分为扩容式启动旁路系统、带启动疏水热交换器的启动旁路系统及带再循环泵的启动旁路系统。扩容式启动旁路系统是将机组启动期间汽水分离器中的疏水先进行扩容器扩容，扩容后的二次蒸汽直接排入大气，二次疏水由疏水泵打入凝汽器。带启动疏水热交换器的启动旁路系统是在高压加热器和省煤器之间增加一个启动疏水热交换器，汽水分离器内的疏水首先对高压给水进行加热以提高给水温度，然后被排入除氧器或凝汽器中。带再循环泵的启动旁路系统是通过设置单独的启动循环泵实现不同阶段对工质和热量最大程度的回收利用。

以下主要介绍扩容式启动系统的控制系统，即汽水分离器储水罐液位控制系统。

二、汽水分离器储水罐液位控制系统

汽水分离器是直流锅炉不同于汽包炉的特有设备。在锅炉上水和低负荷启动阶段，汽水分离器储水罐会有汽水分离后的炉水积存，通过控制炉配备的 A、B 两台 361 阀开度，调整向冷凝器疏水流量，以维持汽水分离器储水罐液位为要求值。361 阀控制回路逻辑图如图 7-37 所示。

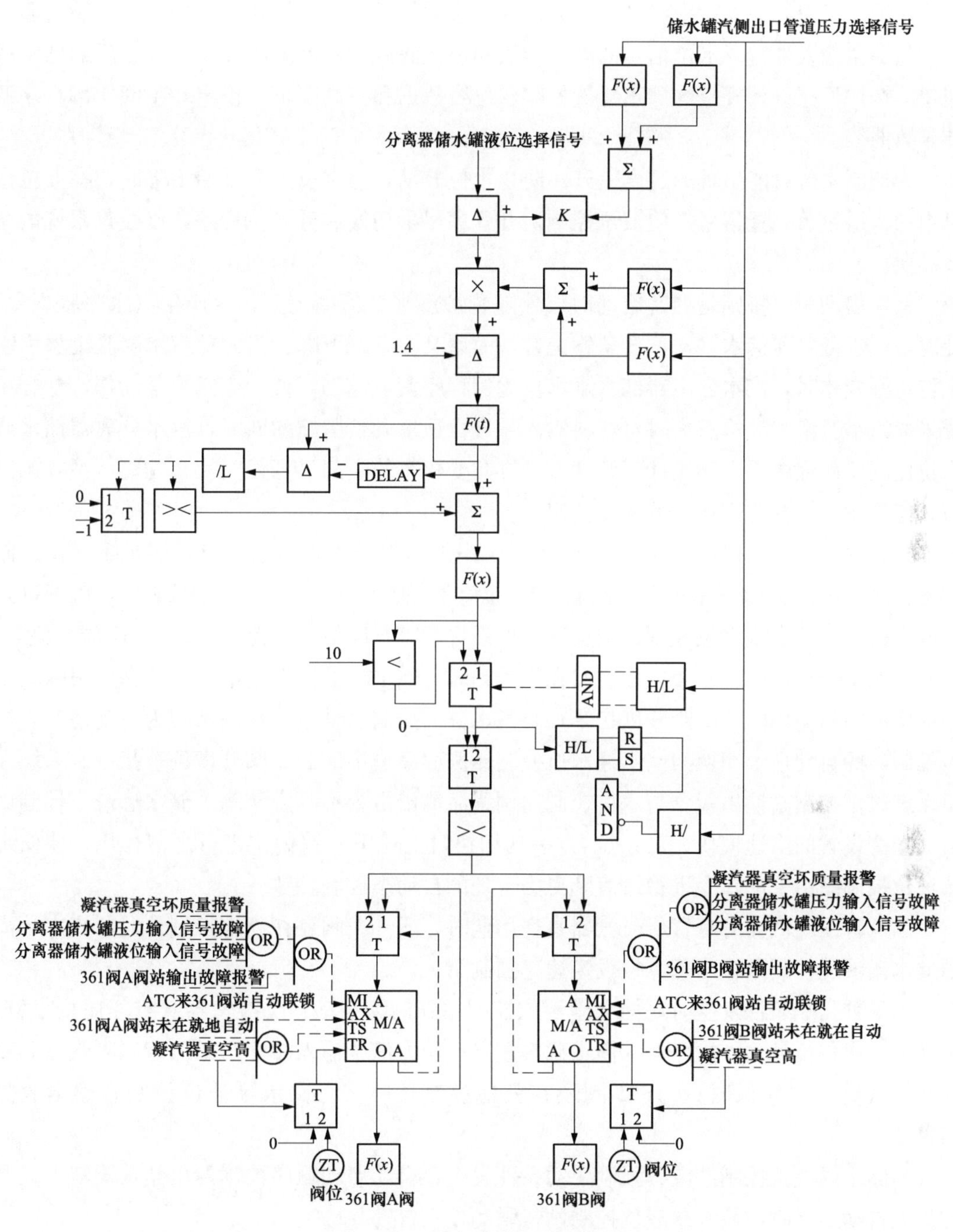

图 7-37　361 阀控制回路逻辑图

锅炉进入直流运行时，A、B 两台 361 阀全关闭。此时汽水分离器储水罐为基本无水状态，即使有少量的水，可以通过储水罐上的疏水孔流入二级过热器减温水管路中去。

考虑到汽水分离器储水罐筒体较长（约 20m 左右），允许水位波动的范围较大。汽水分离器储水罐液位控制采用比例程序调节方案。比例程序调节输出分别经 A、B 两台 361 阀控制站，按要求对其开度施以控制。

汽水分离器储水罐液位是系统的被调量，由安装于储水罐筒体上的单室平衡容器进行差压检测。考虑到炉运行中温度和压力的变化会引起平衡容器检测差压的不同，储水罐液位控制回路输入进行了水位信号的温压补偿和惯性滤波。依据温压补偿和滤波后的储水罐液位。按炉厂家设计规定的储水罐液位零水位线数据和控制要求，设定361阀比例程序调节函数曲线。

为抑制水位可能出现的过度上升，防止水位波动，当水位上升开始下降时，在液位信号中加入适量负偏置信号，使液位控制由开程序尽早切换成低液位程序，以改善系统的调节品质。

锅炉启动时，特别是热态启动时，伴随着炉汽水焓值的上升，会产生汽水膨胀现象。此时，汽水分离器储水罐水位会急剧上升，而后又会急剧下降。为避免汽水膨胀现象引起水位急剧变化时，汽水分离器储水罐水位比例程序调节随动，使361阀异常动作，配合系统采取给水流量和油枪点火时对燃料输入量进行适量调整措施的同时，汽水分离器储水罐水位控制比例程序输出还设计了开度上升方向变化率的限制（开慢关快）功能；系统调试时，应注意这个变化率参数的实验整定。

当储水罐汽侧出口压力大于11MPa后，锅炉即将进入直流运行态，储水罐水位控制比例程序输出设有10%最大开度限制；当储水罐汽侧出口压力大于12MPa后，锅炉进入直流运行态，储水罐水位控制比例程序输出强置为零开度指令，使炉A、B 361阀全关。

当汽水分离器储水罐液位控制站在手动态时，储水罐液位控制站的自动指令跟踪储水罐液位控制站输出的361阀开度指令；当汽水分离器储水罐液位控制站转为自动态时，液位控制站的自动指令切换为储水罐水位控制比例程序输出的361阀开度调节指令。系统在手动态时，控制站输出指令与水位控制比例程序输出指令不一定相等。储水罐液位控制站自动指令设置的限速模块，对系统自/手动切换时上述不一致偏差进行平滑作用，使储水罐液位控制站由手动指令平稳过渡到更为合理的自动态控制参数。

当低背压凝汽器和高背压凝汽器真空均低时，或361阀还在就地控制位时，汽水分离器储水罐液位控制站输出指令按设定速率强制全关。

当下列任一条件发生时，储水罐液位控制站强制为手动：①凝汽器真空坏质量报警；②储水罐水位信号输入故障；③储水罐汽侧出口压力信号输入故障；④低背压凝汽器和高背压凝汽器真空均低时；⑤361阀还在就地控制位时；⑥储水罐液位控制站输出故障报警。

当储水罐液位控制站没有强制手动条件发生，自动启动顺序控制发出储水罐液位控制站投入自动指令时，储水罐液位控制站将联动投入自动。

思考题

1. 出现哪些条件时，锅炉主控切换为手动?
2. 出现哪些情况时，烟气挡板控制站强制切为手动?
3. 再热汽温调节系统常用控制方法有哪些?

4. 影响过热蒸汽温度的主要因素有哪些？
5. 当出现哪些情况时，一级减温控制站强制切为手动？
6. 模拟量控制系统的主要功能有哪些？
7. 协调控制系统控制方式有哪些？
8. 简述给煤量控制系统的组成。
9. 一次风量的控制需要反馈控制的原因是什么？
10. 当出现哪些情况时，送风控制站强制切为手动？

第八章

锅炉炉膛安全监控系统

第一节　概　　述

锅炉炉膛安全监控系统（furnace safeguard supervisory system，FSSS），亦称为燃烧器管理系统（burner management system，BMS），是大型火电机组自动保护和自动控制系统的一个重要组成部分。DL/T 435—2004《电站煤粉锅炉炉膛防爆规程》中定义为：FSSS是保证锅炉燃烧系统中各设备按规定的操作顺序和条件安全启停、投切，并能在危急工况下，迅速切断进入炉膛的全部燃料（包括点火燃料），防止发生爆燃、爆炸等破坏性事故的安全保护和顺序控制装置。

炉膛安全监控系统有两个重要作用，分别是锅炉安全保护和锅炉安全操作管理，可将其视为两大部分，即锅炉炉膛安全系统（furnace safeguard system，FSS）和燃烧器控制系统（burner control system，BCS）。

锅炉安全保护主要包括在锅炉运行的各个阶段，对参数、状态进行连续地监视，不断地按照安全规定的顺序对它们进行判断、逻辑运算；遇到危险工况，能自动地启动有关设备进行紧急跳闸，切断燃料，使锅炉紧急停炉，保护主、辅设备不受损坏或处理未遂性事故。

锅炉安全操作管理主要包括制粉系统和燃烧器的管理，即控制点火器和油枪，提供给煤机的自启动和停止，提供制粉系统监视和远方操作，防止危险情况发生和人为操作的误判断、误操作；分别监视油层、煤层和全炉膛火焰；当吹扫、燃烧器点火和带负荷运行时，决定风箱挡板位置，以便获得所需要的炉膛空气分布；同时还供状态信号到协调控制系统、全厂监测计算机系统及全厂报警系统等。

FSSS和CCS（协调控制系统）是保障锅炉运行的两大支柱，FSSS和CCS之间有一定关系和制约，而FSSS的安全联锁功能是最高等级的。

炉膛安全监控系统是逻辑控制系统，它将锅炉燃料系统的控制与安全保护融为一体，既向运行人员提供全部燃料系统的操作手段和管理方式，又可以在锅炉运行的各个阶段进行连续地监视、报警主辅设备的安全运行及跳闸保护。

一、系统的组成

典型的炉膛安全监控系统主要由操作显示部分、逻辑控制部分、检测元件、驱动执行机构等组成，结构框图如图8-1所示。

（一）操作显示

操作显示设备是运行人员与逻辑控制部分之间进行人机对话的工具，运行人员的操作

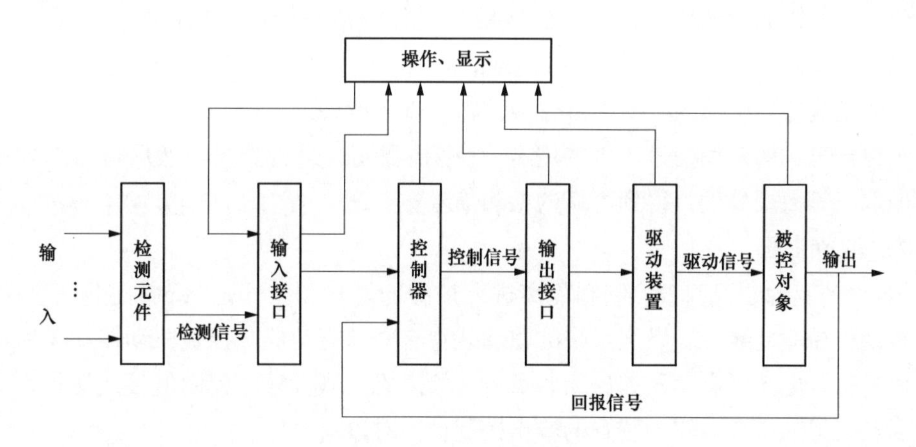

图 8-1　FSSS结构框图

指令是通过操作盘上的发令元件或键盘送到逻辑控制部分，然后运行状态及参数、被控对象动作完成状态等又返回显示盘或 CRT。

操作的方式有仪表盘操作和 CRT 操作方式。CRT 操作是通过操作站的 CRT 进行的，用于操作的有键盘、鼠标或球标、触摸式屏幕等。操作信号通过输入接口送到逻辑控制部分。

显示的方式有仪表面板显示和操作站、工程师站显示，CRT 显示包括趋势显示、报警显示、过程显示、系统显示、记录显示等。

（二）输入/输出接口

输入接口是用来完成输入信号的电平转换。输出接口是用来完成控制信号的功率转换。输入、输出接口不但能完成信号的转换，而且能对信号进行隔离，起到抗干扰的作用。

（三）检测元件

检测元件是用来将不同的物理量信号转换成电信号（检测信号）。在 FSSS 里，检测元件是监测炉内燃烧情况、燃烧空气系统状态等。FSSS 里用到的检测元件主要有压力开关、温度开关、流量开关、行程开关和火焰检测器等。FSSS 用到的压力开关信号主要有炉膛压力、冷却风压力、油箱压力、吹扫蒸汽压力、一次风压力等。温度开关信号主要有油箱油温、一次风温等。流量开关信号主要有炉膛空气燃料流量、二次风流量等。行程开关信号有阀门开、关，油枪进到位、没进到位等。火焰检测器监测炉膛的油、煤火焰。

检测元件通常与一些反馈装置如运行人员控制盘的指示灯、报警屏上的光字牌指示相连接，当检测信号达到报警点的设定值时，提醒运行人员将发生事故的状况。如果运行人员未能及时进行操作，则检测信号达到跳闸点设定值时，超限信号送入 FSSS，使机组自动跳闸或通过逻辑控制产生其他适当的操作。

显然，保持检测元件的良好工作状态极其重要，检测元件故障将导致事故发生或不必要的停炉跳闸。检测元件投入使用前应进行严格的检查，以保证满足运行要求。检测元件投入使用后，要定期进行校验，必须保持敏感元件的清洁度；火焰检测器，除定期检查外，应提供足够的冷却空气。当FSSS出现故障时，大多数情况是由于现场设备（包括检测元件、驱动装置）引起的，所以首先应该检查现场设备。

为了得到可靠的现场信号，可选用2～4个检测元件进行测量，然后进行二取一、三取二、四取三等数据处理，得到可靠的检测信号。

（四）驱动装置

FSSS里的驱动装置用于控制和隔离进入炉膛的燃料和空气，驱动装置包括阀门电动装置和转动机械驱动装置。燃烧系统的驱动装置有阀门驱动器，挡板驱动器如驱动油箱跳闸阀、风门等，电动机启动器如启动磨煤机、给煤机、风机等。控制信号或运行人员的操作作为驱动装置的指令，驱动装置的输出控制被控对象。

燃料系统驱动装置有的采用交流电驱动，有的用直流电驱动，可以设计为给予能量跳闸或不给予能量跳闸两种类型。FSSS通常采用给予能量跳闸类型，这种类型的系统打开阀门时需要能量，关闭阀门也需要提供能量。当不提供任何能量时，阀门状态不变，从而防止了由于电源消失而引起的跳闸，保证系统安全地工作。

保证驱动装置良好的工作状态是十分重要的，因FSSS的指令和安全联锁要靠这些驱动装置执行和实现，所以必须对所有现场设备进行定期监测、检查和测试，并保持这些设备的清洁，无灰尘和油污。设备停运后，要定期活动所有的阀门和挡板。

（五）逻辑控制部分

逻辑控制部分是FSSS的核心，能完成逻辑综合、判断、运算功能。所有运行人员的指令、现场运行的状态、被控对象的状态等都要通过逻辑控制部分验证，满足一定的许可条件后才能送到驱动装置去控制被控对象。当出现危及设备和机组安全运行的情况时，逻辑控制部分会自动发出指令，停止有关设备。

FSSS中程序控制部分的编程有多种方法，如梯形逻辑图、功能模块法、助记符及编程语言等。通常分散控制系统提供一种或几种编程方法。功能模块法把逻辑运算作为功能块处理，按功能块组态的方法连接来完成编程；编程语言是采用分散控制系统提供的语言或高级语言来编程；梯形逻辑图编程采用梯形逻辑图来描述程序控制系统的逻辑关系，它是由继电器梯形图演变而来，与电气操作原理图相对应，具有直观、易懂的特点，在分散控制系统和可编程控制器中得到广泛的应用。

FSSS是由多个逻辑控制系统构成的，如开环逻辑控制、闭环逻辑控制和混合逻辑控制等。

二、系统的功能

FSSS从功能上包括燃烧器控制系统（BCS）和燃料安全系统（FSS）两部分，功能框图如图8-2所示。

（一）BCS主要功能

（1）对油燃烧器和煤燃烧器安全点火、投运和切除的连续监视。

（2）提供采用最新技术和适合电厂使用且操作灵活的自动化装置，至少应提供两级自

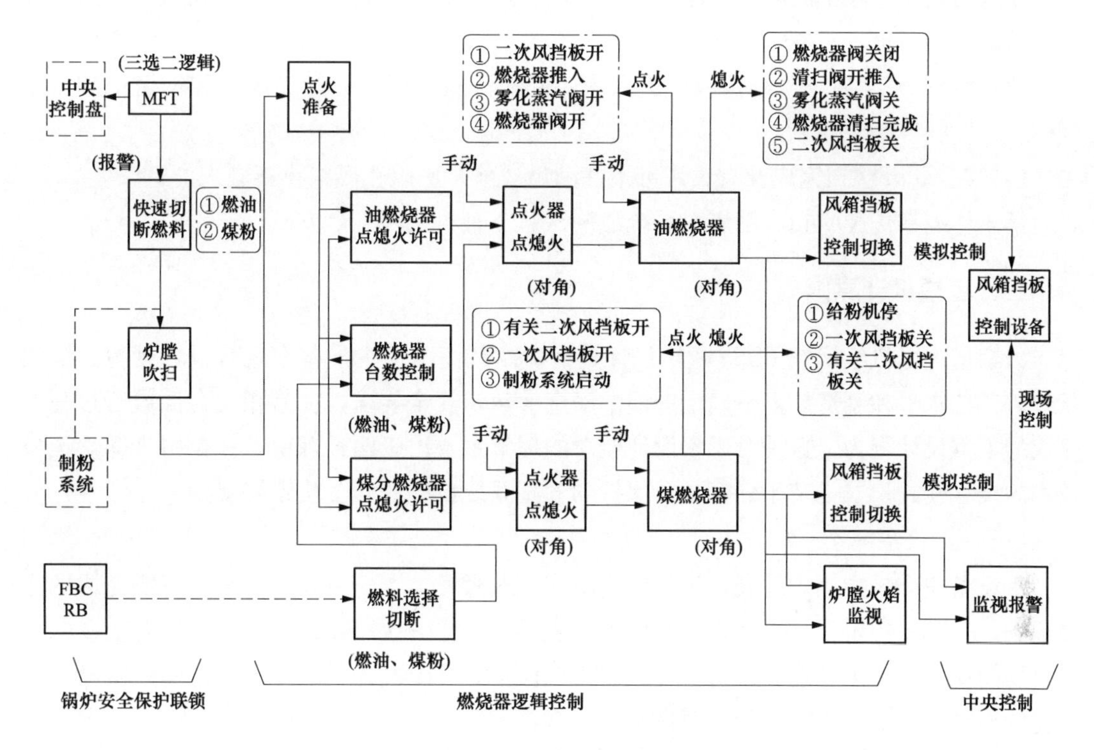

图 8-2　FSSS 功能框图

动化水平。

高一级的自动化水平是应能执行自动程序控制。即从运行人员启动吹扫后到点燃一个预先选定的燃烧器组实现自动化。在给粉机子系统投运前，投煤燃烧器可能需要运行人员的干预。

次一级的自动化水平是应使运行人员能按分阶段顺序控制方式启动燃烧。如先启动炉膛吹扫程序，然后进行油系统的泄漏试验，再启动油枪点火程序等。在高一级自动方式发生问题或机组运行状态需要时，应采用这种次一级自动方式。

（3）应提供在各种运行方式（如高一级自动方式、次一级自动方式及就地手操方式）下完善的监视和联锁功能，包括燃烧器火焰监视功能。

（4）在吹扫、燃烧器点火和带负荷运行期间应控制风箱挡板位置，以满足合适的二次风分配。

（5）提供锅炉火焰检测冷却风机的控制功能。

具体体现在锅炉点火准备、点火枪点火、油枪点火、煤燃烧四个方面。

（二）FSS 主要功能

FSS 应能防止由炉膛内燃料和空气混合物产生的不安全工况。必要时，切除燃料系统并避免锅炉受压部分过热。FSS 应通过下列监视和保护功能完成保护动作：

（1）监视锅炉和汽轮发电机组的运行工况，并在检测到危及人员和设备安全的工况时，发出主燃料跳闸（MFT）信号。

（2）当发现危险工况时，应停运一部分已投运的锅炉燃烧设备和有关辅机，快速切除进入锅炉的燃料量。

（3）MFT 发生后，应维持锅炉进风量，以便清除炉膛内、烟道尾部和烟道中的可燃气体。

（4）在 5min 吹扫完成及有关许可条件满足之前，应阻止燃料重新进入炉膛。

具体体现在炉膛吹扫、油燃料系统泄漏试验、燃料跳闸三个方面。

三、逻辑设计原则

大容量火电机组锅炉 FSSS 逻辑设计是锅炉制造商根据主设备在现有设计规范、试验条件、工艺水平和制造能力下确定的锅炉安全参数及安全要求，在其相关合同履行过程中完成的工程设计行为。这种对逻辑设计概念的理解主要出于两种理由，一是引进锅炉国外技术的设计模式；二是基于任何要求保护的大型系统设备的安全联锁需求。

（一）主设备安全

主设备安全是指锅炉的安全，具体指防止炉膛爆炸，是 FSSS 逻辑设计所要完成的主要任务。全部的逻辑设计工作自始至终都是围绕这一目的展开的。FSSS 全部安全概念中最重要的就是防止炉膛爆炸，这就要求 FSSS 的逻辑设计人员应始终坚持把锅炉安全放在首位的原则，对应所要解决的主要逻辑问题有：

（1）保证炉膛处于基本安全状态条件的建立；

（2）炉膛处于危险状态信息的获得；

（3）确定使炉膛摆脱危险状态的措施；

（4）最大限度地使炉膛危险状态发生的可能性达到最小。

按目前工程设计的习惯做法，解决以上问题可能采取的逻辑组态大体上有主燃料跳闸逻辑、炉膛吹扫逻辑、负压保护逻辑、火焰探测逻辑和燃烧器管理逻辑等。

当主设备安全要求与辅机安全要求存在矛盾时，毫无疑问应将主设备安全放在首位，除非与其发生保护矛盾的辅机的造价及危害影响足以与主设备的规模相比。

炉膛吹扫是炉膛安全的重要确认和保证手段。该确认过程对任何一个启炉前和停炉后的工况都是十分必要的。

在目前国内 FSSS 及 DCS 的整体水平下，由运行人员直接操作“炉膛吹扫启动”以使其得以确认这一基本做法仍然是逻辑设计人员在 FSSS 逻辑设计中应该坚持的原则之一。

（二）辅机安全

尽管主设备安全已被认定为 FSSS 的首要任务，但在具体的逻辑设计中不难发现辅机安全仍然是要密切关注的。大量的运行经验表明，主设备安全并不是一个孤立事件。这有两方面含义：一方面辅机安全与主设备的安全密切相关；另一方面是辅机设备本身的安全。辅机安全除了考虑辅机自身的安全外，由于辅机设备运行状态是否正常始终与主设备的安全相关，如不适当的点火程序除了给燃烧设备自身造成危害外，亦会成为炉膛本体危害的原因。这在以往的逻辑设计中已经被充分注意。

一般地讲，主设备安全与辅机安全在逻辑设计阶段所表现出来的矛盾往与辅机设备型式相关联，但这种矛盾并非无法调和。在实际的工程设计中，可以通过一些相对合理的设计来解决这种矛盾。也就是说，系统最终运行的应该是各种矛盾得到妥善解决的控制方案。另外，这种情形一般可以在逻辑设计的合同形成阶段通过必要的工程协商予以解决，而且多数情况下可以达到消除矛盾的目的。

（三）信号安全

对于一个安全监控系统而言，信号安全可体现在如下一些方面：硬件和软件、系统内和系统外、重要信号和一般信号、端子信号和通信信号。而对于逻辑设计来说，虽然并不一一涉及以上各项，逻辑设计人员却必须全面了解以上各项可能带来的影响，进而在逻辑设计阶段，根据现行规范、可行的技术措施和必要的工程协商以逻辑图形式做出反应和准确表达。

在逻辑设计中，信号安全主要表现在两个方面：一方面，它对进入系统的重要信号提出明确的品质要求，也就是说，那些提供给 FSSS 的、可导致机组跳闸的信号必须经过质量可靠的设备确认方可进入 FSSS 的逻辑系统。因为作为安全设备，任何一次由于设备自身的性能因素而产生的误动或拒动都可能给用户造成的直接或间接的损失。另一方面，就是在逻辑设计中直接提出对所发生信号的处理方案，即在逻辑图上给出对信号的“硬”或“软”的滤波要求。如对于某些输入信号，在其进入逻辑运算之前进行“延时”处理，以消除特定时间段的干扰信号。

（四）程序控制

目前，独立存在的点火程控系统很少见，因为它已经被现实地纳入 FSSS 燃烧器管理概念中，是技术发展的必然。或者说在 FSSS 的逻辑设计中，在锅炉安全的总体考虑下，那些与燃烧有关的受控设备被纳入 FSSS 的监控范围内完全是设备安全要求的必然现象。

在逻辑设计中所要考虑的程序控制问题，首先要解决的就是对所控制设备的工艺过程的了解，尽管这类控制只是开关量的逻辑组合，但由于它直接或间接地关系到锅炉的安全，所以不可掉以轻心。这一方面说明程序控制的逻辑设计对工艺过程知识的依赖，另一方面也表明逻辑设计在程序控制方面所要解决的问题的重要性。

（五）联锁保护

作为火电厂主要的安全监控系统，FSSS 要完成其所涉及设备在启动、停止和正常运行时的联锁保护任务。也就是说，联锁保护在逻辑设计中将是贯穿始终的。逻辑上所要完成的联锁取决于各种纳入保护范围的设备在故障情况下被定义的动作顺序和层次。通常所说的 MFT、FCB、RB 是 FSSS 所实现的在整个机组安全意义上的联锁保护。由于这类保护动作关系到电厂的整体效益和主设备安全，所以逻辑设计人员在确定此类保护的相关因素时，不仅要清楚设备的可控性对保护逻辑实现的制约，同时亦应明确合同各方对保护逻辑的认可。如 FCB 逻辑对于在电网中完成不同任务的机组，其实现的程度也许是不同的。另外，燃烧系统的配置方式和规模及可控性也决定着 FCB 逻辑的可实现程度。所有这些都或多或少决定着联锁保护在逻辑设计中确定相关动作因素时的取舍。

在具体的逻辑设计中，需要根据具体保护要求设计出相应的设备联锁动作顺序。

现有的规范已经明确了一些常规的联锁条件，它们是多年工程经验的总结。在逻辑设计中，有必要对那些被纳入重要联锁条件的逻辑量根据具体的安全要求予以甄别，以求在逻辑设计上保证联锁保护发生的必要性和正确性。

（六）能量支持

能量支持首先是一个安全燃烧概念，也就是说锅炉燃烧专业根据相关的资料和要求，在锅炉设计中已经充分考虑了不同工况下燃烧系统的工作方式。这种工作方式的确定本身就包括了对运行中的安全因素的考虑，在逻辑设计中这种考虑也是应遵循的。或者说，逻辑设计从根本上还是依据这些属于本体的“工作方式”来进行的。从这个意义上讲，FSSS 逻辑设计只是锅炉安全运行要求的一种逻辑表达过程。

对于四角切圆燃烧锅炉来讲，在 FSSS 逻辑设计中主要从以下方面来把握能量支持：

（1）高能点火器对油燃烧器的支持。

（2）单角油燃烧器对已定义的相邻煤燃烧器的支持。

（3）单层燃烧器对已定义的相邻层燃烧器的支持。

（4）邻层燃烧器间的支持。

（5）对应工况的配风支持。

由于燃料和燃烧器的差异，即便是四角燃烧锅炉，对不同工况，在逻辑设计上的差别也是很大的。如对于 RB 工况，烟煤和无烟煤机组燃烧器切投顺序的差别。

（七）安全条件

安全条件是指 FSSS 逻辑设计人员在做逻辑图时，应对系统所涉及各种工况的安全背景有全面的了解和把握。这种安全背景是产生安全条件的基础或依据。安全条件是逻辑设计人员根据具体工程要求在安全背景支持下确定的技术上可行的具体安全方案。例如，炉膛吹扫逻辑用各种限制条件闭锁锅炉吹扫，就是逻辑设计人员在设计炉腔膛吹扫逻辑时应予以注意和把握的安全条件。类似的诸如全炉膛火焰逻辑、冷却风机控制逻辑、油点火逻辑、磨煤机启停逻辑等，都有一个安全条件概念需要在设计时注意。

另外，确立安全条件也是个利弊权衡过程。安全条件要求过于苛刻，也许会导致 FSSS 投入困难和/或造成锅炉投运障碍，所以正确处理安全和生产之间的矛盾也是逻辑设计的原则之一。按照现行相应等级的规范确定安全条件的最低要求是逻辑设计人员应把握的基本标准。

（八）有效参数

有效一方面指的是明确性，另一方面指的是责任性。由于这些参数最终将成为 DCS 组态的依据，所以参数的有效性被重视也是很自然的事情。在逻辑设计中，有效参数一般可分为两类：一类是表征受控对象过程特征的运行值，如压力、差压等的报警、切换和跳闸值；另一类是逻辑图上出现的诸多时序参数，即延时元件的时间值。总的来说，在逻辑图上出现的有效参数多数是可以直接进入运行的，很少一部分需要在调试乃至运行阶段通过试验加以调整确证，原因是已确定的有效参数的经验环境往往与决定参数的实际运行环境有一定的差别。类似的拟合过程也是经常发生的。

在工程的不同阶段，有效参数的含义也是不同的，尽管它们可能是同一个数值。例如，在原始逻辑上可以把它们称为合同有效参数，在执行逻辑上可以把它们称为组态有效参数，在竣工逻辑上可以把它们称为运行有效参数等。了解这些后，逻辑设计人员可以在比较全面的背景下把握逻辑设计的整个过程。

（九）运行介入

运行介入就是指在FSSS投入的情况下，运行人员参与对锅炉安全的监控，是对控制设备性能稳定性的考虑，同时也是系统所面临的安全保护任务，对电厂的整体效益来讲确实是十分重要的。DCS日益推广且日臻完善，各类现场测量设备和执行机构的性能不断提高，也就是说，其自动化设备性能的可信度已经愈来愈高。即便如此，不论在现行的规范中，还是实际配套的系统中，必要的人工参与仍然被广泛采用，尤其是对于安全保护系统。作为控制系统设计依据的逻辑设计工作，应从一开始就把运行介入概念确定在自己的设计中。

第二节　锅炉吹扫及保护系统

FSSS的控制逻辑指的是锅炉燃烧系统各个设备的动作所必须遵循的安全联锁、许可条件和先后顺序，以及它们之间的逻辑关系，它使整个系统能按照正确的顺序安全启停和正常运行。一旦安全联锁条件破坏或规定许可条件不满足，则自动停止运行，并做出相应的反应，保证锅炉燃烧系统所有设备保持在安全状态。逻辑系统根据DCS运行控制站（OIS）发出的操作命令与控制对象传来的检测信号进行判断和逻辑运算，结果作为控制信号对各种执行机构进行操作；表达控制对象状态的某些特征量则被送到DCS，供运行人员参考。

FSSS控制逻辑中的一个核心问题是通过周密的安全联锁和许可条件，避免可燃性混合物在炉膛、煤粉管道和燃烧器中积存，以防上炉膛爆燃的发生。

本节将对FSSS的主保护逻辑系统按步骤进行分析，从本质上介绍整个FSSS系统的工作原理，以及程序执行过程中运行人员的配合（即操作），FSSS在机组启停和正常运行、事故情况下的控制功能。由于实际控制逻辑需根据现场实际情况确定，且逐步完善，所以以下讨论的仅是控制逻辑部分示例，目的是熟悉控制逻辑的一般分析方法。

一、炉膛吹扫

锅炉停炉后，闲置的炉膛里会积聚杂物。炉膛吹扫的目的是将炉膛和烟道中可能积聚的可燃混合物清除掉，防止点火时引起炉膛爆燃。炉膛吹扫的方法是在锅炉点火前要在炉膛内吹入足够的风量，把这些混合物带走。

锅炉点火前要进行炉膛吹扫，事故跳闸和正常停运后均需进行吹扫，吹扫时必须满足三个基本条件：①将所有进入炉膛的燃料切断；②炉膛内不存在火焰；③吹扫空气流量必须保证在5min内把炉膛内可能存在的可燃混合物清除掉，一般规定吹扫空气流量大于30%额定风量。一般吹扫流程为：运行人员手动启动引、送风机，二次风调节系统，通过调整辅助风挡板来调节炉膛风量。在锅炉停炉的时候，将辅助风挡板调节系统的设定值切到吹扫设定值，从而保证吹扫风量为30%。吹扫控制功能主要在吹扫以前对锅炉的有关设备进行安全性检查，条件确认以后，开始吹扫周期计时，保证吹扫时间不少于5min。

在炉膛吹扫完成之前应阻止任何燃烧设备启动，避免燃料进入炉膛。炉膛吹扫分为点火前炉膛吹扫和MFT跳闸后炉膛吹扫。点火前炉膛吹扫是为锅炉点火作好准备，清除可能存在炉膛内的积聚可燃物，MFT跳闸后炉膛吹扫是及时排除高温炉膛内可燃物的积聚。

（一）点火前炉膛吹扫

锅炉在点火启动前必须进行吹扫，以稀释或吹尽炉内可能存在的可燃混合物，吹扫开始和吹扫过程中必须满足定的吹扫条件。吹扫条件应根据锅炉容量和制粉系统的形式来确定，符合DL/T 1091—2018《火力发电厂锅炉炉膛安全监控系统技术规程》规定的锅炉炉膛吹扫条件。常见的点火前炉腔吹扫条件逻辑如图8-3所示。

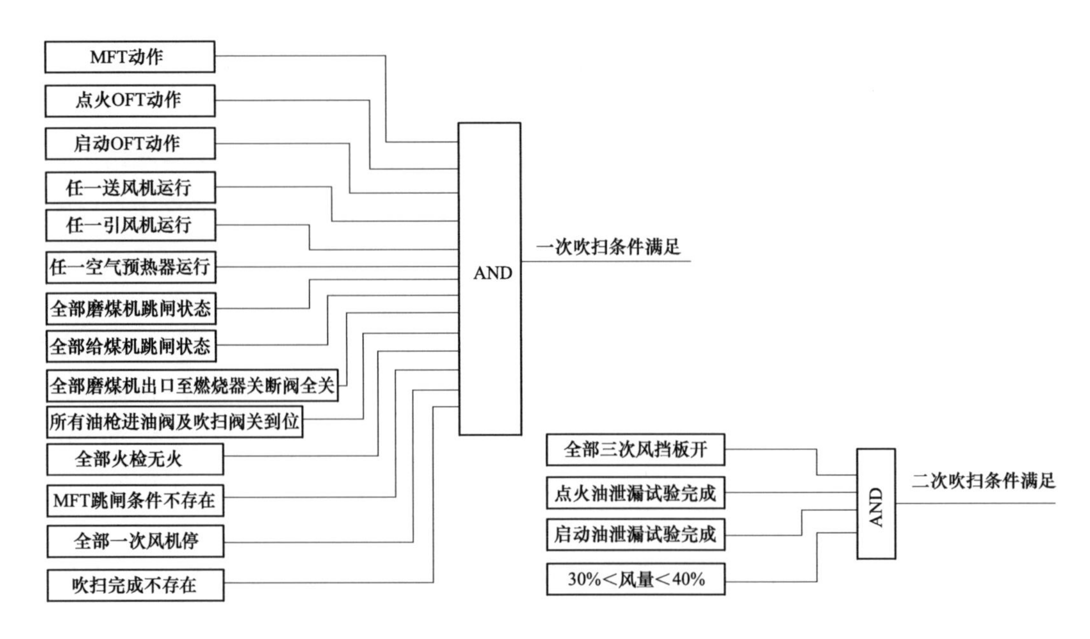

图8-3 点火前炉膛吹扫条件逻辑

在一次吹扫条件满足时，启动吹扫按钮，置辅助风挡板全开位置（吹扫位置），并发出吹扫请求指令，油泄漏试验启动。在二次吹扫条件满足后，正式开始吹扫计时。点火前炉膛吹扫控制逻辑如图8-4所示。

点火前炉膛吹扫的计时是由运行人员启动进行的，吹扫完成信号还会送到MFT（主燃料跳闸）继电器硬跳闸回路，自动复位MFT继电器。吹扫完成之后，如30min内不点火，则会引发“再吹扫请求MFT”，请求再次吹扫。

（二）锅炉跳闸后炉膛吹扫

锅炉跳闸后，通常送、引风机继续运行，辅助风挡板控制系统在MFT信号作用下，将调节定值自动切换到既定的吹扫位置，使吹扫风量不低于30%（或25%），FSSS的功能

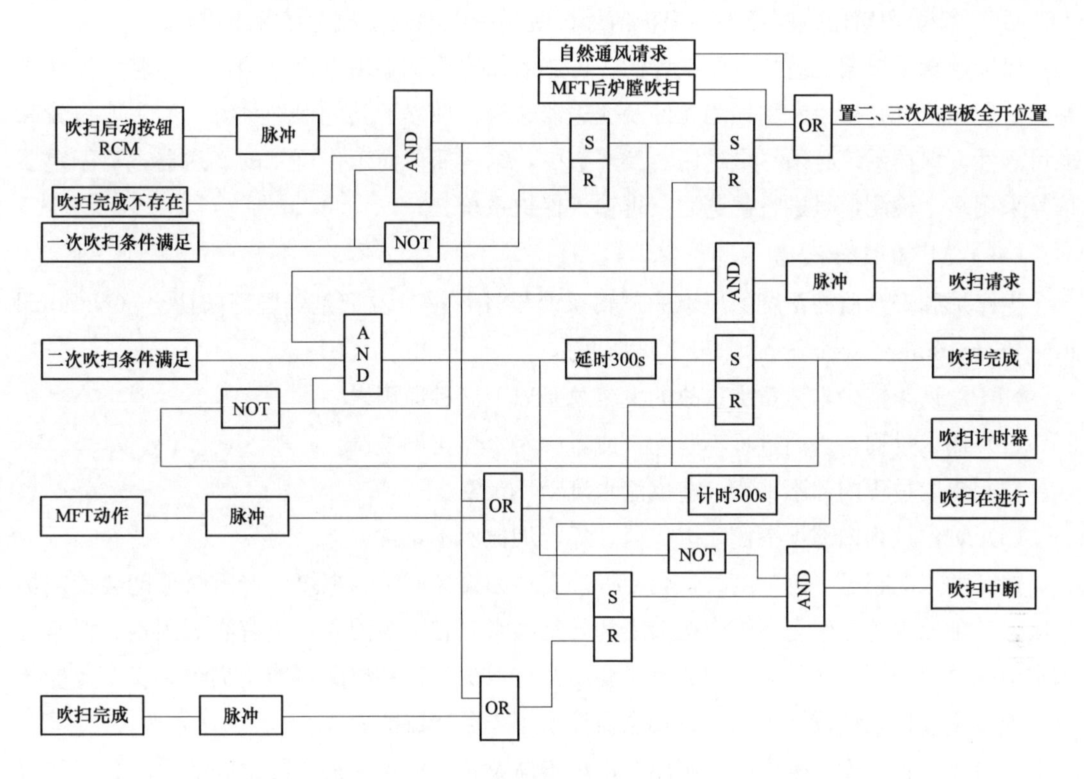

图 8-4 点火前炉膛吹扫控制逻辑

是对这一吹扫过程计时。与点火前吹扫不同，计时过程是自动开始的，锅炉跳闸后的炉膛吹扫通常也是不小于 5min。当锅炉跳闸及炉膛吹扫准备信号建立后，就自动进行吹扫计时。炉膛跳闸后的吹扫准备条件如下：

（1）全部油阀关闭。

（2）全部给煤机停。

（3）全部磨煤机停。

（4）燃油跳闸阀关闭。

（5）炉膛风量大于 30%（小于 40%）。

（6）全部火焰探测器显示无火焰。

上述信号在锅炉跳闸后即可自动建立，随之开始计时。吹扫完成后，如炉膛压力高会跳送、引风机；MFT 跳闸 20s 后，如炉膛压力低，则会跳送、引风机。

二、主燃料跳闸

主燃料跳闸简称 MFT，是燃烧器管理系统的主要功能。在锅炉运行的各个阶段，FSSS 实时、连续地对机组的主要参数和运行状态进行监视，只要这些参数和状态有一个越出了安全运行的正常范围，系统就会发出 MFT 指令。MFT 动作将快速切断所有进入炉膛的燃料，即切断所有的燃油和煤粉输入炉膛，实行紧急停炉，防止炉膛爆燃，并指出起 MFT 的第一原因。

MFT 保护逻辑由跳闸条件、保护信号、跳闸继电器及首出记忆等组成。

保护逻辑是根据机组特点而设计的，可靠的保护系统必须以可靠的信号为基础，保护系统中所用信号必须由专用检测元件及变送器送来，独立于其他保护系统。为了取得较高的可靠性，保护系统必须尽量选用转换环节少，结构简单而工作可靠的变送器；对于重要信号采用多个检测信号进行优选后，再输入保护系统。

（一）MFT 设计依据

生产炉膛安全监控系统的厂家的逻辑系统设计依据基本上是美国消防协会（National Fire Protection Association，NFPA）标准。

NFPA 认为锅炉本体重大事故的发生总是以下三种原因之一：

（1）锅内过程与炉内过程不匹配，或者称为水煤比例失调。

（2）锅内过程内部不平衡，造成汽水流动不正常。

（3）炉内过程内部不平衡，造成风、煤、烟比例不正常。

这三种工况超过一定限度时，会使锅炉受热面损坏或炉膛爆燃，严重时可能会使锅炉报废。三种原因的产生有锅炉内扰因素和外扰因素，有主观因素，也有客观因素。但所有因素中起决定作用的还是对锅炉缺乏必要的监控保护，这种情况可能是锅炉无安全监控装置，或安全监控系统设计不当，或安全监控系统失灵造成的。

在前述三种故障刚发生时，避免对锅炉本体设备造成重大损失的最有效手段，就是快速切断进入炉膛的全部燃料。MFT 逻辑控制系统的基本要求是：

（1）监视锅炉启动过程和正常运行过程启动步骤和操作要方法适当且按规定的程序。

（2）当设备和人身安全受到危害时，按适当的程序停用最少的设备。

（3）当锅炉自动停炉后，要指出引起停炉的第一原因，以保证在对该原因进行处理后再次启动。

（4）使一些必要的停炉设备集中在一个系统中。

（5）如自动控制设备没有达到 NFPA 要求的功能时，要有足够的仪表可使运行人员通过手动完成规定操作。

（6）MFT 测量元件和电路应独立于其他控制系统。

（7）对维护工作要有保护措施。

（8）炉膛安全监控系统在运行中不允许手动退出，对系统的所有操作都要有自动记录。

（9）对锅炉运行过程中产生的对 FSSS 的干扰和系统电源要有保护措施。

任何控制系统都可能发生故障，FSSS 是保证锅炉安全运行的最后屏障，FSSS 一旦发生误动或拒动都会产生重大的损失。在尽量避免误动与拒动的同时，考虑到拒动比误动所造成损失更加严重，因此为了不发生拒动，宁可误动。

MFT 系统设计原则是：最大限度地消除可能出现的误动作及完全消除可能出现的拒动作。DCS 设计冗余的软硬件两套跳闸回路，即在软件通过输出卡件切除相关的设备功能外，设计了专门的硬件跳闸继电器组，以保证任何危险工况下都能可靠停炉。

（二）MFT 跳闸条件

当 MFT 跳闸条件满足时，FSSS 系统则立即切断锅炉燃料，使机组停止运行，并显示记忆首出；当 MFT 复位后，首出跳闸记忆清除。某超临界机组 MFT 条件逻辑如图 8-5 所示。

（三）MFT 控制逻辑

MFT 设计成软硬件互相冗余。当 MFT 条件出现时，软件会送出相应的信号来停掉相关的设备，同时 MFT 继电器也会向这些设备中的绝大部分送出一个硬接线信号来停掉它们。例如，MFT 发生时，逻辑会通过相应地模块输出信号来关闭进油母管燃油关断阀，同时 MFT 硬回路触点也会送出信号来直接关闭该跳闸阀。这种软硬件互相冗余有效地提高了 MFT 动作的可靠性。

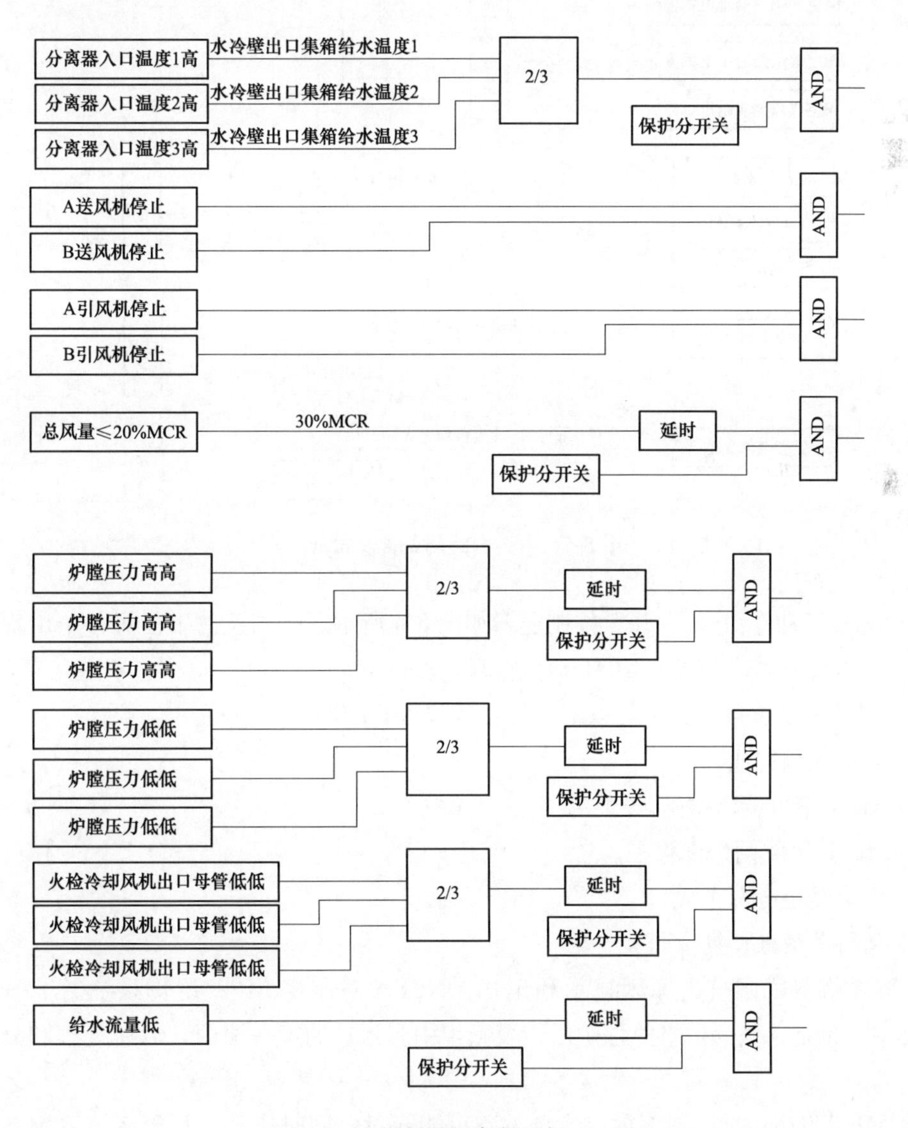

图 8-5　主燃料跳闸条件逻辑（一）

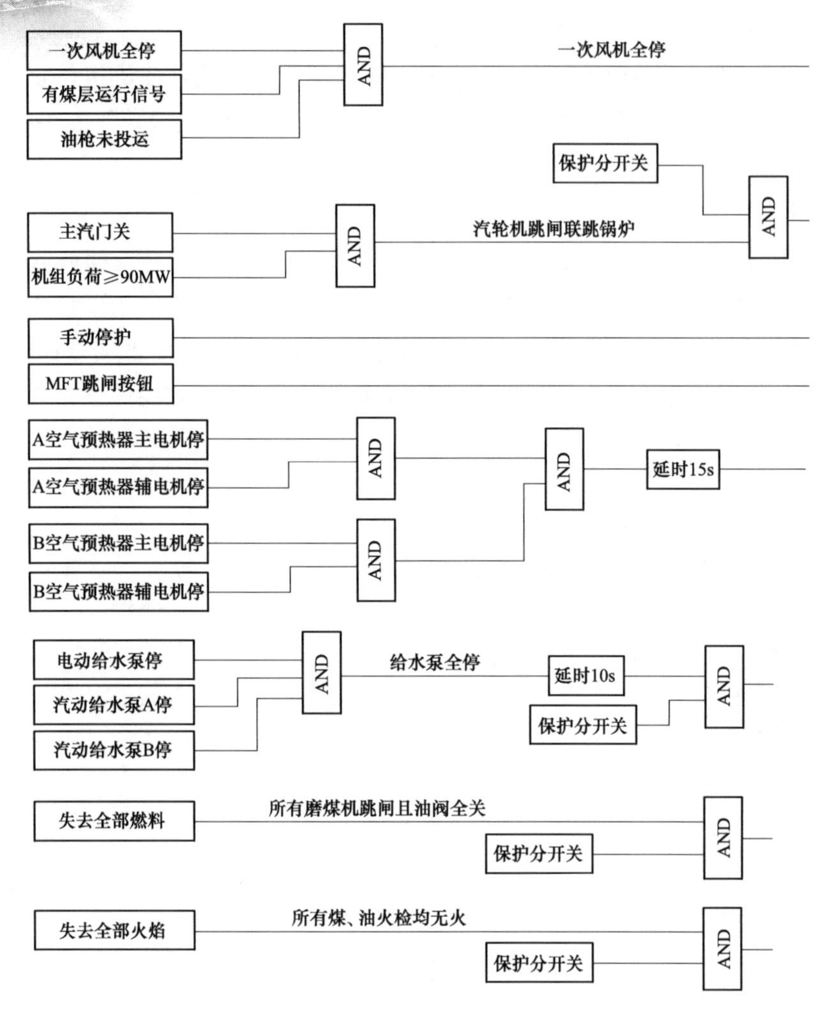

图 8-5　主燃料跳闸条件逻辑（二）

（1）MFT 动作信号。MFT 控制逻辑如图 8-6 所示。跳闸条件中任意一个出现都会使“或门 1”输出为“1”，产生 MFT 动作信号。

（2）MFT 复位条件。满足以下条件，复位 MFT 继电器：

1）炉膛吹扫完成。

2）MFT 继电器已跳闸。

3）无 MFT 跳闸条件存在。

4）继电器柜电源正常。

5）运行人员操作复位开关。

（3）主燃料跳闸首出原因显示和记忆。NFPA 对制定 MFT 逻辑系统做了一系列规定，其中一条是：当锅炉事故停炉后，要指出引起停炉的第一原因，以便处理和分析事故原因。

在 MFT 发生以前，诸多的触发条件不可能绝对的同时成立，只要系统采用高分辨率的逻辑判断程序，即可将最先触发 MFT 的条件记忆下来，并发出光显示信号，表示该条

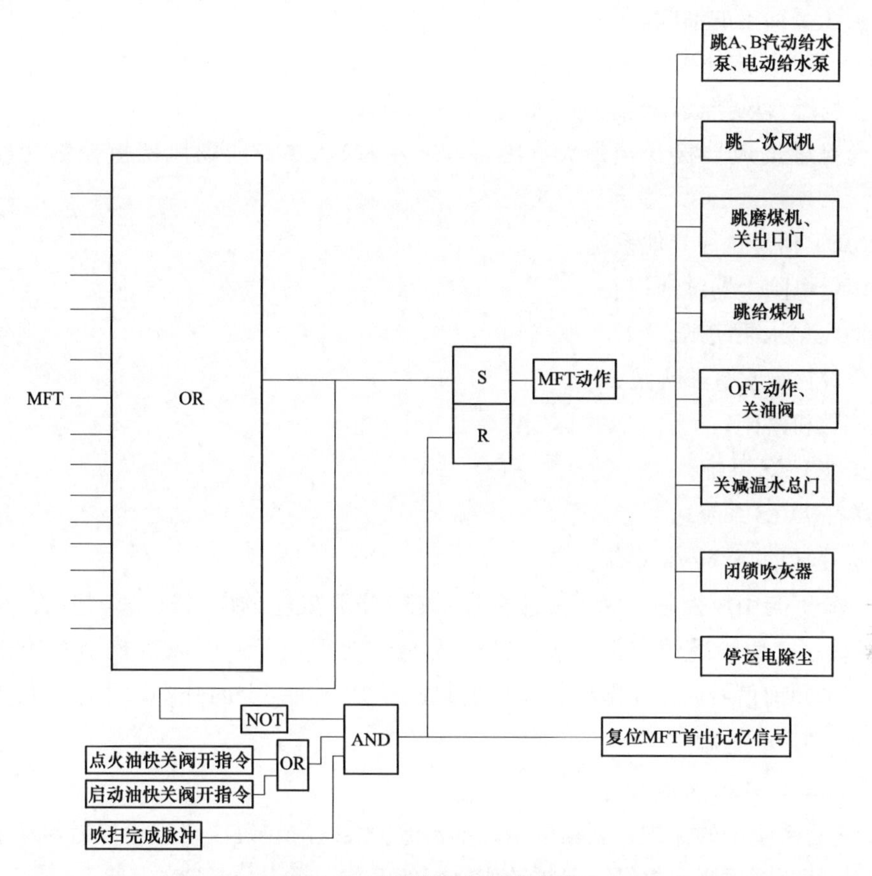

图 8-6　主燃料跳闸控制逻辑

件触发了 MFT。逻辑闭锁作用使该条件就成为唯一的首出原因而被显示和记忆下来。

超临界机组 FSSS 系统由 DCS 组成，首先触发 MFT 的条件可在 CRT 上显示，触发 MFT 的条件及一些重要信号送至 SOE 并打印出动作时间，分辨率可达 1ms。如果 DCS 自身的分辨率达 1～2ms，则可不用 SOE，而由 FSSS 本身完成 MFT 首出原因的记忆和显示，MFT 首出原因保存到下次锅护启动前 MFT 复位后，由吹扫完成来解除记忆。

（4）MFT 动作后锅炉联锁。MFT 信号生成后，联关联停部分设备，实现锅炉和机组的全面跳闸，归纳起来如下：

1）MFT 信号送往制粉系统。

a）全部给煤机跳闸；

b）磨煤机及辅助设备跳闸；

c）两台一次风机跳闸；

d）密封风机跳闸；

e）关全部一次风关断门，关热风挡板和冷风挡板（冷风挡板关闭一定时间后，如 5min，再开启）。

2）MFT 信号送往燃油系统。

a）关轻油/重油进油和回油跳闸阀；

b）关全部油枪的油阀。

3）MFT 信号送往二次风系统。

a）全部燃料风挡板开至最大（维持 30～60s）；

b）全部辅助风挡板开至最大（维持 60s 左右），并将辅助风挡板控制切换到手动方式。

4）MFT 信号送往其他系统。

a）两台电除尘器跳闸；

b）两台给水泵跳闸；

c）全部锅炉吹灰器跳闸；

d）汽轮机跳闸；

e）送往 CCS 系统；

f）送往 DAS 系统；

g）送往辅助蒸汽控制系统。

（5）MFT 与引风控制。为了防止内爆，在 MFT 发生的同时送一个超前信号给引风机的控制系统。使炉膛熄火后，炉膛压力不至于变得太低。引风机控制系统接到这个 MFT 动作的超前信号后，立即将引风机控制挡板关小到一定的开度，并保持数十秒钟后再释放到自动控制状态。

（四）MFT 功能试验

定期进行系统中的保护、联锁试验，重要保护系统应在每次机组检修后启动前进行静态试验。确认跳闸逻辑、报警及保护动作值正确可靠，是十分必要的。

1. MFT 动作条件试验

（1）检查跳闸任一条件满足时，机组 MFT 应跳闸。

（2）逐一发出跳闸各信号，检查确认机组 MFT 跳闸，状态、报警及首出信号显示应正确。

2. MFT 动作后的联动功能试验

（1）检查系统，当 MFT 信号发出后，以下动作应联动产生。

1）SOE 显示 MFT 首出原因。

2）所有磨煤机跳闸，磨煤机热风隔离挡板、冷和热风调节挡板关闭；延时规定时间后，冷风调节挡板全开。

3）所有给煤机跳闸，各给煤机指令自动回到设定值（或一次风挡板关闭）。

4）所有一次风机跳闸，密封风机联跳。

5）快关燃油母管调节阀、回油阀及所有油角阀。

6）当任一油角阀未关时，关闭燃油母管跳闸阀。

7）关闭主蒸汽、再热蒸汽减温水电动隔离阀和调节阀。

8）MFT 信号送至 CCS、SCS、吹灰、电除尘等系统。

9）主汽轮机跳闸。

10）A、B 电除尘跳闸。

11）锅炉吹灰器跳闸。

12）高压旁路控制复位。

13）MFT后，延时达到设定值且炉膛压力低低或炉膛压力高高时，跳闸送、引风机。

14）全开所有燃料风挡板。

15）全开所有辅助风挡板。

16）给水泵汽轮机A、B跳闸。

17）MFT后，引风机挡板关至设定值，延时达到设定值时逐渐开启，再延时规定时间后恢复。

18）延时规定时间后，主蒸汽至辅助蒸汽电动或气动隔离阀关闭。

(2) 逐一检查确认对应的状态、报警及信号显示应正确。

3. 燃油系统泄漏试验及炉膛吹扫功能试验

(1) 锅炉点火前必须进行燃油母管泄漏试验及规定时间的炉膛吹扫。

(2) 燃油母管泄漏试验及炉膛吹扫功能试验步骤如下：

1）确认燃油系统处于炉前油循环状态，油泵运行正常，燃油压力在规定范围内。

2）检查确认下列所有条件均满足，且相应的状态信号发出。

a）所有油角阀处于关闭位置。

b）燃油跳闸阀关闭。

c）所有磨煤机停运。

d）所有给煤机停运。

e）所有磨煤机进口热风隔离闸板关闭。

f）所有辅助风挡板处于调节状态。

g）至少有一组送、引风机投运，且风量达到设定值。

h）所有一次风机停运。

i）汽包水位正常（汽包炉）。

j）所有火焰探测器均显示无火焰。

k）所有系统电源正常。

l）无MFT指令。

m）所有电除尘停运。

n）所有空气预热器投运。

3）确认燃油泄漏试验油压满足信号发出，人工关闭燃油回油总阀。

4）发出“吹扫”命令，系统进入燃油泄漏试验程序。

5）燃油泄漏试验结束后，泄漏试验“完成”指示灯亮；“泄漏试验在进行中”灯灭，燃油调节阀自动至调节状态，程序自动进入炉膛吹扫；“吹扫进行中”灯亮，吹扫规定时间后吹扫完成。“吹扫完成”灯亮，锅炉跳闸状态复归，首出跳闸原因显示灯熄，硬报警“MFT”复归。

(3) 在炉膛吹扫过程中，任一条件不满足，吹扫应自动中断，并发出“吹扫中断”信号。待原因查明且消除后，须重新进行规定时间的吹扫。

（4）燃油母管泄漏试验及炉膛吹扫试验完成以后，开启燃油回油总阀和燃油跳闸总燃油阀，油系统恢复至炉前油循环状态。

4. 烟风系统大联锁功能试验

（1）检查下列任一条件满足时，送、引风机大联锁保护应动作：

1）一台送风机跳闸，对应引风机应跳闸。

2）两台送风机跳闸，两台引风机应跳闸。

3）一台引风机因故障跳闸（电气故障、轴承温度高高或被人为强迫停运）时，对应送风机应跳闸。

4）两台引风机跳闸，两台送风机应跳闸。

5）MFT 动作且延时规定时间后，炉膛压力高高时，两台送风机应跳闸。

6）MFT 动作且延时规定时间后，炉膛压力低低时，两台引风机应跳闸。

（2）当保护动作时，检查确认送、引风机跳闸，状态、报警及信号显示应正确。

5. 锅炉汽包水位保护实际传动试验

锅炉启动或停炉前，进行汽包水位的实际传动试验。

（1）通过上水法进行汽包水位高试验。

1）汽包水位高于设定值Ⅰ值时，显示状态和声光报警应正确。

2）当汽包水位高于设定值Ⅱ值时，显示状态、声光报警应正确，保护信号应发出，MFT 应动作。

（2）通过排污门放水法进行汽包水位低试验。

1）当汽包水位低于设定值Ⅰ值时，显示状态和声光报警应正确。

2）当汽包水位低于设定值Ⅱ值时，显示状态、声光报警应正确，保护信号应发出，MFT 应动作。

（3）在确认水位保护定值时，应充分考虑因温度不同而造成的实际水位与测量水位的差值影响。

6. MFT 动态试验

（1）调整机组正常运行在试验负荷。

（2）调整锅炉运行工况（如停止全部粉源、关闭燃油跳闸阀），达到 MFT 动作。

（3）检查 MFT 跳闸后所有控制对象的动作状态，应符合要求。

（4）检查“锅炉灭火”“MFT 跳闸”“燃料丧失”信号发出时间和跳闸事件顺序记录，应正确。

（5）通过炉膛压力变化曲线，检验炉膛压力保护定值的合理性。

（6）通过炉膛火焰变化曲线（火焰检测器模拟量信号），检验火焰信号保护的可靠性。

（7）检查、记录吹扫过程及吹扫时间应符合要求。

FSSS 系统的动态试验对机组有一定的潜在危害性，因此，除新上机组或控制系统有较大修改的机组应进行外，一般以通过静态试验方法确认为宜。必须进行的 FSSS 系统动态试验一般可放在机组启、停过程中进行。动态试验期间，若出现异常情况，应立即终止试验，并恢复设备原运行方式；故障查明原因并消除后，经批准方可继续进行试验。

三、油系统泄漏试验

油系统泄漏试验是对油跳闸阀、回油阀和各油燃烧器油阀之间的油管路和阀门所做的密闭性试验，防止燃油泄漏（包括混入炉膛）。

油泄漏试验的过程为：

（1）开回油阀泄压。

（2）开跳闸阀充油。

（3）关回油阀充压（约 30s）。

（4）规定时间后，油压达泄漏试验所需压力后关跳用阀。

（5）进行二次油压检测（约 60s）来判断油管路是否泄漏。若油压低，则油管路有泄漏；若油压不低，则泄漏试验完成。

各电厂的油系统泄漏试验逻辑各不相同，有的由吹扫程序启动，当泄漏试验成功后自动进入炉膛吹扫；也有的是将油系统泄漏试验单独设置，泄漏试验成功作为吹扫程序的必要条件。油泄漏试验逻辑如图 8-7 所示。

操作人员可根据实际情况，在运行控制站（OIS）上进行旁路油泄漏试验。在油系统管路维修后，初次投运或较长时间未投运燃油系统时，必须做油泄漏试验，不得选择旁路。选择油泄漏试验旁路时，在 CRT 上会给出警告提示。

四、油燃料跳闸

点火吹扫完成后，炉膛具备了点火条件，此时应将 MFT 复位，并建立一个锅炉点火限定计时器。当在限定时间内不能建立火焰时，FSSS 系统应跳闸 MFT，闭锁点火燃料，禁止持续点火，并重新吹扫炉膛内点火未成功的可燃物，然后 FSSS 即开始对燃油系统进行条件扫描和控制。这是 FSSS 功能完成的第二个阶段，这个阶段的监控内容包括锅炉点火许可、油燃烧器的投入及状态监视等。

油燃烧器管理完成油燃烧器的投入、停运、跳闸，监视等多项功能，操作人员可通过键盘或 CRT 画面输入燃烧器启动、停止指令。与油燃烧器配套的就地设备包括油枪、点火枪、油阀、雾化阀、吹扫阀及就地柜，这些设备可统称为油燃烧器。油燃烧器有遥控和就地两种操作方式，由位于就地柜上的开关位置决定。当该开关置于就地位置时，油燃烧器只能在就地操作，集控室操作无效。手动方式指操作员手动控制各设备的开/关、进/退。单控方式指对应的油燃烧器中的各设备（油枪、点火器、油阀、雾化阀、吹扫阀）按照一定的顺序投入/切除，操作员只发出启动/停止指令即可。

油燃料跳闸（OFT）逻辑检测油母管的各个参数，当有危及锅炉炉膛安全的因素存在时，产生 OFT。关闭主跳闸阀，切除所有正在运行的油燃烧器。OFT 控制逻辑如图 8-8 所示。

油燃料跳闸 OFT 信号发生后，应迅速切断所有油枪的燃料。下列任一条件成立，均引发 OFT 信号：

（1）燃油压力低于定值；

（2）所有燃烧器关闭发脉冲信号；

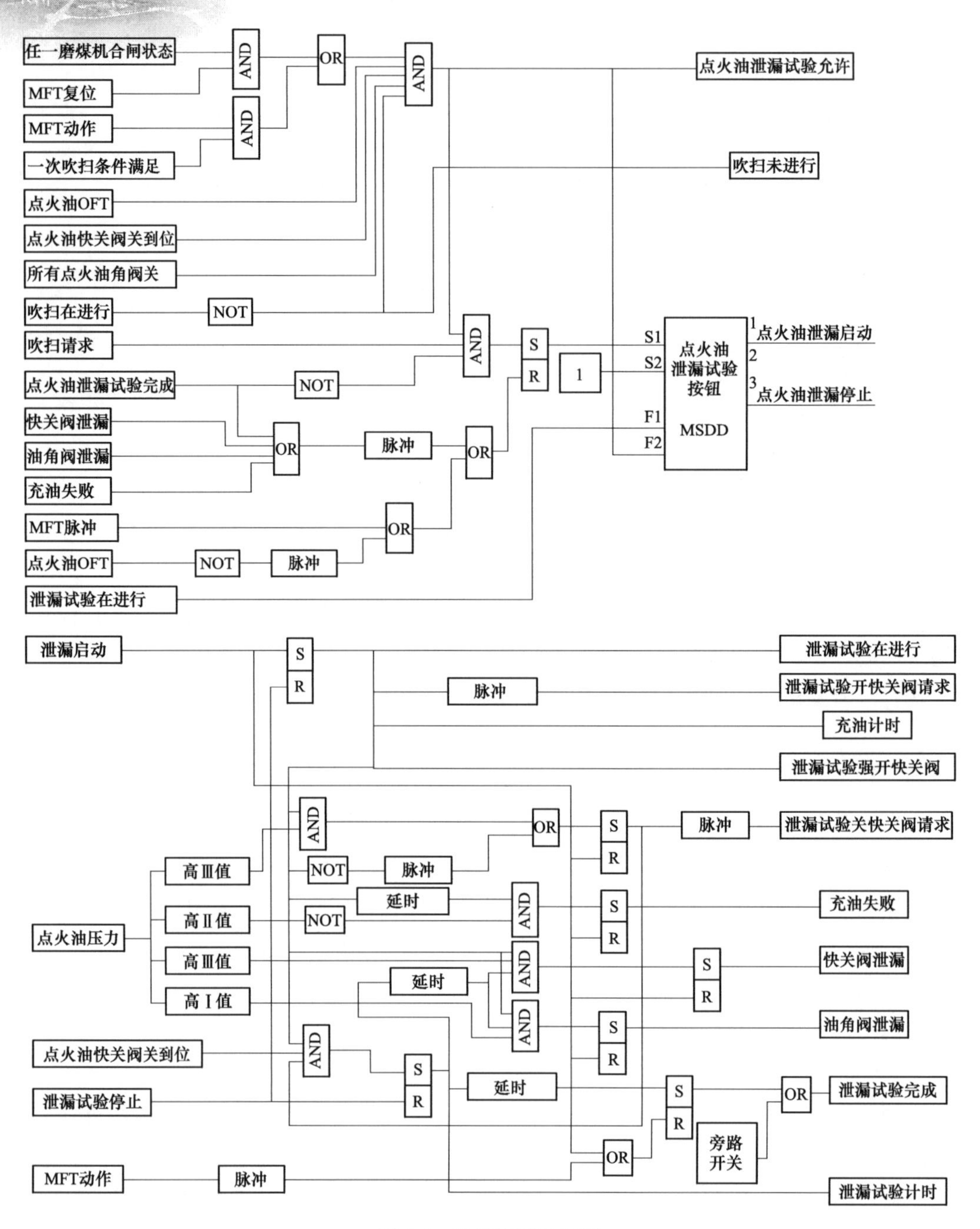

图 8-7 油泄漏试验逻辑

(3) MFT 动作；

(4) 主跳闸阀未打开，即主跳闸阀开状态失去；

(5) 运行人员跳闸（运行人员关闭主跳闸阀指令）；

(6) 油燃料跳闸（OFT）的跳闸只有软件回路。

OFT 信号发生后，联锁以下设备动作：

(1) 跳闸所有油燃烧器。

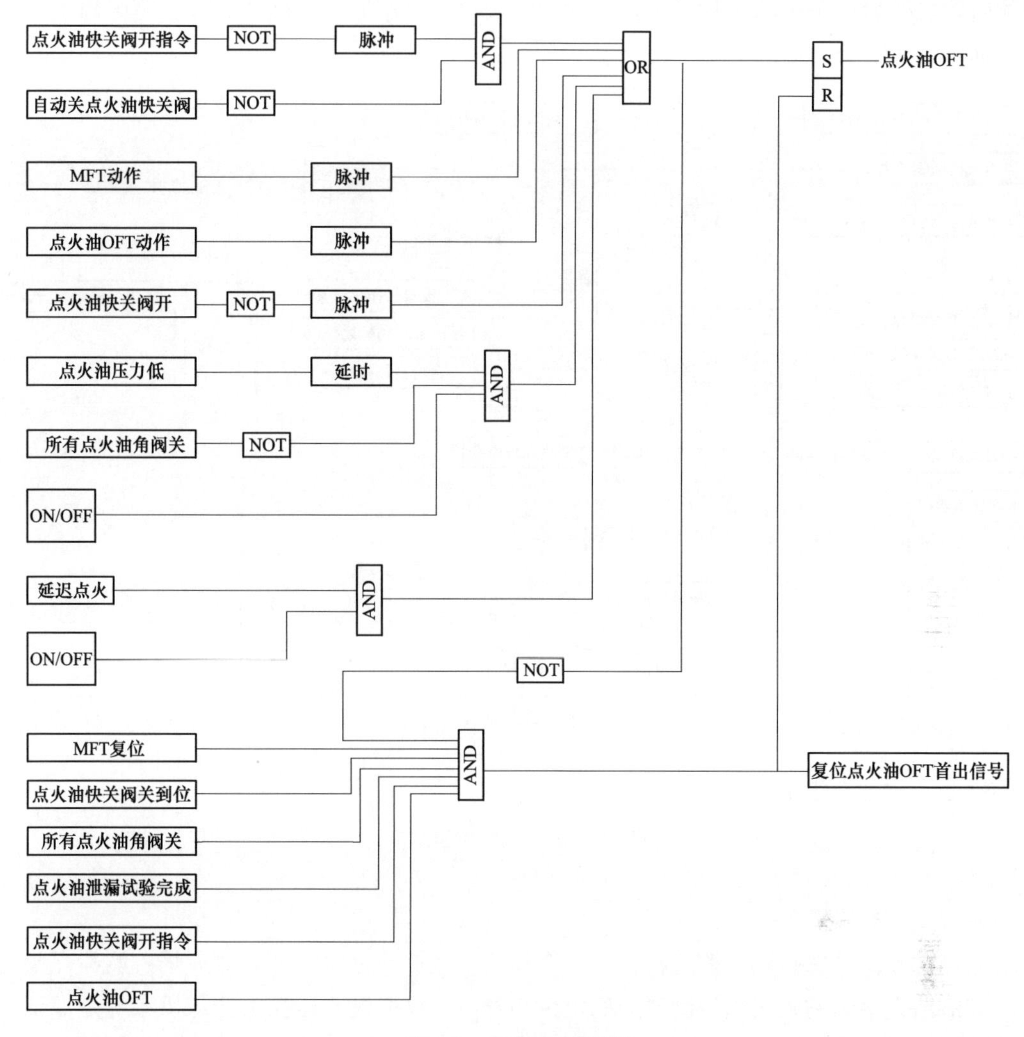

图 8-8　OFT 控制逻辑

（2）关闭主跳闸阀。

（3）燃油跳闸阀打开即 OFT 复位（OFT 复位方式为 MFT 复位自动联开燃油跳闸阀，或锅炉断油后运行人员再次打开燃油跳闸阀）。

（4）MFT 复位联锁打开燃油跳闸阀，OFT 发生后关闭燃油跳闸阀，OFT 条件消失后在 MFT 跳闸前可以再次打开。

（5）在油泄漏试验时即有油泄漏试验进行信号，可打开燃油跳闸阀。试验完成后，再次关闭并禁止打开，直到 MFT 复位。

五、风机控制

（一）密封风机

两台密封风机为一用一备运行方式，正常情况下，只要单台密封风机运行，就可提供足够的密封风压，另一台密封风机处于备用状态。当正在运行的密封风机事故跳闸或出力不够时，联锁启动备用的密封风机。手动操作采取预操作加操作确认方式。密封风机控制逻辑如图 8-9 所示。

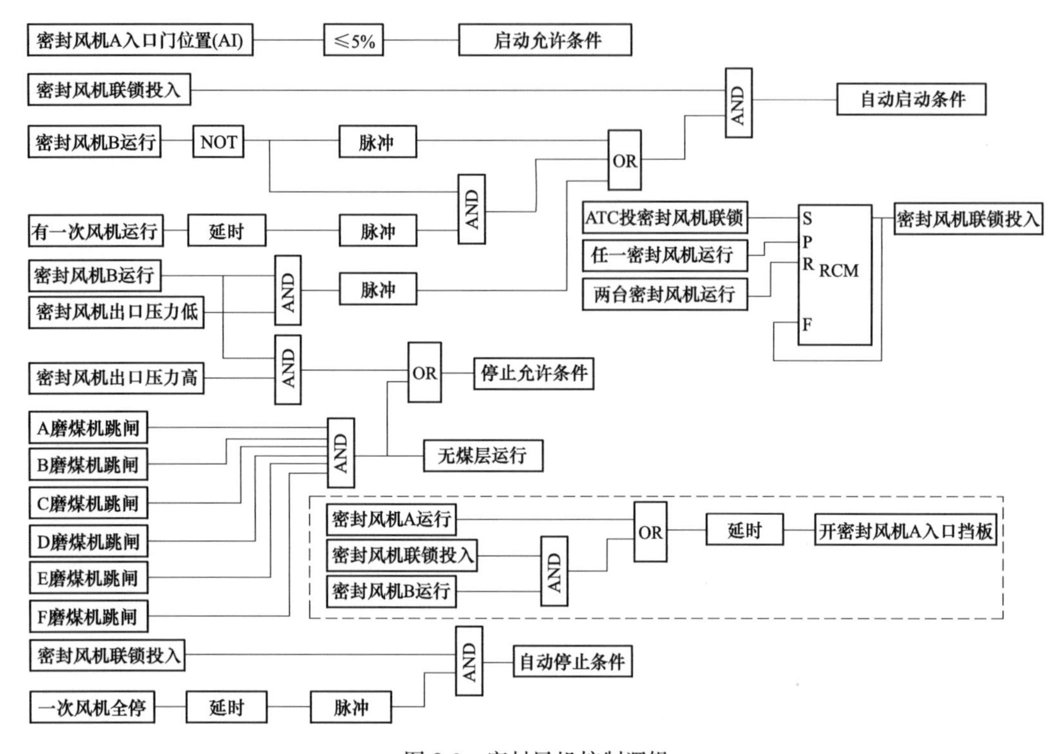

图 8-9 密封风机控制逻辑

（二）火检冷却风机

火焰检测器是保障锅炉燃烧器正常工作和安全保护的重要设备，对火焰检测器探头的冷却和清洁直接影响到火焰检测器的稳定性和寿命。火焰检测器探头冷却风系统是保证火焰检测器正常工作的重要条件，它连续不断地给探头一定压力的冷却风，使探头得到冷却并保持清洁。探头冷却风机应有非常可靠的供应电源，并采用双机系统。每台都应备有100%的风量供应能力，从而保证冷却过程中不中断冷却风量，延长探头的使用寿命，冷却风压应大于设定值。

两台火检冷却风机为一用一备运行方式，正常情况下，只要单台火检冷却风机运行，就可以提供足够的冷却风压，另一台火检冷却风机处于备用状态。当正在运行的火检冷却风机事故跳闸或出力不够时，联锁启动备用的火检冷却风机。

（1）为达到保护探头的目的，冷却风机应满足以下要求：

1）流过每只探头的风量不大于设定值（如 $1.5m^3/min$）。

2）探头内风压与炉膛负压大于设定值（如 2000Pa）。

3）冷却风机出口风温低。

4）风源应尽量清洁防水。

（2）两台冷却风机可互为备用，冷却风机由下列设备组成：

1）三通道的转换挡板。

2）过滤器。

3）就地控制箱。

4）多只差压开关。

冷却风机的风源一般取自送风机出口，也可直接取自大气。如风源为送风机出口处，两台冷却风机成为增压风机。当风源压力满足探头冷却时，冷却风机可断电，风机被动旋转；当送风机停运时，冷却风机才投入运行。当锅炉停炉时，冷却风应保持到炉膛温度降至室温才能停止。

火检冷却风系统在就地装有控制箱，对冷却风机的操作可在机箱面板上进行，也可在DCS操作，通过就地控制箱完成。

（3）火检冷却风机控制。两台冷却风机（A、B）的控制回路是完全一样的，两台冷却风机均可分别进行就地手动启动和停止，也可由BMS进行自动启动和停止。

火检冷却风机控制逻辑如图8-10所示。

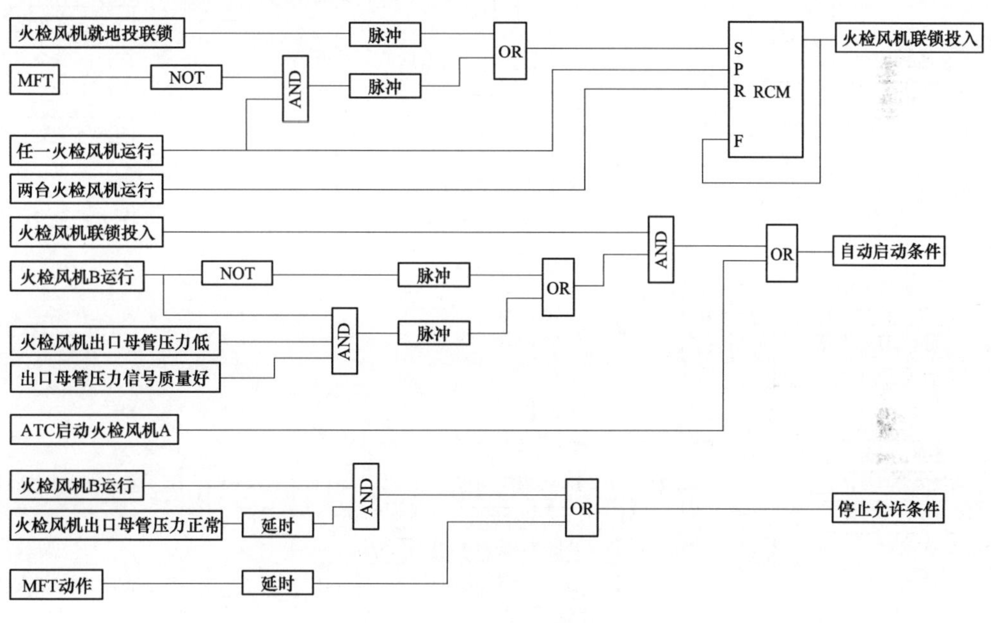

图8-10　火检冷却风机控制逻辑

（1）当冷却风压低、启动A火检冷却风机操作或过滤器差压低等信号之一出现时，启动A火检冷却风机。

（2）延时后，如冷却风压低信号仍然存在，启动B火检冷却风机。

（3）冷却风压低时，延时2min，发出丧失冷却风信号，该信号在锅炉正常运行时将引起MFT。

（4）当火检冷却风机未运行或冷却风压低时，停火检冷却风机的操作无效。

（5）如冷却风压正常，可手动停止冷却风机A或B。

六、油组、煤组点火允许

锅炉进行炉膛吹扫之后，锅炉准备点火，点火之前需要对燃油系统进行检查，在满足

"油组（层）启动许可"的条件下实现油枪启动控制。锅炉投煤计许可是锅炉安全运行的重要条件之一，在投粉之前（尤其是第一次投粉之前），各种设备的状态及参数必须要给予确认，条件必须全部具备以后才能运行。点火允许控制逻辑如图 8-11 所示。

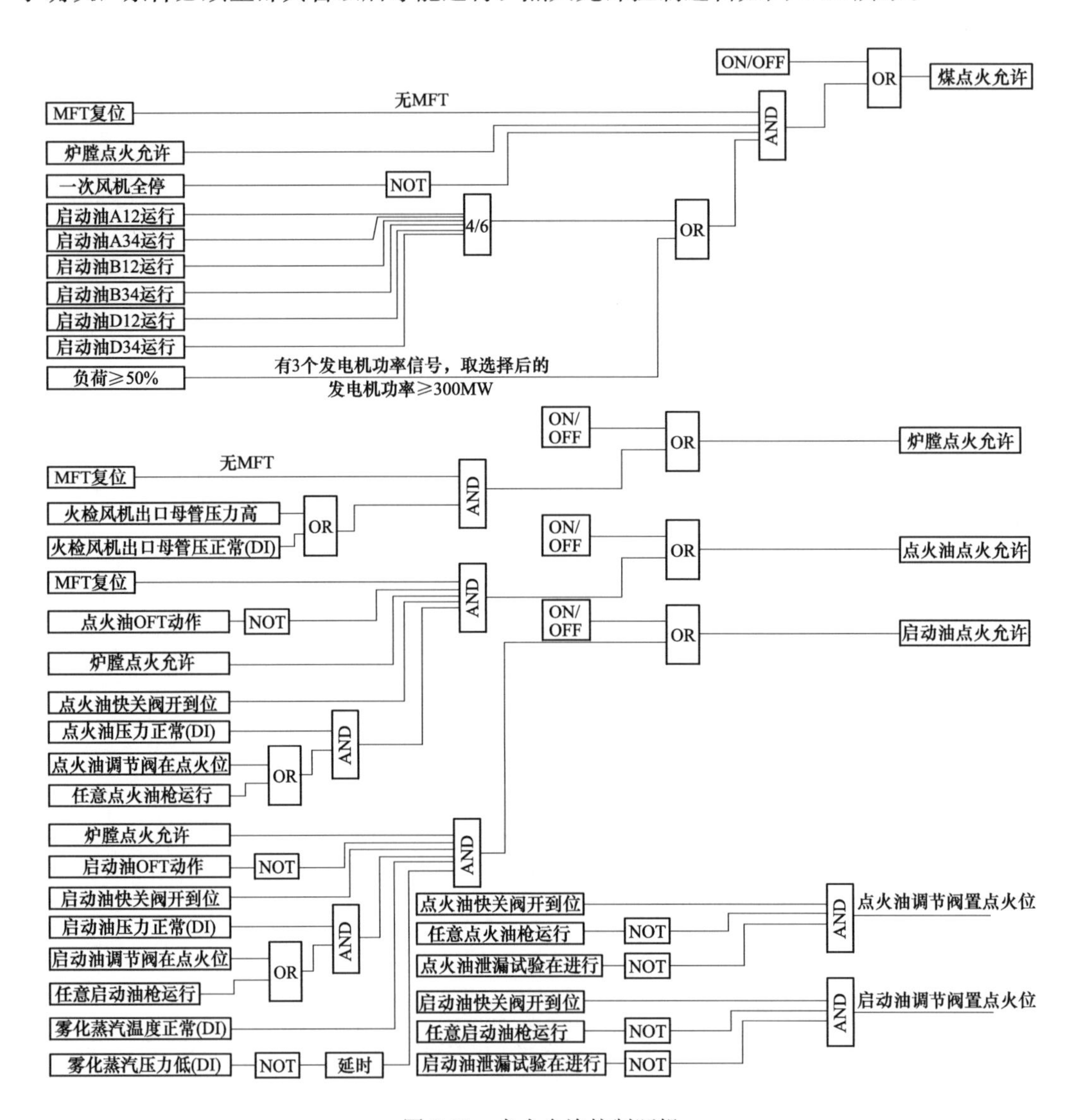

图 8-11　点火允许控制逻辑

点火允许包括炉膛点火允许、油点火允许以及煤点火允许。炉膛点火允许是个公共信号，在油组、煤组点火允许条件中都包括该信号，它从炉膛的安全角度提出要求。

第三节　燃油控制系统

燃油控制系统是指锅炉的油燃烧系统，由于油燃料是用于启动、点燃主燃料及低负荷助燃和稳定燃烧的，因此认识和理解燃油系统是十分必要的。

一、系统作用

从锅炉点火、启动，直至磨煤机投入运行达到低负荷燃烧要求为止，燃油控制系统一直处于投运状态。利用等离子点火技术后，燃油系统可以不设计。其作用主要包括：

（1）点火和燃烧。

（2）升压或低负荷时使燃烧稳定。

（3）机组故障导致发生快速减负荷（run back，RB）和机组快速切断返回负荷（fast cut back，FCB）时，启动燃油燃烧器，维持锅炉负荷，达到燃烧稳定的目的。燃油燃烧器的容量为一台锅炉最大连续出力的30%。

二、系统组成

燃油控制系统由油枪、燃油阀、燃油管道、雾化蒸汽管道和若干截止阀、调节阀等组成，如图8-12所示。在燃油母管上安装主油阀（油母管跳闸阀或快关阀），回油管路上安装再循环阀。

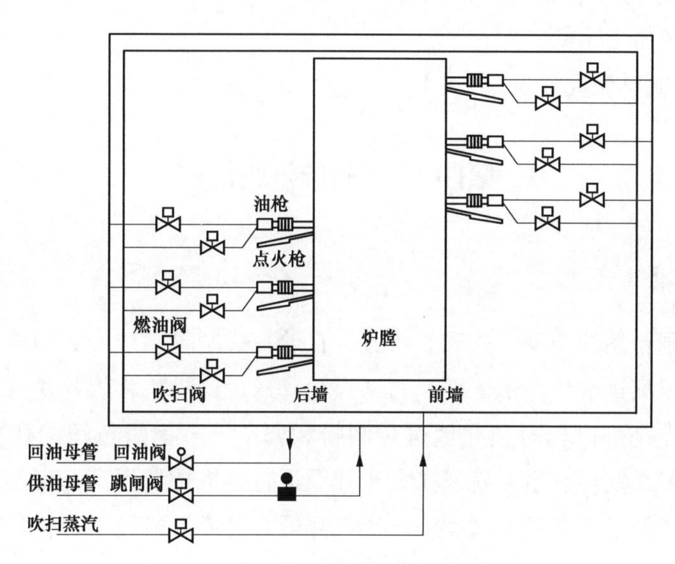

图8-12　燃油控制系统示意图

图8-12中，燃油控制系统采用高能点火器，进行燃油至煤粉的二级点火。若设计的燃油为重油，由于重油在常温下黏度较大，为了便于输送和雾化，一般采用辅助蒸汽对重油进行加热；若设计的燃油为轻油，由于轻油在常温下黏度不大，因此燃轻油在常温下不需加热。燃油经加热器、跳闸阀（快关阀）、压力调节阀、燃油阀至燃油枪。燃油母管跳闸阀在机组运行时是常开的，使炉前油管路处于热备用状态。当发生MFT时，跳闸阀自动关闭。压力调节阀的位置是根据燃母管压力和锅炉的需要确定的。

在锅炉点火前，把燃油母管跳闸阀和再循环阀都打开，而把所有的燃油阀关闭，这样燃油可以在油总管道中循环。在锅炉点火时，只要有一只燃油阀打开，就必须将再循环阀关闭，这样可以使燃油总管道的压力维持所要求的数值。

点火前吹扫完成后，炉膛具备了点火条件，此时应将 MFT 复位，并建立一个锅炉点火限时计时器。当在限定的时间内不能建立火焰时，FSSS 系统应立即 MFT，闭锁点火燃料，禁止继续点火，并重新吹扫炉膛内点火未成功的可燃物，然后 FSSS 立即开始对燃油系统进行条件扫描和控制。这是 FSSS 功能完成的第二阶段，这个阶段的监控包括锅炉点火许可、油燃烧器的投入及状态监视等。

在油枪可投入运行之前，FSSS 控制系统应检查下列许可条件：

（1）主燃料跳闸复位。

（2）OFT 复位。

（3）火焰检测器系统正常（电源、冷却风压）。

（4）油母管跳闸阀打开。

（5）油温大于设定值。

（6）炉膛风量适当或至少有一层煤粉燃烧器投运。

（7）供油压力不低。

（8）FSSS 电源正常。

（9）仪用空气压力不低。

（10）燃油泄漏试验完成。

第四节　制粉控制系统

一、制粉系统

锅炉常用的制粉系统有储仓式和直吹式。在储仓式制粉系统中，制成的煤粉先储存在煤粉仓中，然后根据锅炉负荷的需要，再从煤粉仓通过给粉机将煤粉送入炉膛燃烧。储仓式制粉系统的特点是可以相对独立地进行制粉和调节，与锅炉负荷的变化没有直接的关系。但储仓式制粉系统存在着系统复杂，土建及运行、维护费用高，而且排粉风机磨损严重等缺点。直吹式制粉系统具有效率高、能耗降低、可靠性较高、工作稳定、操作设备台数少、成套磨煤装置紧凑、研磨部件磨损轻等特点。

在直吹式制粉系统中，煤由磨煤机磨成煤粉后直接吹入炉膛燃烧。一般燃烧系统中，原煤由煤斗落下后经给煤机进入磨煤机。由空气预热器出来的热风分为两部分，一部分作为二次风经燃烧器进入炉膛，另一部分作为干燥剂将煤烘干并输送煤粉。煤粉分离器需设在磨煤机出口，经分离器分离出来的粗粉送回磨煤机重磨，干燥剂和细粉通过排粉风机提高风压后作为一次风，经燃烧器送入炉膛。

双进双出钢球磨煤机并配以正压式直吹式制粉系统如图 8-13 所示。该系统具有以下设计特点：系统简单；适于磨制较难磨的煤；煤粉细度较高，额定负荷下煤粉细度达 89%，通过 200 目筛，低负荷下煤粉细度更细，且系统风煤比低，有利于煤粉的着火和锅炉低负荷稳燃；磨煤机可实现半台运行，当锅炉在 50%BRL 负荷下或一台磨煤机的单侧给煤机出现故障时，磨煤机可单侧出粉或单侧进煤，运行灵活性很大。磨煤机的负荷调节方便灵活，调节范围大，对机组调峰运行适应性较强；一台炉设一套密封风系统，2 运 1 备，系统运行可靠方便；磨煤机筒体内，料位采用电耳控制和压差控制，分别用于磨煤机启动和正常运行工况。

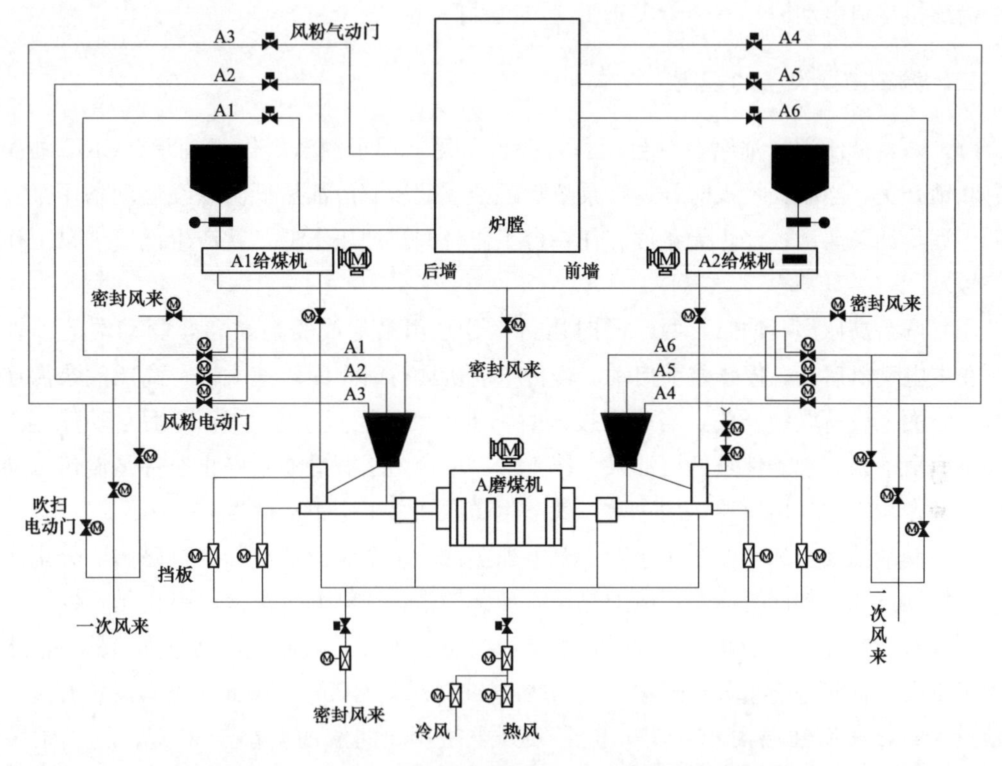

图 8-13 双进双出钢球磨煤机配正压式制粉系统示意图

原煤经给煤机输送进入混料箱，在此与旁路风混合，被旁路风预干燥后，通过下降管经中空轴螺杆进入磨煤机，进行碾磨。容量风则经中空轴进入磨煤机本体，将煤粉带出，并再次与旁路风会合，经上升管进入相应侧的煤粉分离器，合格煤粉经 6 根煤粉管道，通过煤燃器进入炉膛燃烧，不合格煤粉则经返回管再次进入磨煤机进行碾磨。由此可见，进入磨煤机本体的一次风只有容量风，在磨煤机内粉位一定（即风煤比一定）的情况下，磨煤机的出力与容量风量成正比，而旁路风不经过磨煤机筒体，它的作用是干燥原煤和输送煤粉，保证在磨煤机出力很低（小于 40%）时，有足够的一次风量（大于 80%）输送煤粉，以防煤粉在管道中沉积。

超临界机组制粉系统配置中速磨煤机（如 HP 型碗式中速磨煤机、MPS 型中速辊环式磨煤机）。制粉系统包括磨煤机、给煤机、磨煤机出口阀门、风门挡板、磨煤机油系统、磨煤机密封空气系统等。以 A 磨煤机为例，直吹式双进双出钢球磨煤机控制系统主要包括以下设备：两台低压润滑油泵、两台高压油泵、一个冷热风气动总门、一个冷热风总风挡板、一个热风挡板、一个冷风挡板、一台大齿轮罩密封风机、一个磨煤机密封风气动门、一个磨煤机密封风总风挡板、左右侧各一个容量风挡板、左右侧各一个旁路风挡板、左右侧各三个风粉电动门、左右侧各三个风粉气动门、左右侧各三个吹扫电动门、左右侧各一个燃烧器密封风电动门、一个油箱电加热器、一个润滑油冷却水电磁阀、一个慢传电动机、一台减速润滑油泵、一台喷雾润滑气泵、一台喷雾润滑油泵、一个喷雾润滑空气电磁阀、两个加球电动门、左右侧各一台给煤机、左右侧各一个给煤机进口电动门、左右侧各一个给煤机出口电动门、一个给煤机密封风电动门。

二、系统主要设备的控制

(1) 两台低压润滑油泵，一台运行，一台备用，用于润滑磨煤机轴承。CRT 画面上设有联锁开关，当联锁投入时，运行泵故障跳闸或低压润滑油压低会联锁启动备用泵。单台低压润滑油泵启动、停止无条件。任一台工作且润滑油压不低，就产生低压油泵工作正常信号。

(2) 两台高压润滑油泵，两台同时运行，分别用来形成驱动端和非驱动端的顶轴油压，在主电动机启动、停止之前启动。慢传电动机运行时，因转速太慢，高压油泵需连续运行。画面上设有联锁开关，当联锁投入时，主电动机运行、停止 3min 后自动停运。单台高压润滑油泵启动条件是低压油泵工作正常；单台高压润滑油泵停止条件是慢传电动机停运。两台均工作且出口油压均正常，就产生高压油泵工作正常信号。

(3) 润滑油油箱加热器系统包括一个电加热器、一个润滑油冷却水电磁阀，分别用来加热油箱油温和冷却润滑油温。电加热器启动条件是：油箱油位正常，停止无条件，CRT 画面上设有联锁开关。当联锁投入时，油箱油温小于 20℃，就联锁启动电加热器；油箱油温大于 40℃，就联锁停止电加热器。冷却水电磁阀开关无条件，画面上设有联锁开关。当联锁投入时，润滑油温大于 45℃，就联锁开电磁阀；润滑油温小于 35℃，就联锁关电磁阀。

(4) 盘车系统包括一个慢传电动机、一个辅传离合器。该系统在磨煤机主电动机停运后投入，用于防止磨煤机内煤粉积压、形成热点而爆燃。在主电动机停止后，啮合辅传离合器，启动慢传电动机；主电动机启动后，辅传离合器自动脱扣。慢传电动机启动条件是：磨煤机停止且减速机润滑油泵运行；停止无条件。当下述任一情况发生时，自动停止慢传电动机：

1) 高压油泵工作不正常；
2) 低压油泵工作不正常；
3) 磨煤机轴承温度高；
4) 磨煤机运行。

(5) 大齿轮润滑油系统包括一台喷雾润滑气泵、一台喷雾润滑油泵、一个喷募润滑空气电磁阀，用于在磨煤机运行时定时对大齿轮进行喷油。为方便运行操作，特设有大齿轮润滑油喷雾程控，画面上设有联锁按钮。当联锁投入时，在磨煤机运行后，每小时喷油一次，一次喷油 15min。程控步骤如下：

1) 启动喷雾润滑气泵；
2) 开喷雾润滑空气电磁阀；
3) 启动喷雾润滑油泵；

4）停止喷雾润滑油泵；

5）关喷雾润滑空气电磁阀和停雾润滑气泵。

（6）密封风系统包括：

1）一台大齿轮罩密封风机，用于密封大齿轮罩，防止煤粉外冒。启动无条件，停止条件是磨煤机停止。

2）两台大密封风风机，供 4 台磨煤机公用。每台磨煤机设有一个磨煤机密封风门、一个 A1/A2/A3 燃烧器密封风电动门、一个 A4/A5/A6 燃烧器密封风电动门、一个 A1/A2 给煤机密封风电动门，分别用于提供磨煤机中空耳轴和混料箱、风粉电动门、给煤机等处的密封风。开无条件，关条件是磨煤机停止。

（7）风粉电动门开、关均无条件。

（8）风粉气动门开、关均无条件，但一旦发生磨煤机跳闸指令或磨煤机停止脉冲，就联锁关闭。

（9）吹扫电动门开的条件是相应的风粉电动门关，关无条件，但一旦发 MFT 或两台一次风机全停，就联锁关闭。

（10）冷热风气动总门开的条件是磨煤机运行，关无条件，但一旦发生磨煤机跳闸指令或磨煤机停止脉冲，就联锁关闭。

（11）磨煤机主电动机启动条件。

1）磨煤机允许 DCS 操作；

2）磨煤机弹簧已拉紧；

3）煤点火允许；

4）A 油组 4 支以上油枪投运；

5）低压油泵工作正常；

6）慢传电动机跳闸；

7）两台给煤机停止；

8）冷热风气动总门关；

9）4 个风粉电动门/气动门全开；

10）密封风系统工作正常；

11）高压油泵工作正常；

12）无磨煤机跳闸指令。

（12）发生下述任一条件，就发生磨煤机跳闸指令，联锁跳闸磨煤机，关闭冷热风气动总门，关闭风粉气动门，跳闸给煤机，终止磨煤机启动顺序控制、停止顺序控制程序：

1）任一磨煤机电动机轴承温度高大于 85℃；

2）任一磨煤机左、右侧轴承温度高大于 90℃；

3）两台低压润滑油泵均停运；

4）润滑油压低低延时 5s；

5）磨煤机运行时，6 个风粉气动门全关；

6）磨煤机运行时，6 个风粉电动门全关；

7）磨煤机运行时，大齿轮罩密封风机跳闸、磨煤机密封风气动门关闭、给煤机密封风电动门关闭，任一情况发生均发出密封风系统工作不正常信号；

8）任一给煤机运行时，冷热风气动总门关闭；

9）MFT；

10）两台一次风机全停；

11）一次风压低低延时 5s；

12）两台密封风机全停；

13）RB 跳 A 磨煤机。

（13）给煤机进口电动门开关无条件。给煤机出口电动门开无条件，关条件是相应的给煤机跳闸。

（14）给煤机启动条件。

1）给煤机允许 DCS 遥控；

2）给煤机指令最小；

3）煤点火允许；

4）A 油组 4 支以上油枪投运；

5）密封风系统工作正常；

6）磨煤机运行；

7）冷热风气动总门开；

8）给煤机进出口电动门全开。

（15）发生下述任一条件，就发生给煤机跳闸指令：

1）磨煤机跳闸指令；

2）冷热风气动总门关；

3）给煤机进/出口电动门任一关；

4）给煤机运行 30s 后，断煤信号延时 10s；

5）给煤机运行 30s 后，堵煤信号延时 10s。

三、磨煤机组联锁保护

（一）磨煤机跳闸保护

出现下列情况之一时，磨煤机跳闸：

（1）所有出口门关闭和磨煤机已有启动指令。

（2）磨煤机正常运行时，得到停止指令（延时）。

1）磨煤机已跳闸；

2）锅炉已跳闸；

3）一次风机跳闸；

4）一次风挡板关；

5）磨煤机组紧急跳闸；

6）运行人员手动停。

(3) 磨煤机润滑油压力低，延时。

(4) 磨煤机润滑油泵停，延时。

(5) 磨煤机轴承温度高，延时。

磨煤机跳闸控制逻辑如图 8-14 所示。

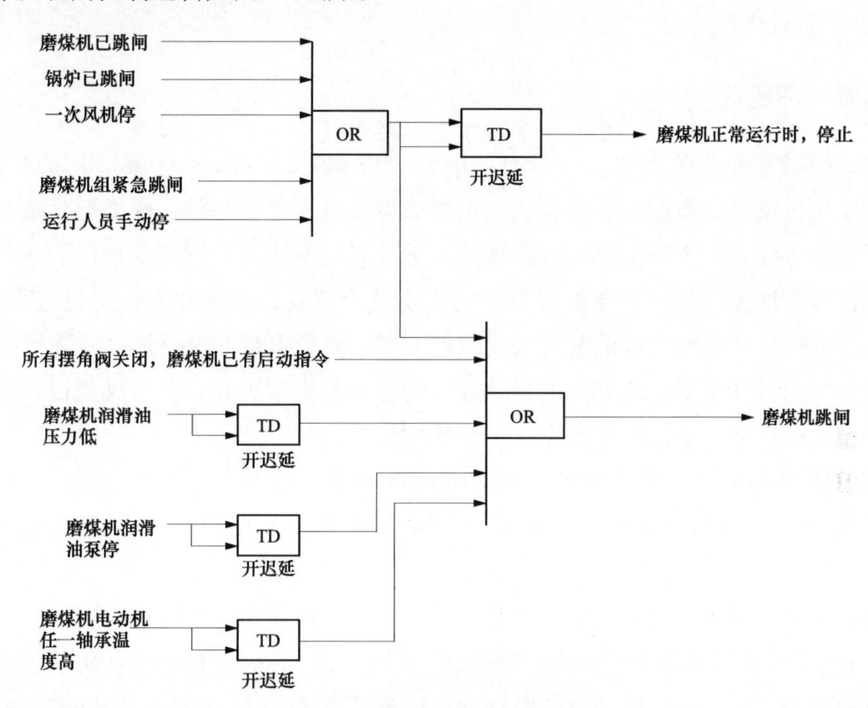

图 8-14　磨煤机跳闸控制逻辑

(二) 给煤机跳闸保护

出现下列情况之一时，给煤机跳闸：

(1) 给煤机出口煤闸关或堵煤。

(2) 磨煤机跳闸。

给煤机跳闸控制逻辑如图 8-15 所示。

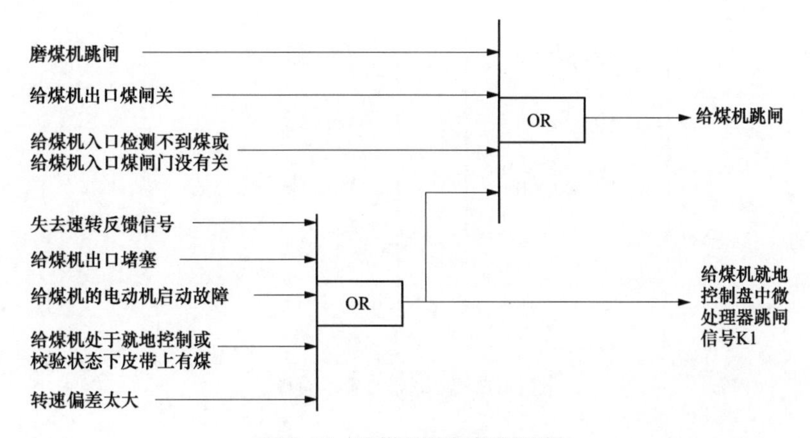

图 8-15　给煤机跳闸控制逻辑

第五节　FSSS 相关设备

FSSS 相关设备包括煤燃烧器、高能点火器、油枪、火焰检测系统、等离子点火控制装置等。

一、煤粉燃烧器

按照美国国家安全防火协会（National Fire Protection Association NFPA）的说法，煤粉燃烧系统由供风、给煤机、磨煤机、主燃烧器、点火器、炉膛、燃烧后生成物的排出装置等子系统组成。每个部分都应有合适的尺寸并互相连接起来以满足功能要求，并且不妨碍燃烧过程的连续进行。燃烧控制系统要提供安全启动、运行和停止燃烧过程的手段，包括要合适的接口、各种良好的装配结构以便观察、测量参数和对燃烧过程进行控制。

燃烧系统的设计要使它能连续地将燃烧器的输入提供到炉膛，并在燃烧设备的运行范围内保持稳定的火焰而不需要辅助点火子系统的支持。

以某前后墙对冲燃烧方式锅炉为例，燃烧器布置示意图如图 8-16 所示。24 只 HT-NR3 燃烧器分三层布置在炉膛前后墙上，使沿炉膛宽度方向热负荷及烟气温度分布更均匀。

燃烧器一次风喷口中心线的层间距离为 4957.1mm。同层燃烧器之间的水平距离 3657.6mm，上一次风喷口中心线距屏底距离为 27 118.7mm，下一次风喷口中心线距冷灰斗拐点距离为 2397.7mm。最外侧燃烧器与侧墙距离为 4223.2mm，能够避免侧墙结渣及发生高温腐蚀。

燃烧器上部布置有燃尽风（OFA）风口，12 只燃尽风风口分别布置在前后墙上。中间 4 只燃尽风风口距最上层一次风中心线距离为 7004.6mm。2 只侧燃尽风风口距最上层一次风中心线距离为 4795.5mm。

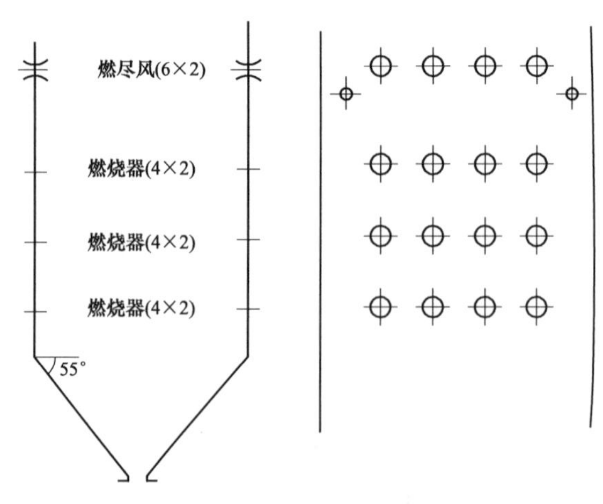

图 8-16　燃烧器布置示意图

在 HT-NR3 燃烧器中，燃烧的空气被分为三股，即直流一次风、直流二次风和旋流三次风。燃烧器配风示意图如图 8-17 所示。

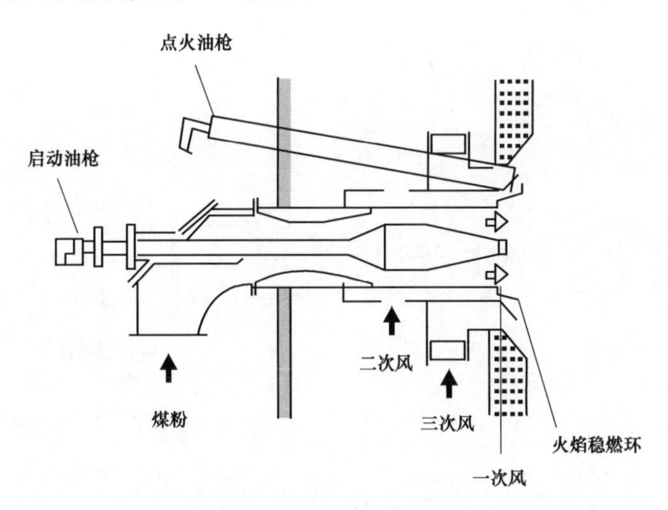

图 8-17　燃烧器配风示意图

一次风由一次风机提供。一次风管内靠近炉膛端部布置有一个锥形煤粉浓缩器。

燃烧器风箱为每个 HT-NR3 燃烧器提供二次风和三次风。每个燃烧器设有一个风量均衡挡板，该挡板的调节杆穿过燃烧器面板，能够在燃烧器和风箱外方便地对该挡板的位置进行调整。

三次风旋流装置设计成可调节的形式，并设有执行器，可实现程控调节。调整旋流装置的调节导轴即可调节三次风的旋流强度。

燃尽风风口包含两股独立的气流：中央部位为非旋转的气流，它直接穿透进入炉膛中心；外圈气流是旋转气流，用于和靠近炉膛水冷壁的上升烟气进行混合。

二、油枪

油枪也叫油燃烧器，按其工作原理可分为机械等化、介质雾化及组合式等类。以可摆动式蒸汽雾化油枪为例介绍燃油枪的基本原理，其主要由油枪的主体部件、活动接头和伸缩机构组成，如图 8-18 所示。

（一）油枪的主体部件

油枪的主体部件包括固定接头、两根平行的油枪管、挠性管和喷嘴组件。

固定接头焊在可伸缩的导管上，可伸缩导管置于固定导管之内。固定接头下半部两个口分别与油管和雾化蒸汽管相连接，固定接头上半部两个口与活动接头上半部两个口连接，每个口都有一套管分别与活动接头的口连接。为了防止在运行时油与雾化蒸汽泄漏，在套管和活动接头连接处装有密封垫圈。

两根平行的油枪管分别把油和雾化蒸汽送到喷嘴组件，这样布置可以减少两种介质之间的温度影响，并使油和雾化蒸汽在进入喷嘴组件之前保持互相隔离。

油枪的挠性管可以吸收两根油枪管的不同膨胀，并使油枪可以随着燃烧器摆动。

喷嘴组件由喷嘴体、雾化片、固定片和喷嘴拼帽组成，喷嘴拼帽将雾化片、固定片固

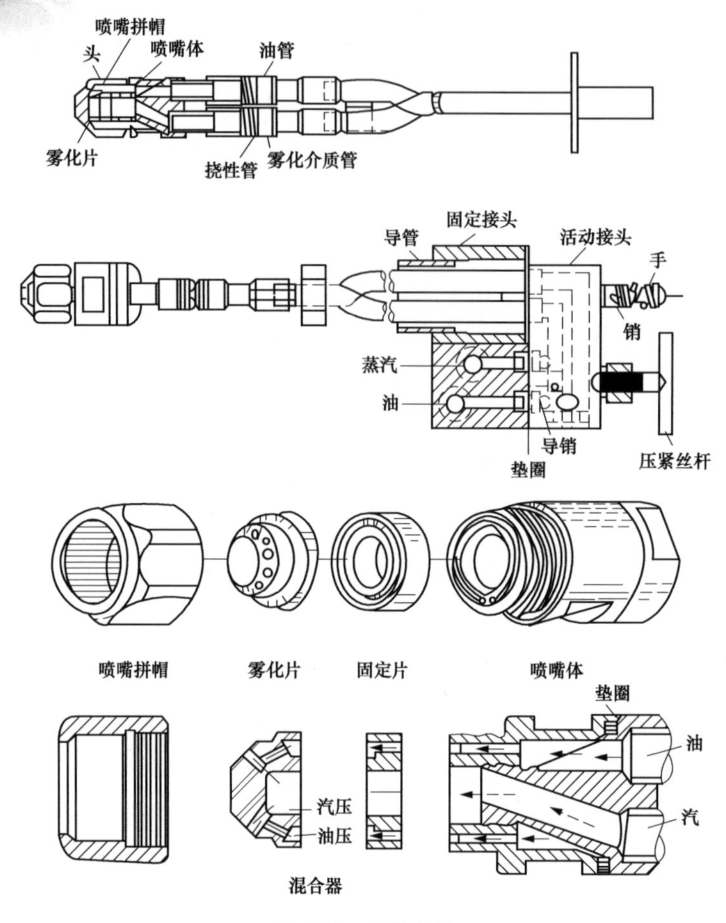

图 8-18　油枪结构

定在喷嘴体上。由两根油枪管分别送来的油和雾化蒸汽进入喷嘴体，油通过喷嘴体的外缘，蒸汽通过喷嘴体的中心，两种介质同时进入雾化片在喷入炉膛时相交，使雾化了的油与燃烧空气接触，保证油迅速点燃和完全燃烧。

（二）活动接头

活动接头与固定接头采用压紧丝杆连接，活动接头下半部分有两个口分别与固定接头上的雾化蒸汽（A 口）和油管（B 口）相接，活动接头上半部有两个口，A 口和 B 口分别与两根平行的油枪管相接。活动接头上的导销使固定接头上的油枪限位开关接通时，向 FSSS 系统发出信号，表明油枪已接通。

（三）伸缩机构

伸缩机构由压缩空气驱动器、空气电磁阀和连杆机构组成，伸缩机构用螺栓固定在燃烧器前板上。

空气电磁阀根据 FSSS 的命令，控制压缩空气进入驱动活塞的某一侧而驱动可伸缩性导管和油枪伸进或缩回；在油枪未投入运行时，可以手动操作电磁阀中的铁芯，使油枪伸进与缩回。在可伸缩导管附近安装了一个伸进/缩回开关，用于向逻辑控制部分发出油枪位置信号，即油枪退回原位、进到位状态信号。

在主油管和雾化蒸汽母管上分别设置了相应的压力开关和温度开关，当燃油与雾化蒸汽的压力温度不能满足要求时，油枪不允许投入运行。

三、点火器

锅炉启动时，大多采用点火系统使燃油着火；停炉时，为了使可燃混合物燃尽，也要启动点火系统；在锅炉负荷过低或煤种变化等引起燃烧不稳定时，也应利用点火系统维持燃烧稳定。

（一）点火方式

以前锅炉点火经常采用电热丝点燃乙炔或丙烷，然后点燃轻油和（或）重油；另外，也有用高压放电产生的电火花去点燃气体，再点燃轻油和（或）重油。这些点火方式管路系统复杂，给可燃气体的存放和日常维护都带来不便。20 世纪 80 年代初出现了可直接点燃轻油、重油的高性能点火器，并且在大型锅炉上得到推广应用。大中容量锅炉的煤粉燃烧器点火均采用多级点火方式，先由高能电点火器点燃燃油，再由燃油火焰点燃煤粉。除此之外，近年来等离子点火装置也在电厂中得到应用。

（二）高能电弧点火器

高能电弧点火器（high energy arc，HEA）的点火原理是利用高压放电的电弧将油雾点燃。高能电弧点火器安装在燃油枪的附近，作为燃油枪的点火源。点火时，点火器的火花棒直接插在油枪的油出口处，产生高强度的电火花将雾化的油点燃。

高能电弧点火器主要由 6 个部分组成，即点火激励器、软火花棒、点火端、软电缆、伸缩机构和导管组成，如图 8-19 所示。

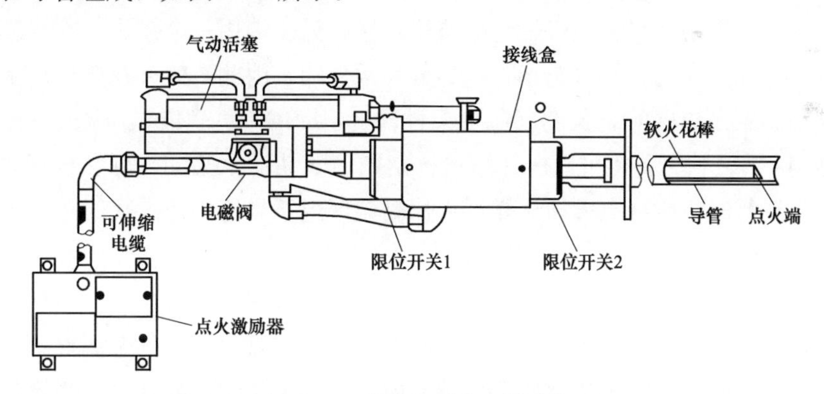

图 8-19　高能电弧点火器结构

1. 点火激励器

点火激励器是高能电弧点火器的关键部件，它向点火端提供高电压。点火激励器由点火变压器、整流元件、充电电容、电阻和放电管组成，电路图如图 8-20 所示。

在点火变压器一次侧接上交流 14.2V/220V、50Hz 电源，最大电流为 5A。在二次侧产生高压交流电，经 VD1、VD2 整流后，由高压储能电容 C1、C2 充电，当电容上的电压达到一定数值时，放电管中的火花间隙产生离子放电，电流从电容器正端经放电管直到点火端上，再由输出导线返回到电容器的负端。当能量在点火端上耗尽时，电容器重新充

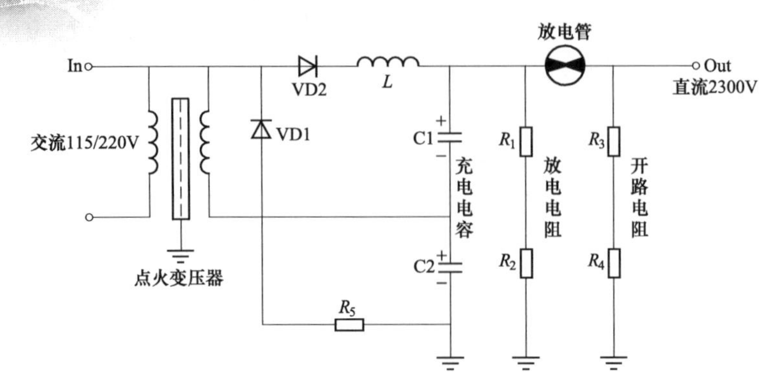

图 8-20　点火激励器电路

电，放电电阻用于两个点火周期之间，将电容器上的残留电荷释放掉。输出端电阻（开路电阻）用于点火（即负载开路）的情况下，为电容器能量提供释放回路。

点火火花的速率是约每秒产生 4 个火花，每个点火周期 30s 共产生 120 个火花。点火激励器最大连续工作时间为 4.2min，连续工作 4.2mim 后，必须至少间隔 30min 才能再次工作。

2. 软电缆

软电缆是一根软的金属编织电缆，用于连接点火变压器和软火花棒。虽然电缆具有韧性，但为了防止电缆损坏，软电缆的曲率半径不小于 100mm，电缆环境温度不能超过 110℃。

3. 软火花棒

软火花棒的一端用一套管型接头与电缆相连接，另一端用一个接头与点火端连接。软火花棒将电压传到点火端。软火花棒有一部分是柔件的，因此，软火花棒可以随着油枪喷嘴摆动而摆动。软火花棒的总长度（包括柔性段 58.4cm）为 2.44m。软火花棒可承受的最高温度是 400℃。软火花棒可以由伸缩机构定位、气动活塞驱动，可在导管内伸缩。当点火器不投入运行时，应将点火棒从靠近火焰高温区退至导管中，点火时可伸到油枪喷嘴区进行点火。

4. 点火端

点火端通过电气插头与软火花棒相连，高电压施加在点火端部的金属球上，一个表面涂有半导体材料的陶瓷绝缘子将金属球与球周围的端部金属环分隔开来。当金属球上的电压达到预定的数值（2300V）时，半导体材料将金属球与金属环导通，但是由于半导体不能像金属那样迅速传导电流，因而使金属球与金属环之间的空气电离形成电弧。点火端最高允许温度为 454℃，其寿命预定为 20 万个火花。

5. 导管

导管焊接在风道中，作为点火器的冷却风通道，保护软火花棒和点火端。

6. 伸缩机构

伸缩机构由气动驱动活塞、四通电磁阀、伸进和缩回的限位开关和接线盒等组成，四通电磁阀控制进入气动活塞两端的空气，使软火花棒伸进缩回。

限位开关 1 或 2 由气动驱动活塞接触的凸轮盘触发，软火花棒位置信号由限位开关发出，即点火器退回原位、进到位，并可在 FSSS 控制盘上指示出来。在伸缩机构旁边的是接线盒，用于电气接线。

在点火时，点火器的整个工作过程可由 FSSS 自动进行控制，也可由运行人员就地操作。

（三）等离子点火装置

等离子无油点火和稳燃节省燃油资源具有巨大的经济效益，目前我国在该项技术上已达到国际领先水平并广泛应用。由于燃油启动锅炉不能使用电除尘，因而每次启动时不可避免地要冒几个小时的黑烟，造成对环境的严重污染，采用等离子技术启动锅炉可以使用电除尘器，减少了对环境的污染。

等离子点火装置结构如图 8-21 所示，主要有以下几部分：

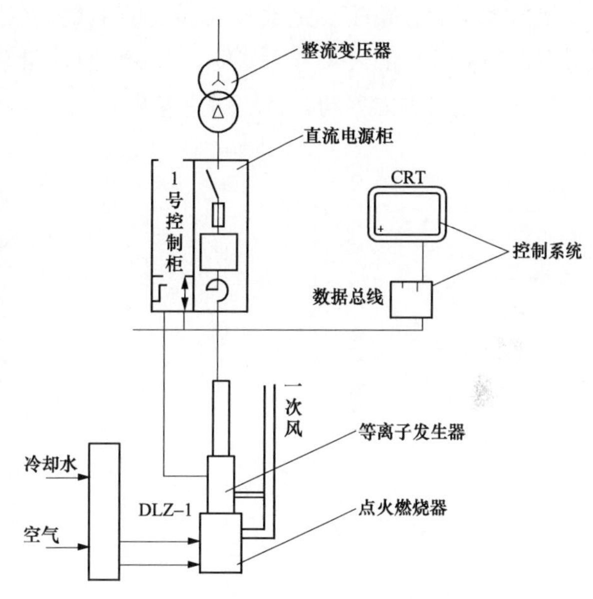

图 8-21　等离子点火装置结构示意

（1）等离子发生器，产生电功率为 50～150kW 的空气等离子体。

（2）直流电源柜（含整流变压器），用于将三相 380V 电源整流成直流电，用于产生电弧。

（3）点火燃烧器，与等离子发生器配套使用，以点燃煤粉。

（4）控制系统，由 PLC、CRT、通信接口和数据总线构成。

四、火焰检测系统

火焰检测系统是 FSSS 的基础设备，它的作用是对炉膛火焰和各燃烧器火焰进行检测，输出位于送 FSSS 的逻辑控制系统，其工作好坏对整个 FSSS 系统能否正常工作是至关重要的。

在锅炉上配套的火焰检测器多采用复合式检测器，即在一个检测器中装有两种不同的传感器，适用于多种燃料场合。

（一）火焰特性

火焰的形状及其辐射的各种能量是检测其存在及判断其稳定性的主要依据，火焰的检测和诊断主要针对其辐射特性和频率特性。

1. 辐射特性

锅炉使用的燃料主要有煤、油和可燃气体，这些燃料在燃烧过程中会产生热辐射。热辐射是指物体温度高于绝对零度时，由于其内部带电粒子的热运动而向外发射的不同波长的电磁波，因而热辐射具有与可见光等电磁波相似的特性，如以光速传播、服从折射和反射定理等。

炉膛火焰光按波段可分为紫外光、可见光和红外光。燃料品种不同，其火焰的频谱特性亦不同。煤粉火焰有丰富的可见光、红外光和一定的紫外光；燃油火焰有丰富的可见光、红外光和紫外光；燃气火焰有丰富的紫外光和一定的可见光、红外光。同一燃料在不同的燃烧区，火焰的频谱特性亦有差异。

辐射能量的分布曲线是波长与温度的函数，如图 8-22 所示。当温度升高时，辐射能量分布曲线向较短的波长方向移动，且辐射总能量增大；当温度降低时，辐射能量分布曲线向较长的波长方向移动，且辐射总能量减小。

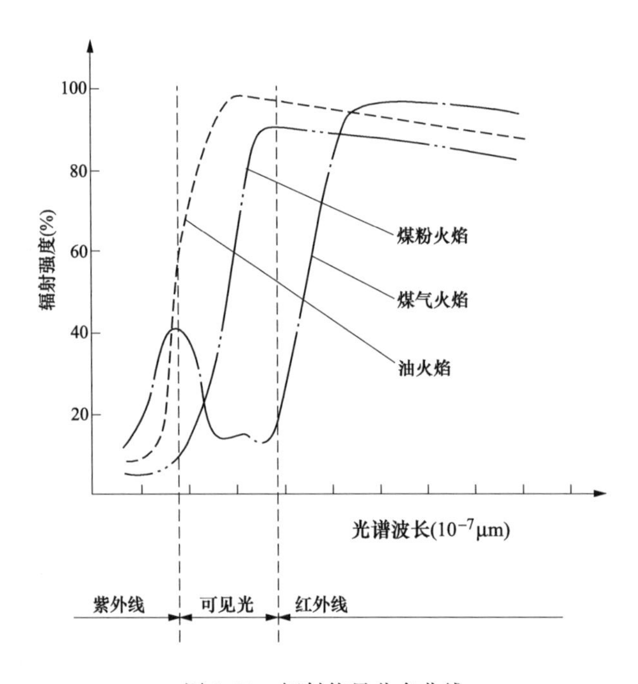

图 8-22　辐射能量分布曲线

由于检测用的波段不同，又可分为紫外线、可见光、红外线及全辐射火焰检测。

紫外线是煤粉着火初期产生的，所以用它可以很好地区分单个燃烧器的火焰。但由于炉膛内存在着大量的煤粉粒子、焦炭粒子、灰粒子，对紫外线的吸收严重，所以用紫外线检测煤粉火焰的信噪比很低，对于燃油锅炉的火焰检测比较合适。

红外线比较适合检测全炉膛火焰。因为单个燃烧器火焰、全炉膛火焰、炙热的炉壁都会发出很强的红外线，用它检测单个燃烧器火焰比较困难。

全辐射法检测由于其光电元件响应速度慢、易受环境影响等原因，因此在应用上受到了一定的限制。可见光及近红外线是应用较多的光谱区。

火焰存在及熄灭时的辐射强度是不同的，如图 8-23 所示。判断火焰的存在与否，而要设定一个强度阈值，当火焰强度超过此阈值时，认为火焰存在。由于相邻火焰和炉壁辐射的影响，不同负荷、不同煤种时火焰位置的变化，就需要现场调试时对探头的位置进行仔细调整，工作量很大。

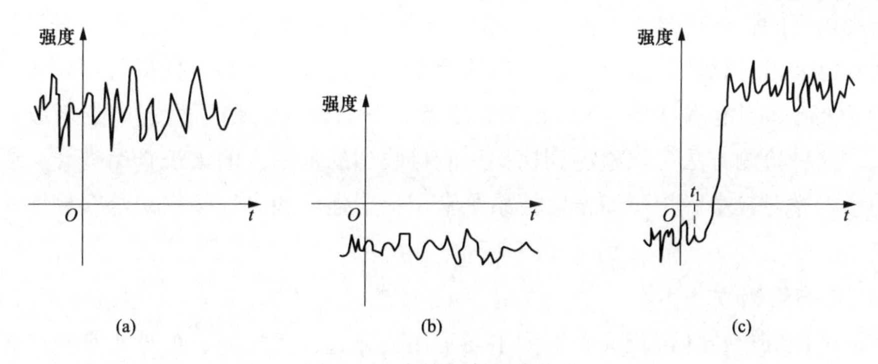

图 8-23　火焰辐射强度变化

（a）煤粉火焰存在；（b）煤粉火焰熄灭；（c）油火焰点燃

2. 火焰的频率特性

燃烧的实质是燃料中的碳或碳氢化合物与空气中的氧发生剧烈的化学反应，从燃烧器中喷射出的燃料形成火焰大约可以分为四个阶段：

（1）从燃烧器喷射出的一股暗色的燃料与一次热风的混合物流。

（2）初始燃烧区，燃料因受到高温炉气回流的加热开始燃烧，大量的燃料颗粒燃烧成亮点流，此段的亮度不是最大，但亮度的变化频率达到最大值。

（3）完全燃烧区，燃料颗粒在与二次风的充分混合下完全燃烧，产生出很大热量，此段的火焰亮度最高。

（4）燃尽区，这时煤粉大部分燃烧完毕，形成飞灰，少数较大颗粒进行燃烧，最后形成高温炉气流，其亮度和亮度变化频率较低。

由以上描述可知，在燃料转换成温度极高的火焰的瞬变过程中，在某一固定区域其辐射能量是按一定频率变化的，从观察者的角度则为火焰亮度是闪烁的。炉膛火焰存在闪烁量，这是区别它与自然光和炉壁结焦发光的一个重要特性，因此可以利用检测火焰的闪烁光强存在与否来判断是否发生灭火事故。

由于各种随机扰动的存在，火焰辐射强度是随时间变化的，其频谱分布可达到2000Hz，而且煤粉火焰的波动程度要比油火焰的大。当燃烧不稳定时，火焰中的交流部分的强度增加，其中低频部分的能量增加较多，如图 8-24 所示。由于红外辐射和可见光相比，其强度波动较小，频谱范围也窄，所以频率检测一般用可见光。频率法检测的原理

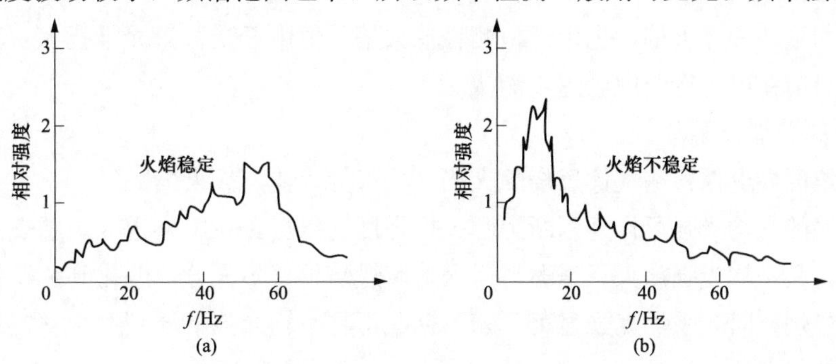

图 8-24　不同燃烧状态时火焰频率分布

（a）火焰稳定时；（b）火焰不稳定时

是：把探头输出的强度信号进行滤波，取出交流分量，经整形后，由施密特触发器把它变成一系列的脉冲；对脉冲计数，确定火焰的频率。经过大量的实验分析，煤粉火焰存在着3个基础闪烁频率的范围：15～50Hz火焰正常，7～15Hz火焰不稳定，小于或等于7Hz火焰丧失。这种检测方法可以检测到探头所能接收到的范围内的火焰频率变化，受火焰位置变化的影响相对较小。炉膛安全监控系统常用火焰强度和火焰频率来综合判断火焰是否存在。

（二）火焰检测方法

利用火焰的频谱特性进行火焰检测主要采用紫外光、红外光、可见光和离子棒火焰检测的方法。

1. 紫外光（UV）火焰检测

响应紫外光谱的为290～320nm波长，适用于检测气体和轻油燃料火焰；由于其频谱响应在紫外光波段，所以它不受可见光和红外光的影响。根据含氢燃烧火焰具有高能量紫外光辐射的原理，在燃烧带的不同区城，紫外光的含量急剧变化，在第一燃烧区（火焰根部），紫外光含量最丰富，而在第二和第三燃烧区，紫外光含量显著减少。因此，紫外光用作单火嘴的火焰检测，它对相邻火嘴的火焰具有较高的辨别率。

利用紫外光检测火焰的缺点是：①由于紫外光易为介质所吸收，因此，当探头的表面被烟灰油雾污染时，灵敏度将显著下降，为此要经常清除污染物，现场的维护量大大增加。②煤粉火焰光紫外光含量很小，根据紫外光的频谱特性，它用在燃气锅炉上效果较好，而用在燃煤锅炉上效果较差。③探头需瞄准第一燃烧区，也增加了现场的调试工作量。

2. 红外光（IR）火焰检测

响应红外光谱约700～1700nm波长，适用于检测油、煤、固体燃料燃烧的火焰检测。由于其频谱响应在可见光和红外光波段，辐射强度大，所以对器件的要求相对较低。缺点是区分相邻火嘴的辨别率不如紫外光。虽然利用初始燃烧区和燃尽区火焰的高频闪烁频率不同，这一特性用作单火嘴火焰检测有一定的效果，但是要想获得对相邻火嘴的火焰有较高的辨别率，其现场调试工作量很大。根据光敏电阻和硅光电池的频谱响应特性，它用在燃煤锅炉和燃油锅炉上效果较好，而用在燃气锅炉上效果较差。

3. 可见光火焰检测

适于检测重油和煤火焰，也用于检测轻油火焰，但由于受背景光干扰大，穿透黑龙区的能力差，目前在电力行业中已逐步淘汰。

4. 离子棒火焰检测器

利用火焰的导电性检测气体燃烧的火焰（一般为气体点火火焰）。

炉膛火焰的平均光强可作为判断炉膛火焰强度的依据。在燃料送入炉膛燃烧得愈充分（稳定燃烧），其平均光强愈大；当燃料送入炉膛燃烧得很不充分，恶化到危及锅炉安全运行（不稳定燃烧）时，平均光强显著下降，据此可将平均光强下降到某个整定值，定为炉膛火焰发暗的报警值。

紫外光火焰检测器对火焰强度反应较敏感；红外光火焰检测器对闪烁频率反应敏感；

可见光火焰检测器对火焰强度和闪烁频率反应都较敏感。从原理和实践的角度，各生产厂家利用不同的原理生产多种形式的火焰检测器供用户选择；用户则应从锅炉的燃烧形式、燃料品种和燃烧器管理系统的需要等方面综合考虑，当然还须注意生产厂家的产品质量、服务等因素。

（三）火焰检测器

电厂基本上使用光电型火焰检测装置，该装置是利用火焰燃烧时发出热辐射的原理工作的。炉膛燃料燃烧辐射出的能量具有脉动性，脉动的频率根据燃料种类的不同有很大的变化，燃煤的脉动频率最低，油和天然气则比煤要高得多。同时燃料空气比、燃料喷射速度、风速和燃料的几何形状等都会影响到火焰的脉动频率和强度。

1. 火焰检测器原理

UNIFLAME 系列火焰检测器是利用火焰的三大特性的智能一体化火焰检测器。UNIFLAME 95IR、95UV、95DC 型火焰探头是基于微处理器的火焰探头，采用了固态红外、紫外和双通传感器。

2. 火焰检测系统组成

一套完整的 UNIFLAME 火焰检测系统包括以下几个方面：

(1) 外导管组件、内导管组件（含光纤）和安装管组件；

(2) UNIFLAME 探头；

(3) 电缆组件及接线箱；

(4) 火检电源箱；

(5) PC、通信软件及附件；

(6) 火检冷却风系统。

以上配置为火电机组火焰检测系统的基本配置，根据炉型不同，其配置也会不同。对冲锅炉一般为内、外导管，而油火检可根据具体情况选用带管线型或非带光纤型，也可选择紫外线或红外线探头。

锅炉燃烧器火焰光信号从光纤或观察管传递到 UNIFLAME 探头，探头通过带航空插头的 12 芯电缆组件将火检信号送到就地接线箱或 FSSS 系统。

火检电源箱一般为两路互为冗余的电源，既可以放在现场，也可以放置在电子间，电源箱内有含有所有探头的控制开关和过负荷保护，同时有对输入电源的监视信号。

所有探头电缆有两根双绞线为通信线，通过转换器然后接到 PC 机上，专用火检软件安装在 PC 机上后，可对最多 128 个火检进行调试、分析。

两台互为冗余的风机为所有火检探头起到冷却和清洁的作用。

3. 火焰检测器的安装

在锅炉任何运行工况下，很好地检测炉膛内火焰常常是件困难的事。要很好地检测炉膛内的火焰，必须正确地安装火焰检测器。

对于燃烧器前后墙布置的锅炉（如 B&W 锅炉），火焰检测器用于检测各个燃烧器（包括油枪）的火焰。火焰检测器的安装位置应这样确定：火焰检测器的视线应既对准该燃烧器的一次燃烧区，也不要“偷看”到邻近或对墙燃烧器火焰的一次燃烧区域。

火焰检测器探头的位置对频率具有重要影响，当其安装在油喷嘴根部靠近燃罩附近时，频率可达到15～20Hz频率；但安装位置远离油枪根部时或油枪火焰燃烧不稳定时，频率降低。

每个火焰检测器探头的安装必须保证能在风量和负荷的全部变化范围内保证对主火焰或点火器火焰的检测，如图8-25所示。调整探头应注意以下几点：

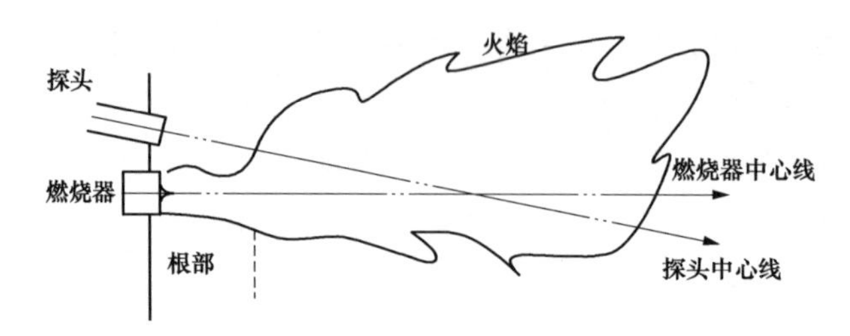

图8-25　火焰检测器探头检测示意图

(1) 对于监视主火焰的探头，调整时应使它不能检测点火火焰。

(2) 在调整探头时，探头的中心线与燃烧器中心线应相交，当夹角较小（如50°）并且能观察到最大的着火区时，效果最好。

(3) 探头与火焰之间应无障碍物。

(4) 二次风的旋转方向可能会使火焰发生偏转，此时应该考虑探头安装在旋转的切线方向10°～30°的位置。

(5) 观测管的安装应考虑便于调整，一般不采用焊接固定的方法。

(6) 探头应安装在观察管内。

(7) 探头的透镜不能沾染污物（油、灰、烟垢等）。

(8) 探头内温度不能超过它的额定温度（65℃）。

(9) 观察调整探头应戴上保护滤光镜。

火检导管和观察管的安装正确与否将直接影响火检的运行稳定性和可靠性。超临界机组多采用对冲燃烧锅炉，对冲燃烧锅炉火检煤火检基本上要求带光纤装置，而点火油枪和启动油枪则可选带光纤装置和观察装置。

4. 火焰检测器的调试

在调试火焰检测器时，既要考虑可靠性，又要考虑辨别能力。在燃烧器上装设多层检测器探头时，底层探头调试定值偏低为宜，即主要考虑可靠性，而顶层检测器调试可以多考虑辨别能力。因为在低负荷运行时，运行人员往往切掉顶层喷嘴，它的切投操作机会比其他喷嘴多。

火焰检测器的强度指示要经过严格的校验，它反映喷嘴火焰的亮度。探头距一次风口约300mm，这个位置一般见不到火焰，一、二次风对探头的影响也较小。当个别喷口的煤粉喷射角度不适当，使火焰大角度偏移时，会引起火焰强度指示偏低，此时只要将个别一、二次风挡板稍加调整，就会利于稳定燃烧和火焰检测。

冷炉启动时，火焰检测频率低于停炉时同样负荷下测得的频率稳定值。冷炉时燃料的着火位置、炉膛的火焰分布与停炉时（热炉）有一定差别，对火焰信号的频率、强度的影响也必然不同。煤粉火焰在冷炉启动时，煤粉火焰亮度和火焰频率都在变动，炉膛内压力波动很大，火焰摆动也较大。当锅炉带20%负荷以上时，火焰燃烧位置才比较固定，而且火焰频率值也逐渐提高且稳定。

在锅炉启动过程中，煤粉火焰闪动很大，但不会发生灭火信号。因为在失去火焰的逻辑回路中，油枪火焰为主信号，只要油枪层火焰稳定点亮，就不会发出灭火信号，这种状态持续到油枪退出工作，那时煤粉火焰信号已经稳定。

油火焰的频率定值设在10～20Hz。稳定值定在10Hz以下，由于油的着火点距离喷口较远，如果烧的是渣油，则油火焰的频率偏低。

在停炉时，对火焰检测器的调试通常采用模拟光源，模拟光源可用220V、100W磨砂灯泡，直接接50Hz电源时得到100Hz的闪动频率。模拟光源的电源经过一个二极管整流，得到50Hz闪动频率。

5. 火焰检测器性能试验

火焰检测器在国内外尚无统一的技术标准，还处于不断发展的过程中。如何衡量火焰检测器的综合性能目前还是个难题，火焰检测装置的检测性能与诸多因素的关系。

(1) 单只油燃烧器火焰监视。对于燃油和燃气燃烧器的火焰监视已有成熟的经验，置于火焰根部的火检探头的安装位置是特别重要的，一定要避开其他燃烧器的干扰。

火焰检测器主要靠频率来辨别火焰是否有在，油枪根部火焰频率值高于其他部位的火焰频率，要求被监视的油枪必须雾化较好，着火区比较固定，火焰频率相对较稳定，这时检测才有较高的辨别能力。

(2) 单只煤粉燃烧器火焰监视对于燃煤机组，要严格控制单只煤粉喷嘴的火焰信号。这一点无论是国外还是国内都是极为困难的，不能根据简单的资料或某个检测装置就断定某个火嘴的工作情况。因为煤粉喷嘴的火焰工况不仅与整个炉膛火焰有关，而且与锅炉负荷有关，对于切圆燃烧的炉膛，四个角的火焰在没有辅助燃料投入时是相互依存的。在只有一层燃烧器工作时，难度更大。

对于大型锅炉，一般低负荷时只有一两层煤粉燃烧器工作，而且要投油助燃，这种情况下，同角同层的油火焰对单只煤粉燃烧器火焰监视干扰较大。在额定负荷下，有多个煤粉燃烧器工作，构成强烈的背景光，这也给单只煤粉燃烧器火焰监视带来一定难度。因此，要求火焰检测器有一个较大的识别范围，能够区别不同负荷下不同亮度的火焰信号。

对于负荷的考虑，既要满足低负荷时火焰信号的可靠性，又要满足高负荷时切投火嘴的辨别能力。因此，整定火焰信号的原则应是两者兼顾，如果只强调检测装置的辨别能力，则检测装置在低负荷时容易闪动，这对安全运行是不利的。

(3) 全炉膛火焰监视。对冲炉的火焰监视与四角切圆炉有较大的区别，后者基于层的概念，每层投入的煤（油）燃烧器少于2/4，则判断灭火，而对冲炉的失去全部火焰指的是在锅炉投运的情况下，所有的煤火检、油火检全部检不到火，这种情况是极难发生的，因而也不具有实际意义，因此引入了部分火焰丧失逻辑：当锅炉负荷少于50%时，一次性煤燃烧器有8个及以上灭了火；或者负荷大于50%时，一次性煤燃烧器有12个及以上灭了火，此时，不论投入的油枪有多少，均发生部分火焰丧失停炉。部分火焰丧失逻辑主要是针对 2 台以上磨煤机投运的情况，如果又有一台磨煤机投运，则引入了全部主火焰丧失逻辑：在锅炉已投运的前提下，所有的燃料丧失或煤火焰丧失，此时，工作的油枪数如果少于 3 只，则发生主火焰丧失停炉。直吹式 W 型锅炉如果能正常投运，有失去全部火焰、失去全部主火焰、失去部分火焰三套灭火保护，则基本可以保证燃烧时的炉膛安全。

对于油燃烧器，如果油阀已开，油火检见火，则判断为油枪正常投运，考虑到油枪是基础，即使在高负荷下，由于火焰中频谱的缘故而导致油火检可能见不到火，用油火检见火来判断油枪投运的条件也不应该放松。对于煤燃烧器，考虑到煤火检的可靠性，除风粉气动门已开，煤火检见火，判断煤燃烧器正常投运；同时，如果该燃烧器点火能量满足风粉气动门已开，则也认为燃烧器正常投运（燃烧器的油枪正常投运，或者在高负荷下，该燃烧器旁边的 2 个煤燃烧器正常投运）。

（4）探头保护试验。探头插入深度对探头内部工作温度影响很大，而探头插入深度对信号强度的影响却不明显。有资料介绍，当把探头端面由喷口端面后退 1m，信号强度仅衰减约 5%。由此看来，为了保护探头免受火焰强烈的辐射及熔渣对镜片的沾污（炉膛内正压时会出现），在正常工作情况下，可将探头适当后撤，以距离喷口端面 200～400mm 为宜。

（5）火焰检测系统现场热态试验。整个试验分两个阶段，第一阶段是在滑参数停炉过程中测定的，第二阶段是在冷态启动锅炉中进行试验。在试验中使用光线示波器及数字毫伏记录仪分别记录了各个火焰检测器在全部降负荷及升负荷过程中火焰的闪动频率和信导强度的变化情况。根据这些数据，得出现场热态试验结论如下：

1）煤粉火焰根部的闪动频率大于炉膛火球的内动频率，但它们的差值并不悬殊。

2）当锅炉负荷在 40%以上时，火球的强度信号大于火焰根部的强度信号。

3）锅炉负荷由 100%降至 40%（投油助燃），各层煤火焰检测器的信号强度电平变化不明显。根据得到的测量数据（低负荷下较低读数为 2.59mA），建议“升阈值”可定为 2.0mA，“降阈值”可定在 1.5mA 左右。在冷态启动过程中所测数据也证明了上述推荐值是合理的。

4）在冷态启动中，点火油枪的火焰频率变化较大，刚点火时，闪动频率只有 10～20Hz，但随着炉温及一次风温的上升，火焰根部的频率可达到 30～40Hz。观察分析发现是因油温较低，二次风速稍高，使油枪根部脱火，而在距喷口 1～2m 处燃烧，探头测到的较低频率为背景光所有。

5）在实验过程中发现，当锅炉在 80%负荷以上工作时（本炉绝大部分时间带基本负荷），所有喷嘴均投入，这时各个煤火焰检测器均监视火焰根部，此时参考频率可设定为 10Hz 左右，以层火焰监视为主。当锅炉处于启停炉及低负荷运行时，火焰频率（特别是火球频率）低且不稳定，为安全考虑，应将参考频率定在 3.5Hz，以监视火球为主。

6. 火焰检测器的整定原则

由启炉与停炉过程火焰检测试验数据分析得如，强度和频率信号都要经过一定的延时稳定处理。因示波器所测得的数据有一定的出入，仅可供使用者作最终定值时参考。

检测火焰信号不像检测电气信号，界限清楚，实时性强。火焰的规律性不强，火焰信号的发出都要经一定的延时，好的火焰检测器应该响应时间快，迅速准确。火焰检测装置的火焰信号内部延时大约 2s，延时愈长，发生灭火时也就愈危险。

对于任一台新机组，火检探头参数的整定都要积累经验，逐渐提高整定值。开始时按照上述原则整定火焰信号，对火焰检测装置的指示与运行工况间建立一定联系。经过一个时期的经验积累再提高一些定值，使之具有更高的辨别能力。及时与运行人员交流，适时修改定值趋势，可使火检的功能完全发挥，而且不发生事故。如果定值的提高影响了层火焰 2/4 信号的可靠性，就必须降低定值来保证层信号的稳定。

思考题

1. 等离子点火装置主要由哪几部分组成？
2. MFT 逻辑控制系统的基本要求是什么？
3. 紫外光检测火焰的缺点是什么？
4. 一套完整的 UNIFLAME 火焰检测系统包括哪些方面？
5. 请简述火焰检测系统现场热态试验。
6. 火焰检测器探头的安装要注意什么？
7. 简述调整探头需要的注意事项。
8. 安全监控系统有哪几部分组成？
9. 如何确保主设备安全？
10. 简述 BCS 和 FSSS 的主要功能。

参考文献

[1] 周泽魁．控制仪表与计算机控制装置［M］．北京：化学工业出版社，2002.
[2] 肖增弘，徐丰．汽轮机数字电液调节系统［M］．北京：中国电力出版社，2003.
[3] 杨庆柏．热工控制仪表［M］．北京：中国电力出版社，2008.
[4] 崔功龙．燃煤发电厂粉煤灰气力输送系统［M］．北京：中国电力出版社，2005.
[5] 降爱琴，郝秀芳．数字电液调节与旁路控制系统［M］．北京：中国电力出版社，2006.
[6] 王锦标．计算机控制系统［M］．北京：清华大学出版社，2004.
[7] 文群英，潘汪杰，雷鸣雳．热工自动控制系统［M］．3版．北京：中国电力出版社，2019.
[8] 何育生．机组自动控制系统［M］．北京：中国电力出版社，2005.
[9] 王爽心，葛晓霞．汽轮机数字电液控制系统［M］．北京：中国电力出版社，2004.
[10] 李西林，展锦程，劳丽．电厂标识系统设计与应用［M］．北京：中国电力出版社，2007.
[11] 张炜，陈慰国．计算机网络基本概念［M］．北京：电子工业出版社，2000.
[12] 中国大唐集团公司，长沙理工大学．600MW火电机组系列培训教材 第八分册 热工控制系统及设备［M］．北京：中国电力出版社，2009.
[13] 阎维平，刘忠，王春波，等．电站燃煤锅炉石灰石湿法烟气脱硫装置运行与控制［M］．北京：中国电力出版社，2005.
[14] 牛玉广，范寒松．计算机控制系统及其在火电厂中的应用［M］．北京：中国电力出版社，2003.
[15] 李子连．现场总线技术在电厂应用综论［M］．北京：中国电力出版社，2002.
[16] 孙奎明，时海刚．热工自动化［M］．北京：中国电力出版社，2006.
[17] 张雪申．集散控制系统及其应用［M］．北京：机械工业出版社，2006.
[18] 周尚周．大型火电机组运行维护培训教材热控分册［M］．北京：中国电力出版社，2010.
[19] 陈庚．单元机组集控运行［M］．北京：中国电力出版社，2001.
[20] 张磊，彭德正．大型火力发电机组集控运行［M］．北京：中国电力出版社，2006.
[21] 何超．交流变频调速技术［M］．北京：北京航空航天大学出版社，2006.
[22] 印江，冯江涛．电厂分散控制系统［M］．北京：中国电力出版社，2006.
[23] 巩耀武，管炳军．火力发电厂化学水处理实用技术［M］．北京：中国电力出版社，2006.
[24] 边立秀．热工控制系统［M］．北京：中国电力出版社，2004.
[25] 王慧锋．现场总线控制系统原理及应用［M］．北京：化学工业出版社，2007.
[26] 谷俊杰，丁常富．汽轮机控制监视和保护［M］．北京：中国电力出版社，2002.
[27] 罗阳．现代火电机组安装、调试、运行、检测与故障诊断［M］．北京：中国音像出版社，2004.
[28] 何衍庆，邱宣振，杨洁．控制阀工程设计与应用［M］．北京：化学工业出版社，2005.
[29] 韦根原．大型火电机组顺序控制与热工保护［M］．北京：中国电力出版社，2008.
[30] 吴勤勤．控制仪表及装置［M］．北京：化学工业出版社，2008.
[31] 王家祯．调节器与执行器［M］．北京：清华大学出版社，2001.
[32] 刘翠玲，黄建兵，孟亚男，等．21世纪全国高等院校自动化系列实用规划教材 集散控制系统［M］．北京：北京大学出版社，2006.
[33] 何衍庆，陈积玉．XDPS分散控制系统［M］．北京：化学工业出版社，2002.

[34] 华东六省一市电机工程（电力）学会．汽轮机设备及系统［M］. 北京：中国电力出版社，2006.
[35] 熊淑燕，王兴叶，田建艳．火力发电厂集散控制系统［M］. 北京：科学出版社，2000.
[36] 国电太原第一热电厂．300MW 热电联产机组烟气脱硫技术［M］. 北京：中国电力出版社，2006.
[37] 白焰，吴鸿，杨国田．分散控制系统与现场总线控制系统［M］. 北京：中国电力出版社，2001.
[38] 上海新华控制技术（集团）有限公司．电站汽轮机数字式电液控制系统——DEH［M］. 北京：中国电力出社，2005.
[39] 唐国山．工业电除尘器应用技术［M］. 北京：化学工业出版社，2006.
[40] 李江，边立秀，何同祥．火电厂开关量控制技术及应用［M］. 北京：中国电力出版社，2001.
[41] 张丽香，王琦．模拟量控制系统［M］. 北京：中国电力出版社，2006.
[42] 望亭发电厂．600W 火力发电机组运行与检修技术培训教材 仪控［M］. 北京：中国电力出版社，2002.
[43] 周美兰，周封，王岳宇．PLC 电气控制与组态设计［M］. 北京：科学出版社，2003.
[44] 张强．燃煤电站 SCR 烟气脱硝技术及工程应用［M］. 北京：化学工业出版社，2007.
[45] 宋文绪．自动检测技术［M］. 北京：冶金工业出版社，2000.
[46] 韩璞，等．火电厂计算机监控与监测［M］. 北京：中国电力出版社，2005.
[47] 肖大雏．控制设备及系统［M］. 北京：中国电力出版社，2007.
[48] 张宏建，王化祥，周泽魁，等．检测控制仪表学习指导［M］. 北京：化学工业出版社，2006.
[49] 杨庆柏．现场总线仪表［M］. 北京：国防工业出版社，2005.
[50] 夏德海．现场总线技术［M］. 北京：中国电力出版社，2003.
[51] 杨晋萍，白建云．安全监测保护系统［M］. 北京：中国电力出版社，2006.
[52] 孙克勤．电厂烟气脱硫设备及运行［M］. 北京：中国电力出版社，2007.
[53] 朱炳兴．变送器选用与维护［M］. 北京：化学工业出版社，2001.
[54] 郭巧菊．计算机分散控制系统［M］. 北京：中国电力出版社，2005.
[55] 康凤举．现代仿真技术与应用［M］. 北京：国防工业出版社，2001.
[56] 高伟．计算机控制系统［M］. 北京：中国电力出版社，2000.
[57] 弭洪涛．PLC 应用技术［M］. 北京：中国电力出版社，2004.
[58] 朱北恒．火电厂热工自动化系统实验［M］. 北京：中国电力出版社，2006.
[59] 吴勤勤．控制仪表及装置［M］. 北京：化学工业出版社，2002.
[60] 王常力，罗安．分布式控制系统（DCS）设计与应用实例［M］. 北京：电子工业出版社，2004.
[61] 吕崇德，任挺进，姜学智，等．大型火电机组系统仿真与建模［M］. 北京：清华大学出版社，2002.